U0249399

"十二五"普通高等教育本科国家级规划教材

多元统计分析及R语言建模

第四版

王斌会 编著

暨南大学出版社
JINAN UNIVERSITY PRESS

中国·广州

图书在版编目（CIP）数据

多元统计分析及 R 语言建模／王斌会编著. —4 版. —广州：暨南大学出版社，2016.3
（2022.7 重印）

（应用统计学丛书）

ISBN 978 – 7 – 5668 – 1743 – 3

Ⅰ.①多…　Ⅱ.①王…　Ⅲ.①多元分析—统计分析 ②程序语言—建立模型
Ⅳ.①O212.4②TP312

中国版本图书馆 CIP 数据核字（2016）第 023183 号

多元统计分析及 R 语言建模（第四版）
DUOYUAN TONGJI FENXI JI R YUYAN JIANMO（DI-SI BAN）
编著者：王斌会

出 版 人：张晋升
责任编辑：曾鑫华
责任校对：王嘉涵　刘舜怡　姚荇姝
责任印制：周一丹　郑玉婷

出版发行：暨南大学出版社（511443）
电　　话：总编室（8620）37332601
　　　　　营销部（8620）37332680　37332681　37332682　37332683
传　　真：（8620）37332660（办公室）　37332684（营销部）
网　　址：http：//www.jnupress.com
排　　版：广州市天河星辰文化发展部照排中心
印　　刷：广东信源义化科技有限公司
开　　本：787mm×1092mm　1/16
印　　张：19
字　　数：462 千
版　　次：2010 年 1 月第 1 版　2016 年 3 月第 4 版
印　　次：2022 年 7 月第 10 次
印　　数：26501—28000 册
定　　价：52.00 元

前　言

多元统计分析也称为多变量统计分析，简称多元分析，是统计学的一个重要分支，也是近四十年迅速发展的一个分支。随着计算机的普及和软件的发展，以及信息储存手段和数据信息的成倍增长，多元分析的方法已广泛应用于自然科学和社会科学的各个领域，其在国内外实际应用中卓有成效。现已证明多元分析方法是处理多维数据不可缺少的重要工具，且日益凸显其魅力。

多元统计分析是以概率统计这门数学科学为基础，应用线性代数的基本原理和方法，结合计算机对实际资料和信息进行收集、整理和分析的一门科学。因此，它的原理较为抽象，对学生的数学基础要求也较高，教学中存在着大量的数学公式、数学符号、矩阵运算和统计计算，必须借助于现代化的计算工具。本书正是基于广泛使用的统计分析软件 R 语言进行的。

R 语言是属于 GNU 系统的一个自由、免费、源代码开放的软件，是一个用于统计计算和统计制图的优秀工具。在目前保护知识产权的大环境下，开发和利用 R 语言对我国的统计事业具有非常重大的现实意义。

本书是关于 R 语言的一本应用教材。由于主要针对本科生和研究生，本书将重点放在对 R 语言的工作原理的解释和模型建立上。R 语言涉及广泛，因此对于学生来讲，了解和掌握一些基本概念及原理是很有必要的，关于 R 语言的基本统计分析请见作者编写的《数据统计分析及 R 语言编程（第二版）》（2017）。在打下扎实的基础后，进行更深入的学习将会变得轻松许多。本着深入浅出的宗旨，本书将配合图表等形式，尽可能使用通俗的语言，使读者容易理解而又不失细节。

多元统计分析方法涉及较为复杂的数学理论，计算烦琐。大多数多元统计方法无法用手工计算，必须要有计算机和统计软件的支持，因此在写作上也不可能将计算步骤逐步地写出来。作者认为，对于一般的科技工作者，重要的不在于理解多元统计方法的数学原理，也不需要完全掌握具体的计算步骤，而是要了解多元统计方法的分析目的、基本思想、分析逻辑、应用条件和结果解释。所以这部分读者可以忽略有关章节中数学理论和具体计算过程的介绍，着重阅读每种方法的应用条件、基本分析思想、实例的具体应用和结果解释。

国内目前出版的多元统计分析专著不是很多，适合经济管理类学生使用的教材也较少。本书的编写目的是提供一本适合财、经、管类院校本科生和研究生使用的参考书、教材和软件使用手册。多元统计分析方法越来越成为各个专业研究生进行科学研究的必要技术，统计软件也越来越成为各个专业研究生进行科学研究的必备工具。本书对提升财、经、管类院校本科生和研究生的学术研究水平和促进他们开展科研项目工作有着非常积极的作用，并可作为经济学院学生的公共必修课教材和实习手册。

本书写作的指导思想是：在不失严谨的前提下，努力突出实际案例的应用和统计思想的渗透，结合 R 语言，较全面、系统地介绍多元分析的实用方法。本书在系统介绍多元分析基本理论和方法的同时，尽量结合社会、经济、自然科学等领域的研究实例，把多元分析的方法与实际应用结合起来，注意定性分析与定量分析的紧密结合，努力把我们在实践中应用多元分析的经验和体会融入其中。几乎对每种方法都强调它们各自的优缺点和在实际运用中应注意的问题。为了方便读者掌握本书内容，又考虑到这门课程的应用性和实践性，在每章后面都设置了一些简单的思考练习题。我们鼓励读者自己利用一些实际数据去实践这些方法。多元分析的应用离不开计算机，本书的案例主要运用迅速兴起的 R 语言来实现。本书一个显著的特点是在介绍每种方法后，结合实例，概要地介绍了 R 语言的实际操作实现过程。

本书的特色和创新点：

（1）原理、方法、算法和实例分析相结合。鉴于目前计算机统计分析软件已是多元统计分析应用中不可缺少的工具，本书特别注意介绍各种多元统计的算法实现，使得给出的算法更有实用价值。为此，我们在论述算法思想时就引进易于化为计算步骤的数学式子和符号，并在计算步骤中采用了 R 语言软件。

（2）每章都有利用 R 语言开发的统计软件进行的综合案例分析。本书在讲清楚各种方法的实际背景和数学思想的同时，对每种方法都给出具体的经济管理实例，并结合 R 语言进行案例分析。书中的大多数案例都是作者收集的最新实际数据。

（3）解决统计软件在统计学教学和科研中存在的问题。国内目前缺乏适合开展多元统计分析教学科研的统计分析软件，对于 SAS、SPSS 等国外统计软件，一是没有版权，购买需要昂贵的费用；二是使用复杂，与教科书内容设置不完全一致。因此财、经、管类学生和研究人员使用起来尤其困难。于是，我们将开放的 R 语言用作多元数据分析的统计软件，解决了这个问题。本书的所有方法都可用 R 语言来实现，所有实例及案例都可用其分析。书中的所有结果、图形都是由 R 语言给出的。高质量的图形和方便的结果输出是其他统计软件所不能比拟的。

（4）研究如何将统计软件的数据处理与统计教学相结合，形成一套完整的教学与科研相结合的初具智能化的多媒体统计软件。在教学与科研一体化的功能上，在数据编辑、统计分析、统计设计、统计绘图和统计帮助上，充分体现多媒体教学的特点。所以，本书也可以用作计算机实习教材。

本书的内容安排吸收了国内外有关多元统计分析论著的特点，在章节的安排上遵循由浅入深、由简到繁的原则，对多元线性相关和回归进行了较为详细的介绍，增加了一些广义线性模型的内容，同时附加了一些线性代数和矩阵运算的概念。

由于本书软件的计算结果都是以 R 语言为后台的，所以结果是可以信赖的。

全书共分 14 章，主要内容有：多元数据的收集和整理，多元数据的直观表示，线性与非线性模型及广义线性模型，判别分析、聚类分析、主成分分析、因子分析、对应分析、典型相关分析等常见的主流方法。本书还参考国内外大量文献，系统地介绍了这些年在经济管理等领域应用颇广的一些较新方法，可作为统计学专业本科生和研究生的多元分析课程教材。由于本书的内容较多，教师在选用此书作为教材时可以灵活选讲。本书还可作为非统计学专业研究生的量化分析教材。根据作者多年的教学实践，本书讲授 60 课时较为合适，若有计算机和投影设备的配合，教学将会更为方便和有效。

本书是在"十二五"普通高等教育本科国家级规划教材——《多元统计分析及

R 语言建模（第二版）》的基础上连续修订而成的，这次主要扩展了三个方面的内容：

（1）对全书进行了适当的精简和调整，更换了书中一些案例和图片。

（2）优化了部分章节的代码和操作，公开了本书自编函数的源代码，使用者可以深入理解 R 语言函数的编程技巧，使用者也可用这些函数建立自己的开发包。

（3）建立了本书的学习网站（Rstat. leanote. com），书中的数据、代码、例子、习题都可直接在网上下载使用。

本书的完成，得到了暨南大学统计学系侯雅文、谢贤芬等老师的帮助，广州大学尹居良和广东金融学院汪志红、何志锋及广东财经大学王志坚、李雄英等老师为本书提供了许多建设性建议，颜斌、徐锋、王术、刘霞、刘桂平、许冠明、廖远强、翁宏标、杜淑女、刘可、李燕京、梁淇俊、洪嘉灏、瞿尚薇、张佳萍等人也为本书提供了一些有用的帮助，在此深表谢意！

由于作者的知识和水平有限，书中难免有错误和不足之处，恳请读者批评指正！

王斌会
2019 年 1 月于暨南园

目　录

1 多元统计分析概述

【目的要求】要求学生了解多元统计分析的基本内容及应用领域,掌握一些基本概念;对统计软件有一个基本认识。

【教学内容】多元统计分析的基本内容;相关的补充知识和将要涉及的计算机软件程序。

1.1 多元统计分析的历史

在现实生活中,受多种指标共同作用和影响的现象大量存在。当变量较多时,变量之间便不可避免地存在着相关性,分开处理不仅会丢失很多信息,而且也不容易取得好的研究结论。多元统计分析就是研究多个随机变量之间相互依赖关系及其内在统计规律的一门学科。

在统计学的基本内容中,只考虑一个或几个因素对一个观测指标(变量)的影响大小的问题,称为一元统计分析或单因素分析。若考虑一个或几个因素对两个或两个以上观测指标(变量)的影响大小,或者多个观测指标(变量)间的相互关系问题,即多元统计分析。多元统计分析是研究客观事物中多个指标(变量)间相互依赖关系及统计规律的数理统计学分支之一。

在经济生活中,受多个指标(随机变量)共同作用和影响的现象大量存在。有两种方法可同时对多个随机变量的观测数据进行有效的分析和研究:一种方法是把多个随机变量分开分析,每次处理一个,逐次分析研究;另一种方法是同时进行分析研究,即用多元统计分析方法来解决,通过对多个随机变量观测数据的分析来研究变量之间的相互关系并揭示变量的内在规律。所以说,多元统计分析就是研究多个随机变量之间相互依赖关系及其内在统计规律的一门学科。

多元统计分析是运用数理统计方法来研究解决多指标问题的理论和方法。构成多元统计分析模型的数学方法并不新颖,如早就有与多元分析有关的基本概率分布(多元正态分布源自 19 世纪 30 年代)、主成分分析(由 K. Pearson 于 1901 年提出,再由 Hotelling 于 1933 年推广的一种统计方法)。由于当随机变量较多时,多元分析的计算工作极其烦冗,没有计算机根本无法完成,因此,直到有了计算机之后,多元统计分析技术才进入实用阶段并得到迅速发展。近四十年来,随着计算机应用技术的发展和科研生产的迫切需要,多元统计分析技术被广泛地应用于经济、管理、地质、气象、水文、医学、工业、农业和教育学等许多领域,已经成为解决实际问题的有效方法。

1.2 多元统计分析的用途

本书从实用角度出发,给出了实际工作者在处理多元系统时经常需要解决的问题和方法。在采用多元统计分析技术进行数据处理、建立宏观或微观系统模型时，可以解决以下四个方面的问题：

（1）变量之间的相依性分析。分析多个或多组变量之间的相依关系，是一切科学研究尤其是经济管理研究的主要内容，简单相关分析、偏相关分析、复相关分析和典型相关分析提供了进行这类研究的必要方法。

（2）构造预测模型，进行预报控制。在自然和社会科学领域的科研与生产中，探索多元系统运行的客观规律及其与外部环境的关系，进行预测预报，以实现对系统的最优控制，是应用多元统计分析技术的主要目的。在多元统计分析中，用于预报控制的模型有两大类：一类是预测预报模型，通常采用多元回归或逐步回归分析、非线性回归、判别分析等建模技术；另一类是描述性模型，通常采用综合评价的分析技术。

（3）进行数值分类，构造分类模式。在多元系统的分析中，往往需要将系统性质相似的事物或现象归为一类，以便找出它们之间的联系和内在规律。过去许多研究是按单因素进行定性处理，以致处理结果反映不出系统的总特征。进行数值分类，构造分类模式一般采用聚类分析和判别分析技术。

（4）简化系统结构，探讨系统内核。可采用主成分分析、因子分析、对应分析等方法，在众多因素中找出各个变量中最佳的子集合，根据子集合所包含的信息描述多元系统的结果及各个因子对系统的影响。抓住主要矛盾，把握主要矛盾的主要方面，舍弃次要因素，以简化系统的结构，认识系统的内核。

如何选择适当的方法来解决实际问题，需要对问题进行综合考虑。对一个问题可以综合运用多种统计方法进行分析。例如，一个预报模型的建立，可先根据有关经济学、管理学原理，确定理论模型和设计方案；根据观察或试验结果，收集相应资料；对资料进行初步提炼；然后应用统计分析方法（如相关分析、逐步回归分析、主成分分析等）研究各个变量之间的相关性，选择最佳的变量子集合；在此基础上构造预报模型；最后对模型进行诊断和优化处理，并应用于经济管理的实际生产中。

1.3　多元统计分析的内容

多元统计分析的内容主要有：多元数据的数学表达与直观表示、多元相关与回归分析、判别分析、聚类分析、主成分分析、因子分析、对应分析及典型相关分析等。

1. 多元数据的数学表达

多元数据是指具有多个变量的数据。如果将每个变量看作一个随机向量的话，多个变量形成的数据集将是一个随机矩阵，所以多元数据的基本表现形式是一个矩阵。对这些数据矩阵进行数学表示是我们的首要任务。也就是说，多元数据的基本运算是矩阵运算，而R语言是一个优秀的矩阵运算语言，这也是我们应用它的一大优势。

2. 多元数据的直观表示

直观表示即图示法，是进行数据分析的重要辅助手段。例如，通过两个变量的散点图可以考察异常的观察值对样本相关系数的影响，利用矩阵散点图可以考察多元之间的关系，利用多元箱尾图可以比较几个变量中基本统计量的大小差别。

3. 多元相关分析

相关分析就是通过对大量数字资料的观察，消除偶然因素的影响，探求现象之间相关关系的密切程度和表现形式。在经济系统中，各个经济变量常常存在内在的关系。例如，经济增长与财政收入、人均收入与消费支出等。在这些关系中，有一些是严格的函数关系，这类关系可以用数学表达式表示出来；还有一些是非确定的关系，一个变量产生变动会影响其他变量，使其产生变化。这种变化具有随机的特性，但是仍然遵循一定的规律。函数关系很容易解决，而那些非确定的关系，即相关关系，才是我们所关心的问题。

4. 多元回归分析

回归分析研究的主要对象是客观事物变量间的统计关系。它是建立在对客观事物进行大量实验和观察的基础上，用来寻找隐藏在看起来不确定的现象中的统计规律的方法。回归分析不仅可以揭示自变量对因变量的影响大小，还可以用回归方程进行预测和控制。回归分析的主要研究范围包括：

（1）线性回归模型：简单回归模型，多元线性回归模型。

（2）回归模型的诊断：回归模型基本假设的合理性，回归方程拟合效果的判定，选择回归函数的形式。

（3）广义线性模型：含定性变量的回归，如自变量含定性变量、因变量含定性变量。

在实际研究中，经常遇到一个随机变量随一个或多个非随机变量的变化而变化的情况，而这种变化关系明显呈线性。怎样用一个较好的模型来表示，然后进行估计与预测，并对其线性进行检验就成为一个重要的问题。在经济预测中，常用多元线性回归模型反映预测量与各因素之间的依赖关系，其中，线性回归分析有着广泛的应用。

5. 广义与一般线性模型

鉴于统计模型的多样性和各种模型的适应性，针对因变量和解释变量的取值性质，可将统计模型分为多种类型。通常将自变量为定性变量的线性模型称为一般线性模型，如实验设计模型、方差分析模型；将因变量为非正态分布的线性模型称为广义线性模型，如 Logistic 回归模型、对数线性模型、Cox 比例风险模型。

1972 年，Nelder 对经典线性回归模型作了进一步的推广，建立了统一的理论和计算框架，对回归模型在统计学中的应用产生了重要影响。这种新的线性回归模型称为广义线性模型（generalized linear models，GLM）。它与典型线性模型的区别是其随机误差的分布不是正态分布，其随机误差的分布是可以确定的。广义线性模型不仅包括离散变量，也包括连续变量。正态分布也被包括在指数分布族里，该指数分布族包含描述发散状况的参数，属于双参数指数分布族。

6. 判别分析

判别分析是多元统计分析中用于判别样本所属类型的一种统计分析方法。所谓判别分析法，是在已知的分类之下，一旦有新的样品时，可以利用此法选定一个判别标准，以判定将该新样品放置于哪个类别中。判别分析的目的是对已知分类的数据建立由数值指标构成的分类规则，然后把这样的规则应用到未知分类的样品中去分类。例如，我们获得了患胃炎的病人和健康人的一些化验指标，就可以从这些化验指标中发现两类人的区别。把这种区别表示为一个判别公式，然后对那些被怀疑患胃炎的人就可以根据其化验指标用判别公式来进行辅助诊断。

7. 聚类分析

聚类分析是研究"物以类聚"的一种现代统计分析方法，在社会、人口、经济、管理、气象、地质及考古等众多的研究领域中，都需要采用聚类分析作分类研究。例如，不同地区城镇居民收入和消费状况的分类研究；区域经济与社会发展水平的分析及全国区域经济综合评判；在儿童生长发育研究中，把以形态学为主的指标归于一类，以机能为主的指标归于另一类。过去人们主要靠经验和专业知识作定性分类处理，很少利用数学方法，致使许多分类带有主观性和任意性，不能很好地揭示客观事物内在的本质差别和联系，特别是对于多因素、多指标的分类问题，定性分类更难以实现准确分类。为了克服定性分类的不足，多元统计分析逐渐被引入到数值分类学中，形成了聚类分析这个分支。聚类分析与回归分析、判别分析一起被称为多元分析的三个主要方法。聚类分析是一种分类技术，与多元分析的其他方法相比，该方法较为粗糙，理论上还不完善，但在应用方面取得了很大成功。

8. 主成分分析

在实际问题中，研究多变量问题是经常遇到的，然而在多数情况下，不同变量之间有一定相关性，这必然增加了分析问题的复杂性。主成分分析就是一种通过降维技术把多个指标化为少数几个综合指标的统计分析方法。例如，在经济管理中，用主成分分析将一些复杂的数据综合成几个商业指数形式，如物价指数、生活费用指数、商业活动指数等。又如，对我国各省、市、自治区经济发展作综合评价，显然需要选取很多指标，如何将这些具有错综复杂关系的指标综合成几个较少的成分，使之既有利于对问题进行分析和解释，又便于抓住主要矛盾作出科学的评价，此时便可以用主成分分析方法。

9. 因子分析

因子分析是主成分分析的推广，它也是一种把多个变量化为少数几个综合变量的多元分析方法，但其目的是用有限个不可观测的隐变量来解释原变量之间的相关关系。主成分分析通过线性组合将原变量综合成几个主成分，用较少的综合指标来代替原来较多的指标（变量）。在多元分析中，变量间往往存在相关性，是什么原因使变量间有关联呢？是否存在不能直接观测到的但影响可观测变量变化的公共因子呢？因子分析就是寻找这些公共因子的统计分析方法，它是在主成分的基础上构筑若干意义较为明确的公因子，以它们为框架分解原变量，以此考察原变量间的联系与区别。例如，在研究糕点行业的物价变动中，糕点行业品种繁多，多到几百种甚至上千种，但无论哪种样式的糕点，用料不外乎面粉、食用油、糖等主要原料。那么，面粉、食用油、糖就是众多糕点的公共因子，各种糕点的物价变动与面粉、食用油、糖的物价变动密切相关，要了解或控制糕点行业的物价变动，只要抓住面粉、食用油和糖的价格即可。

10. 对应分析

对应分析又称为相应分析，由法国统计学家 J. P. Beozecri 于 1970 年提出。对应分析是在因子分析基础之上发展起来的一种多元统计方法，是 Q 型和 R 型因子分析的联合应用。在经济管理数据的统计分析中，经常要处理三种关系，即样品之间的关系（Q 型关系）、变量间的关系（R 型关系）以及样品与变量之间的关系（对应型关系）。例如，对某一行业所属的企业进行经济效益评价时，不仅要研究经济效益指标间的关系，还要将企业按经济效益的好坏进行分类，研究哪些企业与哪些经济效益指标的关系更密切一些，为决策部门正确指导企业的生产经营活动提供更多的信息。这就需要有一种统计方法，将企业（样品）和指标（变量）放在一起进行分析、分类、作图，便于作经济意义上的解释。解决这类问题的统计方法就是对应分析。

11. 典型相关分析

在相关分析中，当考察的一组变量仅有两个时，可用简单相关系数来衡量它们；当考察的一组变量有多个时，可用复相关系数来衡量它们。大量的实际问题需要我们把指标之间的联系扩展到两组变量，即两组随机变量之间的相互依赖关系。典型相关分析就是用来解决此类问题的一种分析方法。它实际上是利用主成分的思想来讨论两组随机变量的相关性问题，把两组变量间的相关性研究化为少数几对变量之间的相关性研究，而且这少数几对变量之间又是不相关的，以此来达到简化复杂相关关系的目的。典型相关分析在经济管理实证研究中有着广泛的应用，因为许多经济现象之间都是多个变量对多个变量的关系。例如，在研究通货膨胀的成因时，可把几个物价指数作为一组变量，把若干个影响物价变动的因素作为另一组变量，通过典型相关分析找出几对主要综合变量，结合典型相关系数，对物价上涨及通货膨胀的成因，得出较深刻的分析结果。

12. 多维标度法

多维标度分析（multidimensional scaling，MDS）是以空间分布的形式表现对象之间相似性或亲疏关系的一种多元数据分析方法。1958 年，Torgerson 在其博士论文中首次正式提出这一方法。MDS 分析多见于市场营销，近年来在经济管理领域的应用日趋增多，但国内对这方面的应用报道极少。多维标度法通过一系列技巧，使研究者识别构成受测者对样品的评价基础的关键维数。例如，多维标度法常用于市场研究中，以识别构成顾客对产品、服务或者公司的评价基础的关键维数。其他的应用如比较自然属性（比如食品口味或者不同的气味）、对政治候选人或事件的了解，甚至评估不同群体的文化差异。多维标度法通过受测者所提供的对样品的相似性或者偏好的判断推导出内在的维数。一旦有数据，多维标度法就可以用来分析：①评价样品时受测者用什么维数；②在特定情况下受测者可能使用多少维数；③每个维数的相对重要性如何；④如何获得对样品关联的感性认识。

13. 综合评价方法

20 世纪七八十年代是现代科学评价蓬勃兴起的年代，在此期间产生了很多种评价方法，如 ELECTRE 法、多维偏好分析的线性规划法（LINMAP）、层次分析法（AHP）、数据包络分析法（EDA）及逼近于理想解的排序法（TOPSIS）等，这些方法到现在已经发展得相对完善了，而且它们的应用也比较广泛。

而我国现代科学评价的发展则是在 20 世纪八九十年代，对评价方法及其应用的研究也取得了很大的成效，把综合评价方法应用到了国民经济各个部门，如可持续发展综合评价、小康评价体系、现代化指标体系及国际竞争力评价体系等。

多指标综合评价方法具有以下特点：包含若干个指标，分别说明被评价对象的不同方面；评价方法最终要对被评价对象作出一个整体性的评判，用一个总指标来说明被评价对象的一般水平。

目前常用的综合评价方法较多，如综合评分法、综合指数法、秩和比法、层次分析法、TOPSIS 法、模糊综合评判法、数据包络分析法等。

1.4 统计软件及其应用

一、强大的统计分析软件

1. SAS 软件简介

SAS（statistics analysis system，统计分析系统）是使用最为广泛的三大著名统计分析软件（SAS、SPSS 和 S-PLUS）之一，是目前国际上最为流行的一种大型统计分析系统，被誉为统计分析的标准软件。

SAS 最早是由北卡罗来纳大学的两位生物统计学研究生编制的。1976 年，他们成立 SAS 软件研究所后正式推出了 SAS 软件。SAS 是用于决策支持的大型集成信息系统，但该软件系统最早的功能限于统计分析，至今，统计分析功能也仍是它的重要组成部分和核心功能。经过多年的发展，SAS 已被全世界 120 多个国家和地区的近三万家机构所采用，直接用户则超过三百万人，遍及金融、医药卫生、生产、运输、通信、政府和教育科研等领域。在数据处理和统计分析领域，SAS 系统被誉为国际上的标准软件系统，堪称统计软件界的"巨无霸"。

SAS 系统是一个组合软件系统，它由多个功能模块组合而成，其基本部分是 BASESAS 模块。BASESAS 模块是 SAS 系统的核心，承担着主要的数据管理任务，并管理用户使用环境，进行用户语言的处理，调用其他 SAS 模块和产品。也就是说，SAS 系统的运行，首先必须启动 BASESAS 模块，它除了本身具有数据管理、程序设计及描述统计计算功能以外，还是 SAS 系统的中央调度室。它既可单独存在，也可与其他产品或模块共同构成一个完整的系统。各模块的安装及更新都可通过其安装程序非常方便地进行。SAS 系统具有灵活的功能扩展接口和强大的功能模块，在 BASESAS 的基础上，还可以通过增加如下不同的模块来增加不同的功能：SAS/STAT（统计分析模块）、SAS/GRAPH（绘图模块）、SAS/QC（质量控制模块）、SAS/ETS（经济计量学和时间序列分析模块）、SAS/OR（运筹学模块）、SAS/IML（交互式矩阵程序设计语言模块）、SAS/FSP（快速数据处理的交互式菜单系统模块）、SAS/AF（交互式全屏幕软件应用系统模块）等。SAS 有一个智能型绘图系统，不仅能绘各种统计图，还能绘出地图。SAS 提供多个统计过程，每个过程均含有极丰富的任选项。用户还可以通过对数据集的一连串加工程序来实现更为复杂的统计分析。此外，SAS 还提供了各类概率分析函数、分位数函数、样本统计函数和随机数生成函数，使用户方便地实现特殊统计要求。

SAS 由大型机系统发展而来，其核心操作方式就是程序驱动。经过多年的发展，现在已成为一套完整的计算机语言，其用户界面也充分体现了这一特点：它采用 MDI（多文档界面），用户在 PGM 视窗中输入程序，分析结果以文本的形式在 OUTPUT 视窗中输出。用户可以用程序方式完成所有需要做的工作，包括统计分析、预测、建模和模拟抽样等。但是，这使得初学者在使用 SAS 前必须学习 SAS 语言，入门比较困难。SAS 的 Windows 版本根据不同的用户群开发了几种图形操作界面，这些图形操作界面各有特点，使用时非常方便。但是由于国内介绍它们的文献不多，并且也不是 SAS 推广的重点，因此还不为绝大多数人所了解。

2. SPSS 软件简介

SPSS（statistical package for the social science，社会科学统计软件包）是世界上著名

的统计分析软件之一。SPSS名为社会科学统计软件包，是为了强调其社会科学应用的一面（因为社会科学研究中的许多现象都是随机的，要使用统计学和概率论的定理来进行研究），而实际上它在社会科学、自然科学的各个领域都能发挥巨大作用，并已经应用于经济学、生物学、教育学、心理学、医学以及体育、工业、农业、林业、商业和金融等各个领域。SAS是功能最为强大的统计软件，有完善的数据管理和统计分析功能，是熟悉统计学并擅长编程的专业人士的首选。与SAS比较，SPSS则是非统计学专业人士的首选。

SPSS有如下特点：

（1）操作简单：除了数据录入及部分命令程序等少数输入工作需要用键盘输入外，大多数操作可通过"菜单""按钮"和"对话框"来完成。

（2）无须编程：具有第四代语言的特点，只需告诉系统要做什么，无须告诉其怎样做。只要了解统计分析的原理，无须通晓统计方法的各种算法，即可得到需要的统计分析结果。对于常见的统计方法，SPSS的命令语句、子命令及选择项的选择绝大部分由"对话框"的操作来完成。因此，用户无须花大量时间记忆大量的命令、过程及选择项。

（3）功能强大：具有完整的数据输入、编辑、统计分析、报表、图形制作等功能。SPSS自带11种类型、136个函数。SPSS提供了从简单的统计描述到复杂的多因素统计分析方法，如数据的探索性分析、统计描述、列联表分析、二维相关、秩相关、偏相关、方差分析、非参数检验、多元回归、生存分析、协方差分析、判别分析、因子分析、聚类分析、非线性回归、Logistic回归等。

（4）方便的数据接口：能够读取及输出多种格式的文件。例如，由dBASE、FoxBASE、FoxPRO产生的*.dbf文件，文本编辑器软件生成的ASCⅡ数据文件，Excel的*.xls文件等均可转换成可供分析的SPSS数据文件。能够把SPSS的图形转换为7种图形文件。输出结果可保存为*.txt及html格式的文件。

（5）灵活的功能模块组合：SPSS for Windows软件分为若干功能模块，用户可以根据自己的分析需要和计算机的实际配置情况灵活选择。

3. S-PLUS软件简介

S-PLUS统计软件是美国Insightful公司的旗舰产品，是世界上最流行的统计分析软件之一，尤其为专业人士所喜爱。它主要用于统计分析、统计作图和数据挖掘等，为人们提供了一个弹性的、互动的可视化环境来分析和展示数据。

S-PLUS有如下特点：

（1）既可以像所有通用统计软件一样通过简单的操作界面来实现基本统计分析和统计作图，又可以用它所特有的S高级语言环境来完成各种复杂的任务。S语言的扩展功能使得它可以很容易地实现一种新的统计方法。

（2）提供了最为全面的统计模型和分析手段，包括各种线性和非线性回归分析、随机效应、生存分析、方差分析、聚类分析以及时间序列分析等。Insightful公司一直密切关注统计学发展的最新动态，保持与全球多个领域的顶尖统计学家的紧密合作，因此，各种统计方法的进展都会很快被扩展到S-PLUS中。

（3）具有很强的图形处理能力，拥有独一无二的可视化交互式图形显示。S-PLUS产生的图形是面向对象的，可以提供广泛的可供选择的2D和3D图形种类，且利用Graphlets 技术所产生的互动式图形可以让使用者通过图形逐层下探来观察和探索数据。

（4）兼容性极好，可以直接实现与 Excel、Lotus、Access、SAS、SPSS 等常用软件的数据转换，也可以方便地插入由 C 语言和 FORTRAN 语言等编制的计算机程序。

S-PLUS 统计软件是在 S 语言的环境下运行的，S 语言是由 AT&T 贝尔实验室开发的一种用来进行数据探索、统计分析、作图的解释型语言。它丰富的数据类型（向量、数组、列表、对象等）特别有利于实现新的统计算法，其交互式运行方式、强大的图形及交互图形功能可以让使用者方便地探索数据。

二、完整的数值分析软件

数值分析软件较多，这里重点介绍一下应用最广泛的 MATLAB 软件。

1. MATLAB 的概况

MATLAB 是美国 Math Works 公司出品的商业数学软件，用于算法开发、数据可视化、数据分析以及数值计算的高级技术计算语言和交互式环境，主要包括 MATLAB 和 Simulink 两大部分。

MATLAB（matrix laboratory，矩阵实验室）和 Mathematica、Maple 并称为三大数学软件。在数值计算方面，它在数学类科技应用软件中首屈一指。MATLAB 可以进行矩阵运算、编制函数和数据、实现算法、创建用户界面、连接其他编程语言的程序等，主要应用于工程计算、控制设计、信号处理与通信、图像处理、信号检测、金融建模设计与分析等领域。

MATLAB 的基本数据单位是矩阵，它的指令表达式与数学、工程中常用的形式十分相似，故用 MATLAB 来解决计算问题要比用 C、FORTRAN 等语言简捷得多，并且 Math Works 公司也吸收了如 Maple 等软件的优点，使 MATLAB 成为一个强大的数学软件。在新的版本中也加入了对 C、FORTRAN、C++、Java 的支持，用户可以直接调用，也可以将自己编写的实用程序导入 MATLAB 函数库中，方便自己以后调用。此外，许多 MAT-LAB 爱好者还编写了一些经典的程序，用户可以直接下载使用。

MATLAB 包括拥有数百个内部函数的主包和三十几种工具包（toolbox）。工具包又可以分为功能性工具包和学科工具包：功能性工具包用来扩充 MATLAB 的符号计算、可视化建模仿真、文字处理及实时控制等功能；学科工具包是专业性比较强的工具包，控制工具包、信号处理工具包、通信工具包等都属于此类。

开放性使 MATLAB 广受用户欢迎。除内部函数外，所有 MATLAB 主包文件和各种工具包都是可读可修改的文件，用户通过对源程序的修改或加入自己编写的程序便可构造新的专用工具包。

2. MATLAB 的语言特点

一种语言之所以能如此迅速地普及，显示出如此旺盛的生命力，是由于它有着不同于其他语言的特点。正如同 FORTRAN 和 C 等高级语言使人们摆脱了需要直接对计算机硬件资源进行操作一样，被称为第四代计算机语言的 MATLAB，利用其丰富的函数资源，使编程人员从烦琐的程序代码中解放出来。MATLAB 最突出的特点就是简洁，即用更直观的、符合人们思维习惯的代码，代替了 C 和 FORTRAN 等语言的冗长代码。MATLAB 给用户带来的是最直观、简洁的程序开发环境。

另外，MATLAB 的应用范围非常广，包括信号和图像处理、通信、控制系统设计、测试和测量、财务建模和分析以及计算生物学等众多应用领域。附加的工具箱（单独提供的专用 MATLAB 函数集）扩展了 MATLAB 环境，以解决这些应用领域内特定类型的问题。MATLAB 产品族可以用来进行以下各种工作：

(1) 数值分析；

(2) 数值和符号计算；

(3) 工程与科学绘图；

(4) 控制系统的设计与仿真；

(5) 数字图像处理技术；

(6) 数字信号处理技术；

(7) 通信系统设计与仿真；

(8) 财务与金融工程。

三、免费的数据分析软件

免费的数值与统计分析软件也较多，但发展最快、应用最好的当属类似于 S-PLUS 的免费软件 R 语言。

简单来说，R 是一个用于统计计算的很成熟的免费软件。你也可以把它理解为一种计算机语言，实际上很多人都直接称呼它为"R 语言"，它比 C + +、FORTRAN 等简单得多。如果你现在正要用统计手法对数据进行统计计算、分析甚至目前比较流行的数据挖掘，那么建议你使用 R。原因有以下三点：

1. 功能强大

由于统计分析的重要性，早在 1977 年，著名的贝尔实验室的一个开发小组就已经开始一个名为"S"的研究项目。从"S"被研究成功到导入市场成为畅销产品"S-PLUS"，人们分析、显示和处理数据的方式和能力被彻底地改变了，并且 S-PLUS 和其他的类如 C 语言等高级计算机语言之间的交互性也非常友好。

而号称 S-PLUS 免费版的"R"，就是以 S-PLUS 作为开发蓝本的，从 R 诞生到现在，关于 R 与 S-PLUS 孰强孰弱的争论已经有很多。普遍来讲，有些功能在 S-PLUS 中能被更快更好地执行是毫无疑问的，而有些功能则在 R 中才能有更加精彩的表现。

2. 免费、开源

上面讲到 R 是一个免费软件，其实还不是很确切。准确来讲，R 是一个开源软件。现在，开放源代码的软件在科学和工程工作中的地位日益重要。R 的开源性，使得它自从 20 世纪 90 年代被开发出来至今，发展一直没有间断过，很多国家相继出现了关于讨论开发 R 的综合网站。关于 R 的各种新的附加模块一直层出不穷，大大地方便了各类研究人员和院校师生。更因为它的免费，在美国、日本有很多大学老师都用 R 来帮助自己讲课，学生也用 R 来处理各种数据并帮助自己交报告。

另外，R 其实就像 Linux 和 PHP 一样，在国外，很多大学生都是用 Linux 系统，用 PHP 编程。而国内由于盗版软件满天飞的局面，不管正版还是盗版，大家用的都是 Windows，写程序很多都是 ASP，工具都是清一色的 MS 系列最新版。在不讨论法律的前提下，虽然盗版软件能够让人节省金钱和精力，但实际上使用盗版软件也就等于自己堵住了自己的另外一条出路，一条通往开源软件的路，一条更让人向往的路。

3. 前景广阔

2009 年《纽约时报》记者 Ashlee Vance 在《纽约时报》科技版刊登了题为"Data

Analysts Captivated by R's Power"的文章，这是 R 自 1996 年由 Robert Gentleman 和 Ross Ihaka 教授开发以来最大的新闻之一，值得庆贺。R 自诞生以来，深受统计学家和统计、计量爱好者的喜爱，已经成为主流软件之一。

Google 统计学家 Daryl Pregibon 说："R 重要的一点是怎么都不会高估它，它允许统计学家作很多复杂的分析，而不需要懂得很多的计算机知识。"

Google 首席经济学家 Hal Varian 说："R 变得如此有用和如此快地广受欢迎是因为统计学家、工程师、科学家能够用它精炼代码或编写各种特殊任务的包。R 包增添了很多高级算法、作图颜色和文本注释，并通过与数据库链接等方式提供了挖掘技术。金融服务部门对 R 表现出了极大的兴趣，各种各样的衍生品分析包相继出现。R 最优美的地方是它能够修改很多前人编写的包的代码，做各种你所需的事情，实际上你是站在巨人的肩膀上。"

辉瑞（《财富》500 强公司之一）的非临床统计副主任 Max Kuhn 说："R 已经成为一个人从研究生院毕业后的第二门语言了，那里有各种各样的 code，而 SAS 留言板的人气存在一定比例的下降。"

1.5 R 语言系统设置

1. R 语言软件

R 语言的使用界面如图 1-1 所示。

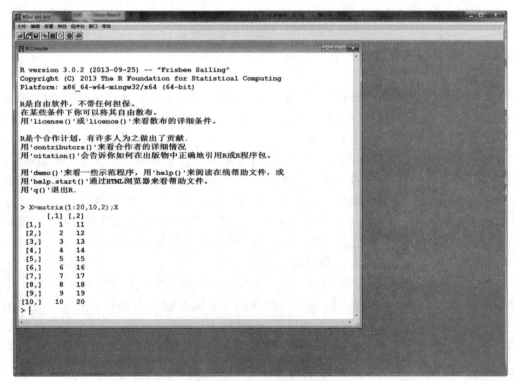

图 1-1 R 语言的使用界面

　　R 是一套完整的数据处理、计算和绘图软件系统，具有强大的数据存储和处理系统以及数组运算（其向量、矩阵运算方面的功能尤其强大）、完整连贯的统计分析和优秀的统计制图等功能，还是一个强大的面向对象的编程语言。这样的编程环境需要使用者熟悉各种命令的操作，还需熟悉 DOS 编程环境，而且所有命令执行完即进入新的界面，这对那些不具备编程经验和对统计方法掌握不是很好的使用者是一大困难。

　　但到目前为止，R 语言还是一个命令行编程环境（见图 1 - 1），命令、函数很多，需要记住大量的操作命令和统计函数，统计分析也需要通过编程方式来实现，所以通常是以批命令的方式进行的（如 SAS 程序那样），R 自带一个建立程序脚本的编辑器，要使该 R 编辑器和输出界面同步，如图 1 - 2 所示。

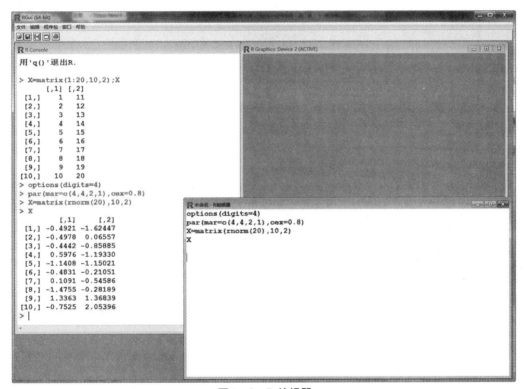

图 1 - 2　R 编辑器

　　然后重新布置窗口界面，使其同时可显示程序、结果和图形。调整窗体位置，以适应屏幕大小，这样就形成了类似于 MATLAB 和 SAS 的编程环境。通过选择代码或在当前行上执行 Ctrl + R 运行命令得到如图 1 - 3 所示的结果。

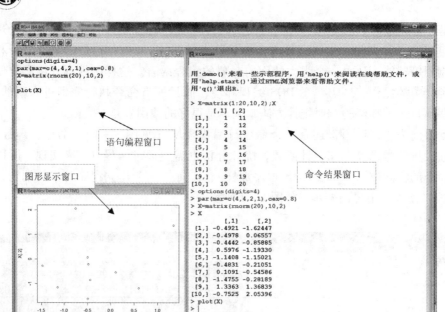

图 1 – 3　R 语言的结果显示

2. RStudio 软件

目前 R 语言中最好的这类编辑器当属 RStudio，本书的程序都是在该平台上进行的。该编辑器在网站 http：//www. rstudio. org/就可以下载，它还支持多平台，Windows、Linux、Mac 都能用，非常好。当然，它的好不仅在于可跨平台，它还有许许多多的优点。关于 RStudio 的详细介绍见附录。图 1 – 4 就是我们调整后的 RStudio 的界面。实际上跟 R 本身的编辑器差别也不是很大，但显得更友好些，详细介绍见附录。

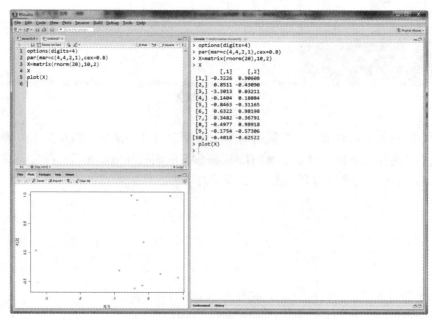

图 1 – 4　RStudio 界面

思考练习题

1. 常用的多元统计分析方法有哪些?

2. 多元统计分析的每一种方法有何用途?

3. 多元统计分析方法的作用是什么?

4. 列出常用的统计软件,说明其使用范围和各自的优缺点。

2 多元数据的数学表达及 R 使用

【目的要求】要求学生熟练掌握如何收集和整理多元分析资料，掌握数据的数学表达，掌握多元数据的数字特征的解析表达式和基本性质；熟悉有关统计软件；利用统计软件来练习矩阵的有关计算；练习在已给数据下，求样本均值、样本离差阵、样本协差阵等。

【教学内容】多元数据的基本格式；收集和整理多元分析资料；数据的数学表达；数据矩阵及 R 语言表示；数据的 R 语言表示；R 调用多元数据和多元数据的简单 R 语言分析。

2.1 如何收集和整理多元分析资料

1. 数据格式

多元分析资料有一定的格式，当对每一观察单位测量了多个指标（变量）时，通常以矩阵的形式表示。

下面是多元分析资料的一般格式

	变量 X_1	变量 X_2	$\cdots$	变量 X_p
记录 1	x_{11}	x_{12}	$\cdots$	x_{1p}
记录 2	x_{21}	x_{22}	$\cdots$	x_{2p}
$\vdots$	$\vdots$	$\vdots$	$\vdots$	$\vdots$
记录 n	x_{n1}	x_{n2}	$\cdots$	x_{np}

可以用一个有 n 行 p 列的矩阵阵列来表示这些数据，称为 X。

$$X = \begin{bmatrix} x_{11} & x_{12} & \cdots & x_{1p} \\ x_{21} & x_{22} & \cdots & x_{2p} \\ \vdots & \vdots & \vdots & \vdots \\ x_{n1} & x_{n2} & \cdots & x_{np} \end{bmatrix} = (x_1, x_2, \cdots, x_p) = (x_{ij})_{n \times p}$$

这里，$x_j = (x_{1j}, x_{2j}, \cdots, x_{nj})'$，$j = 1, 2, \cdots, p$，$x_j$ 是单变量数值向量。

当这些变量处于同等地位时，就是相关分析、聚类分析、主成分分析、因子分析、对应分析、多维标度等模型的数据格式；当其中一个变量为因变量，而其他变量为自变量时，为线性回归分析、广义线性模型和非线性模型等的数据格式；若此时因变量还是分类变量，则为方差分析模型和判别分析模型的数据格式。

2. 对数据的要求

在多元分析中，每个观察单位的每个变量都必须有数据，不能空缺，否则该观察单位在运算中将被忽略。一般的统计分析软件中可以有缺失数据，但在计算时常被忽略。

3. 变量的分类

定量变量——计量观测数据：对每个观察单位的某些标志所测到的数值（有单位），如身高（cm）、体重（kg）、收入（元）、支出（元）等。

定性变量——计数观测数据：将观察单位按属性或类别分组，清点各组的观察单位数，如性别数、职业数等。定性变量通常需数量化后才能进行多元统计运算。分析时定性变量常常是按 1，2，…进行识别的。

【例 2 - 1】股民股票投资状况问卷调查与分析。

为了解股民的投资状况及其股票投资特征，我们在 2015 年组织统计学系本科生进行小范围的"股民股票投资状况抽样调查"（见表 2 - 1）。

表 2 - 1　　　　　　　　　　　股民股票投资状况问卷调查

一、性别	二、年龄	三、到目前为止，您做股票的结果是	四、您买卖股票主要依据的方法是	五、您在投资股票前对股票投资的风险是否有充分的认识	六、您是专职股票投资者还是业余股票投资者
1. 男 2. 女	＿＿周岁	1. 赚钱 2. 持平 3. 赔钱	1. 基本因素分析法 2. 技术分析法 3. 跟风方法 4. 凭感觉去买卖	1. 有 2. 没有	1. 专职投资者 2. 兼职投资者
七、您做股票投资当前的资金规模	八、您的职业	九、您的受教育程度	十、您用于股票投资的资金占您家庭总资金的比重	十一、总的来说，您买卖股票出入市的时间间隔大约是	十二、您认为投资股票获胜的原因是（可以多选）
1. 1 万元以下 2. 1 万 - 3 万元 3. 3 万 - 5 万元 4. 5 万 - 7 万元 5. 7 万 - 10 万元 6. 10 万 - 20 万元 7. 20 万 - 30 万元 8. 30 万 - 50 万元 9. 50 万 - 100 万元 10. 100 万元及以上	1. 国家干部 2. 管理人员 3. 科教文卫 4. 金融人员 5. 工人 6. 农民 7. 个体从业者 8. 无业人员	1. 文盲 2. 小学 3. 中学 4. 高中 5. 中专 6. 大专 7. 本科 8. 研究生及以上	1. 9% 及以下 2. 10% - 19% 3. 20% - 29% 4. 30% - 39% 5. 40% - 49% 6. 50% - 59% 7. 60% - 69% 8. 70% - 79% 9. 80% - 89% 10. 90% 及以上	1. 1 周以内 2. 1 - 2 周 3. 3 - 4 周 4. 1 - 2 月 5. 3 - 5 月 6. 6 - 12 月 7. 1 年及以上	1. 趋势要看对 2. 选股要选准 3. 时机要选好 4. 要有独立的判断能力 5. 要合理地管理资金 6. 要有足够多的资金
十三、您做股票投资的主要资金来源（可以多选）	十四、您的职务级别	十五、您认为做股票赔钱的最主要原因是（可以多选）	十六、您做股票投资的动因	十七、您参与股票买卖的时间经历	十八、您无业的原因
1. 自有资金 2. 公有资金 3. 银行贷款 4. 朋友间借款 5. 替他人买卖股票	1. 办事员 2. 股级干部 3. 科级干部 4. 处级干部 5. 局级干部及以上	1. 趋势看反了 2. 选股选错了 3. 出入市时机没有把握好 4. 跟着别人走 5. 分散投资策略失误 6. 其他赔钱原因	1. 赚钱 2. 体会一下玩股票的感觉 3. 别人买卖股票赚了钱我也跟着做 4. 消磨时间 5. 个人兴趣 6. 其他	1. 半年以下 2. 半年至 1 年 3. 1 - 2 年 4. 2 - 3 年 5. 3 - 4 年 6. 4 年及以上	1. 因下岗而暂时无业 2. 自愿辞职，暂时无业 3. 因找不到工作，暂时无业 4. 一直把炒股作为自己的职业

本次调查的抽样框主要涉及广东省的 6 个城市（广州、深圳、珠海、中山、佛山和东莞），其中，广州、深圳各 100 份，其他城市各 80 份，共发放问卷 520 份，回收有效问卷 514 份。问卷中设计了 18 个问题。为了简化分析，本例只考虑用年龄、性别、风险、专兼职、职业、教育和结果共 7 个变量进行分析。

目前从方便数据管理和编辑的角度来说，最好的软件应该是微软的 Excel，大量的数据可以在一个 Excel 工作簿中保存，所以本书采用该方法来管理和编辑数据。下图是保存该例子的 Excel 工作簿（文件名为 mvstats4.xls，表 d2.1 为原始数据）。

	A	B	C	D	E	F	G
1	年龄	性别	风险	专兼职	职业	教育	结果
2	20-29	男	有	兼职	金融	高中	赚钱
3	50-59	女	有	兼职	科教	中学	持平
4	40-49	女	无	专职	科教	中学	赔钱
5	30-39	男	有	兼职	工人	中专	赚钱
6	50-59	女	有	专职	农民	大专	赚钱
7	40-49	女	有	兼职	管理	小学	赚钱
8	40-49	女	无	兼职	管理	小学	持平
9	40-49	男	有	兼职	干部	文盲	持平
10	40-49	女	有	兼职	科教	中学	持平
500	20-29	男	有	兼职	工人	中专	赚钱
501	30-39	男	有	兼职	工人	中专	持平
502	40-49	男	无	兼职	科教	中学	赚钱
503	30-39	男	有	专职	个体	本科	赚钱
504	30-39	女	有	专职	个体	本科	赚钱
505	30-39	男	有	专职	个体	本科	赚钱
506	20-29	男	有	专职	无业	研究生	赚钱
507	40-49	女	无	兼职	干部	文盲	持平
508	50-59	女	有	专职	无业	研究生	赚钱
509	30-39	男	有	专职	无业	研究生	赚钱
510	20-29	女	无	兼职	管理	小学	持平
511	50-59	女	无	兼职	干部	文盲	赚钱
512	30-39	女	有	兼职	科教	中学	赚钱
513	*	男	有	兼职	干部	文盲	赚钱
514	30-39	男	无	兼职	工人	中专	持平
515	40-49	男	有	兼职	管理	小学	持平

股民股票投资状况调查数据的 Excel 表

2.2　数据的数学表达

在统计分析中，每一个统计指标对应一个随机变量，若有多个随机变量，且它们之间有一定的联系，则由这些随机变量组成的向量称为随机向量。

对 p 维随机向量，其每一个分量都是一个一维随机变量，可以单独研究。当各分量之间有相互联系时，需将它们看作一个整体来研究。

1. 一元数据：随机变量

（1）数学公式。

1）期望计算公式：$\mu = E(X) = \sum_i x_i p_i$

2）方差计算公式：$\sigma^2 = \mathrm{var}(X) = \sum_i (x_i - \mu)^2 p_i$

（2）统计计算。

1）样本均值：$\bar{x} = \dfrac{1}{n} \sum\limits_{i=1}^{n} x_i$

2）样本方差：$s^2 = \dfrac{l_{xx}}{n-1} = \dfrac{1}{n-1} \sum\limits_{i=1}^{n} (x_i - \bar{x})^2$

其中，l_{xx} 为样本离均差平方和，$l_{xx} = \sum\limits_{i=1}^{n} (x_i - \bar{x})^2$。

2. 多元数据

（1）数学公式。

设 $X = (x_1, x_2, \cdots, x_p)$ 是 $n \times p$ 随机向量。

1）期望计算公式：

若 $E(x_i)$，$i = 1, 2, \cdots, p$，其中 p 存在且有限，则称 $E(X) = (E(x_1), E(x_2), \cdots, E(x_p))$ 为 X 的期望。

2）协方差计算公式：

向量 X 的方差——协方差矩阵为：

$$\sum = \mathrm{var}(X) = \begin{bmatrix} \mathrm{cov}(x_1, x_1) & \mathrm{cov}(x_1, x_2) & \cdots & \mathrm{cov}(x_1, x_p) \\ \mathrm{cov}(x_2, x_1) & \mathrm{cov}(x_2, x_2) & \cdots & \mathrm{cov}(x_2, x_p) \\ \vdots & \vdots & \vdots & \vdots \\ \mathrm{cov}(x_p, x_1) & \mathrm{cov}(x_p, x_2) & \cdots & \mathrm{cov}(x_p, x_p) \end{bmatrix}$$

$$= \begin{bmatrix} \sigma_{11} & \sigma_{12} & \cdots & \sigma_{1p} \\ \sigma_{21} & \sigma_{22} & \cdots & \sigma_{2p} \\ \vdots & \vdots & \vdots & \vdots \\ \sigma_{p1} & \sigma_{p2} & \cdots & \sigma_{pp} \end{bmatrix}$$

（2）统计计算。

对于来自 p 维正态总体 $N_p(\mu, \sum)$ 的一个独立随机样本 x_1，x_2，$\cdots$，x_n，其样本均值向量为 $\bar{x} = \dfrac{1}{n} \sum\limits_{i=1}^{n} x_i$。样本均值向量也可用样本观测矩阵 $X = (x_{ij})_{n \times p}$ 表示，于是

1）样本均值向量：$\bar{x} = \dfrac{1}{n} \sum\limits_{i=1}^{n} x_i = \dfrac{1}{n} X' 1_n = \dfrac{1}{n} I_p X' 1_n$

这里，I_p 为单位阵，$1_n = (1, 1, \cdots, 1)'$ 为 1 矩阵。

2）样本协方差阵：$S = \dfrac{A}{n-1} = \dfrac{1}{n-1} \sum\limits_{i=1}^{n} (x_i - \bar{x})(x_i - \bar{x})'$

其中，A 为样本叉积矩阵：$A = \sum\limits_{i=1}^{n} (x_i - \bar{x})(x_i - \bar{x})' = X \left(I_n - \dfrac{1}{n} J_n \right) X'$

此处，I_n 为 n 阶单位阵，J_n 为 n 阶 1 矩阵。

2.3 数据矩阵及 R 语言表示

在多元分析中，数据通常以矩阵的形式出现，下面结合 R 语言介绍基本的矩阵运算。主要包括：创建矩阵向量，矩阵加减、乘积，矩阵的逆，行列式的值，特征值与特征向

量，QR 分解，奇异值分解，取矩阵的上下三角元素，向量化算子等。

【例 2 - 2】测得 12 名学生的生长发育指标身高（x_1）、体重（x_2）的数据，试用 R
语言表述该数据。

x_1　171，175，159，155，152，158，154，164，168，166，159，164

x_2　57，64，41，38，35，44，41，51，57，49，47，46

1. 创建一个向量（随机变量、一维数组）

在 R 中可以用函数 c() 来创建一个向量，例如：

```
x1 = c(171,175,159,155,152,158,154,164,168,166,159,164)
x2 = c(57,64,41,38,35,44,41,51,57,49,47,46)
```

这里，x_1、x_2 分别为行向量，也可以认为是 1 行 12 列的矩阵。

函数 length() 可以返回向量的长度，mode() 可以返回向量的数据类型，例如：

```
length(x1)    #向量的长度
```
```
[1] 12
```
```
mode(x1)    #数据的类型
```
```
[1] "numeric"
```

2. 创建一个矩阵（二维数组）

（1）合并命令。可以用 rbind()、cbind() 将两个或两个以上的向量或矩阵合并起来，
其中 rbind() 表示按行合并，cbind() 则表示按列合并。

```
rbind(x1,x2)    #按行合并
```

	[,1]	[,2]	[,3]	[,4]	[,5]	[,6]	[,7]	[,8]	[,9]	[,10]	[,11]	[,12]
x1	171	175	159	155	152	158	154	164	168	166	159	164
x2	57	64	41	38	35	44	41	51	57	49	47	46

```
cbind(x1,x2)    #按列合并
```

	x1	x2
[1,]	171	57
[2,]	175	64
[3,]	159	41
[4,]	155	38
[5,]	152	35
[6,]	158	44
[7,]	154	41
[8,]	164	51
[9,]	168	57
[10,]	166	49
[11,]	159	47
[12,]	164	46

（2）生成矩阵。在 R 中可以用函数 matrix() 来创建一个矩阵，应用该函数时需要输
入必要的参数值。

matrix(data = NA, nrow = 1, ncol = 1, byrow = FALSE, dimnames = NULL)

其中 data 项为必要的矩阵元素，nrow 为行数，ncol 为列数（注意 nrow 与 ncol 的乘积
应为矩阵元素个数），byrow 项用于控制排列元素时是否按行进行，dimnames 给定行和列
的名称，例如：

matrix(x1,nrow = 3,ncol = 4)   #利用 x1 数据创建矩阵
[,1] [,2] [,3] [,4] [1,] 171 155 154 166 [2,] 175 152 164 159 [3,] 159 158 168 164
matrix(x1,nrow = 4,ncol = 3)   #创建行数列数发生变化的矩阵
[,1] [,2] [,3] [1,] 171 152 168 [2,] 175 158 166 [3,] 159 154 159 [4,] 155 164 164
matrix(x1,nrow = 4,ncol = 3,byrow = T)   #创建按照行排列的矩阵
[,1] [,2] [,3] [1,] 171 175 159 [2,] 155 152 158 [3,] 154 164 168 [4,] 166 159 164

3. 矩阵转置

A 为 $m \times n$ 矩阵，A' 为其转置矩阵，求 A' 在 R 中可用函数 t() 或 transpose()，例如：

A = matrix(1:12,nrow = 3,ncol = 4);A   #创建矩阵
[,1] [,2] [,3] [,4] [1,] 1   4   7   10 [2,] 2   5   8   11 [3,] 3   6   9   12
t(A)   #求矩阵转置
[,1][,2] [,3] [1,] 1   2   3 [2,] 4   5   6 [3,] 7   8   9 [4,] 10 11 12

4. 矩阵相加减

在 R 中对同行同列矩阵相加减，可用符号" + "" - "，例如：

A = B = matrix(1:12,nrow = 3,ncol = 4)   #创建两个相同的矩阵
A + B   #矩阵加法
[,1] [,2] [,3] [,4] [1,] 2   8   14 20 [2,] 4   10 16 22 [3,] 6   12 18 24
A − B   #矩阵减法
[,1] [,2] [,3] [,4] [1,] 0   0   0   0 [2,] 0   0   0   0 [3,] 0   0   0   0

5. 矩阵相乘

A 为 $m \times n$ 矩阵，B 为 $n \times k$ 矩阵，在 R 中求 AB 可用符号"% * %"，例如：

```
A = matrix(1:12,nrow = 3,ncol = 4)
B = matrix(1:12,nrow = 4,ncol = 3)
A% * %B   #求矩阵的乘积
```

	[,1]	[,2]	[,3]
[1,]	70	158	246
[2,]	80	184	288
[3,]	90	210	330

6. 矩阵对角元素相关运算

若要取一个方阵的对角元素, 对一个向量应用 diag() 函数将产生以这个向量为对角元素的对角矩阵, 对一个正整数 k 应用 diag() 函数将产生 k 维单位矩阵, 例如:

```
A = matrix(1:16,nrow = 4,ncol = 4)
diag(A)   #获得矩阵对角线元素
```

[1] 1 6 11 16

```
diag(diag(A))   #利用对角线元素创建对角矩阵
```

	[,1]	[,2]	[,3]	[,4]
[1,]	1	0	0	0
[2,]	0	6	0	0
[3,]	0	0	11	0
[4,]	0	0	0	16

```
diag(3)   #创建 3 阶单位矩阵
```

	[,1]	[,2]	[,3]
[1,]	1	0	0
[2,]	0	1	0
[3,]	0	0	1

7. 矩阵求逆

矩阵求逆可用函数 solve(), 应用 solve(A,b) 运算结果可解线性方程组 $Ax = b$, 若 b 缺省, 则系统默认为单位矩阵, 因此可用其进行矩阵求逆, 例如:

```
A = matrix(rnorm(16),4,4)
A
```

	[,1]	[,2]	[,3]	[,4]
[1,]	1.570	0.2909	− 0.2853	− 0.7003
[2,]	0.112	− 0.4342	0.1305	− 0.7580
[3,]	− 0.549	0.3529	− 0.1857	0.3329
[4,]	1.288	0.5171	0.3173	− 0.6243

```
solve(A)   #求矩阵的逆
```

	[,1]	[,2]	[,3]	[,4]
[1,]	0.3347	− 0.7687	− 1.145	− 0.05262
[2,]	− 0.1111	0.1626	1.814	0.89482
[3,]	− 1.4441	− 0.2231	− 1.041	1.33557
[4,]	− 0.1356	− 1.5643	− 1.388	− 0.29031

8. 矩阵的特征值与特征向量

矩阵 A 的谱分解为 $A = U\Lambda U'$, 其中 Λ 是由 A 的特征值组成的对角矩阵, U 的列为 A 的特征值对应的特征向量, 在 R 中可以用函数 eigen() 得到 U 和 Λ。

eigen(x,symmetric,only. values = FALSE,EISPACK = FALSE)

其中, x 为矩阵, symmetric 项指定矩阵 x 是否为对称矩阵, 若不指定, 系统将自动

检测 x 是否为对称矩阵，例如：

```
( A= diag(4) +1)
      [,1] [,2] [,3] [,4]
[1,]    2    1    1    1
[2,]    1    2    1    1
[3,]    1    1    2    1
[4,]    1    1    1    2
```

```
( A. e= eigen( A,symmetric= T) )    #求矩阵的特征值与特征向量

$values
[1]  5  1  1  1
$vectors
           [,1]          [,2]          [,3]          [,4]
[1,]     -0.5        0.8660      0.000e +00       0.0000
[2,]     -0.5       -0.2887     -6.409e -17       0.8165
[3,]     -0.5       -0.2887     -7.071e -01      -0.4082
[4,]     -0.5       -0.2887      7.071e -01      -0.4082
```

```
A. e $vectors%*% diag( A. e$values) %*% t( A. e$vectors)
#特征向量矩阵 U 和特征值矩阵 D 与原矩阵 A 的关系 A= UDU´
      [,1] [,2] [,3] [,4]
[1,]    2    1    1    1
[2,]    1    2    1    1
[3,]    1    1    2    1
[4,]    1    1    1    2
```

9. 矩阵的 Choleskey 分解

对于正定矩阵 A，可对其进行 Choleskey 分解，即 $A = P'P$，其中，P 为上三角矩阵，在 R 中可以用函数 chol() 进行 Choleskey 分解，例如：

```
( A.c = chol( A) )   #矩阵的 Choleskey 分解
         [,1]       [,2]       [,3]       [,4]
[1,]    1.414     0.7071     0.7071     0.7071
[2,]    0.000     1.2247     0.4082     0.4082
[3,]    0.000     0.0000     1.1547     0.2887
[4,]    0.000     0.0000     0.0000     1.1180
```

```
t( A.c) %*% A. c   #Choleskey 分解矩阵 V 与原矩阵 A.c 的关系 A. c = V'V
      [,1] [,2] [,3] [,4]
[1,]    2    1    1    1
[2,]    1    2    1    1
[3,]    1    1    2    1
[4,]    1    1    1    2
```

10. 矩阵奇异值分解

A 为 $m \times n$ 矩阵，$rank(A) = r$，可以分解为 $A = UDV'$，其中，$U'U = V'V = I$。在 R 中可以用函数 svd() 进行奇异值分解，例如：

```
( A = matrix(1:18,3,6) )
      [,1] [,2] [,3] [,4] [,5] [,6]
[1,]    1    4    7   10   13   16
[2,]    2    5    8   11   14   17
[3,]    3    6    9   12   15   18
```

（A.s = svd(A）） #矩阵的奇异值分解					
$d					
[1] 4.589e + 01 1.641e + 00 2.295e − 15					
$u					
	[,1]	[,2]	[,3]		
[1,]	− 0.5290	0.74395	0.4082		
[2,]	− 0.5761	0.03840	− 0.8165		
[3,]	− 0.6231	− 0.66714	0.4082		
$v					
	[,1]	[,2]	[,3]		
[1,]	− 0.07736	− 0.7196	− 0.67039		
[2,]	− 0.19033	− 0.5089	0.55767		
[3,]	− 0.30330	− 0.2983	0.28189		
[4,]	− 0.41627	− 0.0876	0.07321		
[5,]	− 0.52924	0.1231	0.12920		
[6,]	− 0.64221	0.3337	− 0.37158		
A. s$u%*% diag(A. s$d)%*% t(A. s$v)					
	[,1]	[,2]	[,3]	[,4]	[,5] [,6]
[1,]	1	4	7	10	13 16
[2,]	2	5	8	11	14 17
[3,]	3	6	9	12	15 18

11. 矩阵的维数

在 R 中很容易得到一个矩阵的维数，函数 dim()将返回一个矩阵的维数，nrow()返回行数，ncol()返回列数，例如：

A = matrix(1:12,3,4)
dim(A) #矩阵的维数
[1] 3 4
nrow(A) #矩阵的行数
[1] 3
ncol(A) #矩阵的列数
[1] 4

12. 矩阵的行和、列和、行平均与列平均

在 R 中很容易求得一个矩阵各行的和、平均数以及各列的和、平均数，例如：

rowSums(A) #矩阵按行求和
[1] 22 26 30
rowMeans(A) #矩阵按行求均值
[1] 5.5 6.5 7.5
colSums(A) #矩阵按列求和
[1] 6 15 24 33
colMeans(A) #矩阵按列求均值
[1] 2 5 8 11

上述关于矩阵行和列的操作，还可以使用 apply() 函数来实现：

apply(X,MARGIN,FUN,⋯)

其中，X 为矩阵，MARGIN 用来指定是对行运算还是对列运算，MARGIN = 1 表示对行运算，MARGIN = 2 表示对列运算，FUN 用来指定运算函数，"⋯"用来给定 FUN 中需要的其他参数，例如：

apply(A,1,sum) #矩阵按行求和		
[1]　　22　　26　　30		
apply(A,1,mean) #矩阵按行求均值		
[1]　　5.5　　6.5　　7.5		
apply(A,2,sum) #矩阵按列求和		
[1]　　6　　15　　24　　33		
apply(A,2,mean) #矩阵按列求均值		
[1]　　2　　5　　8　　11		

apply()函数功能强大，我们可以用它对矩阵的行或列进行其他运算，例如计算每一列的方差：

A = matrix(rnorm(100) ,20,5)				
apply(A,2,var) #矩阵按列求方差				
[1]　0.46417　1.43310　0.31860　1.30427　0.52384				
B = matrix(1:12,3,4)				
apply(B,2,function(x,a) x∗a,a = 2) #矩阵按列求函数结果				
	[,1]	[,2]	[,3]	[,4]
[1,]	2	8	14	20
[2,]	4	10	16	22
[3,]	6	12	18	24

注意：最后一式与 $B * 2$ 效果相同，此处旨在说明如何应用 apply 函数。

2.4　数据的 R 语言表示——数据框

数据框（data frame）是一种矩阵形式的数据，但数据框中各列可以是不同类型的数据。数据框中每列是一个变量，每行是一个观测量。数据框可以看成是矩阵（matrix）的推广，也可以看作一种特殊的列表对象（list）。数据框是 R 语言特有的数据类型，也是进行统计分析最为有用的数据类型，但是对于可能列入数据框中的列表对象有如下一些限制：

（1）分量必须是向量（数值、字符、逻辑）、因子、数值矩阵、列表或其他数据框。

（2）矩阵、列表和数据框为新的数据框提供了尽可能多的变量，因为它们各自拥有列元素或变量。

（3）数值向量、逻辑值、因子保持原有格式，而字符向量会被强制转换成因子并且它的水平就是向量中出现的独立值。

（4）在数据框中以变量形式出现的向量长度必须一致，矩阵结构必须有一样的行数。

R 语言中用函数 data. frame()生成数据框，其句法是：data. frame(data1,data2,⋯)，例如：

(X = data. frame(x1 ,x2))　　#产生由 x1 和 x2 构建的数据框		
	x1	x2
1	171	57
2	175	64
3	159	41
4	155	38
5	152	35
6	158	44
7	154	41
8	164	51
9	168	57
10	166	49
11	159	47
12	164	46

数据框的列名默认为变量名，也可以对列名进行重新命名，例如：

(X = data. frame('身高' = x1 ,'体重' = x2))　　#赋予数据框新的列标签		
	身高	体重
1	171	57
2	175	64
3	159	41
4	155	38
5	152	35
6	158	44
7	154	41
8	164	51
9	168	57
10	166	49
11	159	47
12	164	46

2.5　多元数据的 R 语言调用

R 的内置数据包 dataset 提供了大量的数据，因此使用 R 的内置数据集是非常方便的，通常只要给出数据集名即可。但有时我们需要从外部录入数据，外部的数据源很多，可以是电子表格、数据库、文本文件等形式。下面介绍三种简单的录入数据方法，每种方法都有自己的优势，至于哪种方法最好则要根据实际的数据情况来决定。

1. 从剪切板读取

前面我们讲到，Excel 是目前数据管理和编辑最为方便的软件，所以我们可以考虑用Excel管理数据，用 R 分析数据，Excel 与 R 语言之间的数据交换（适用于全书）过程非常简单。

（1）选择需要进行计算的数据块（如上例中名为 UG 的数据），拷贝之。

（2）在 R 中使用 dat <- read. table("clipboard" ,header = T)。

这里，dat 为读入 R 中的数据集，clipboard 为剪切板，header = T 意味着读入变量名。

2. 从文本文件读取

大的数据对象常常是从外部文件读入，而不是在 R 中直接键入的。R 的导入工具非常

简单，但是对导入文件有一些比较严格甚至苛刻的限制。读入文本数据的命令是
read. table，但它对外部文件常常有特定的格式要求：第一行可以有该数据框的各变量名，
随后的行中条目是各个变量的值。一个被看作数据框读入的文件格式应该是这样的。例
如，将前面的身高、体重数据存在 textdata 文本文件中。

	V1	V2
	x1	x2
1	x1	x2
2	171	57
3	175	64
4	159	41
5	155	38
6	152	35
7	158	44
8	154	41
9	164	51
10	168	57
11	166	49
12	159	47
13	164	46

(X = read. table(" textdata. txt"))　#读取名为 textdata 的 txt 文档

常常需要忽略行标签而直接使用默认的行标签。在这种情况下，输入文件如下面一
样省略行标签。这时，可以用如下命令读入：

(X = read. table(" textdata. txt" , header = T))　#读取具有列标签的名为 textdata 的 txt 文档

	x1	x2
1	171	57
2	175	64
3	159	41
4	155	38
5	152	35
6	158	44
7	154	41
8	164	51
9	168	57
10	166	49
11	159	47
12	164	46

其中，header = T 选项用来指定第一行是标题行，并且因此省略文件中给定的行标
签。上面的文本数据是以空格或 tab 间隔数据的，实际上，最安全和通用的应该是以逗号
为间隔的文本数据，这种数据任何设备都能打开，并能在 Excel 等表格软件中直接打开和
编辑。

X = read. csv(" textdata. csv")　#读取名为 textdata 的 csv 文档

3. 从 Excel 文件读取

前面我们说过，Excel 是最好的数据管理和编辑软件，多个数据可以保存在一个
Excel 工作簿的工作表（sheet）中，虽然 R 语言可以直接读取 Excel 数据，但一次只能读
Excel 工作簿的一个表格（将 Excel 数据另存为 textdata. csv 格式），其命令为：

X = read. csv(" textdata. csv")

2.6 多元数据的简单 R 语言分析

在实际应用中，我们最为关心的是变量之间的关系，因为现实世界的问题都是相互联系的。不讨论变量之间的关系，任何有深度的应用就无从谈起，而没有应用，前面讲的那些基本概念就仅仅是摆设而已。如受教育程度和收入之间的关系、科技投入和经济增长之间的关系、广告投入和经济效益之间的关系、治疗手段和治愈率之间的关系等，这些都是二元关系。还有更加复杂的诸如多元之间的相互关系，如企业的固定资产、流动资产、预算分配、管理模式、生产率、债务和利润等诸因素的关系是不能用简单的二元关系来描述的。这些描述性的例子所涉及的统计方法都会在以后的章节中介绍，下面用 R 作简单分析。

1. 定量变量的分析

（1）定量变量的基本特征。最简单地展现定量数据的图形应是直方图 hist 函数。

直方图绘制函数 hist() 的用法
hist(x, freq = NULL, …)
x 数值向量, freq 频数还是频率

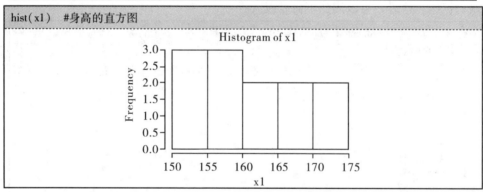

hist(x1)　　#身高的直方图

Histogram of x1

（2）定量变量间的关系。描述两个变量之间的关系最有用的命令是散点图 plot 函数，它也是 R 中最强大的绘图函数。

散点图绘制函数 plot() 的用法
plot(x, y, …)
x 为横坐标, y 为纵坐标的二元绘图；当只有 x 时，表示以序号为横坐标。
x 值为纵坐标绘图；…为其他的绘图参数。

下面结合例 2 - 2 的资料研究身高与体重之间的关系。

```
plot(x1,x2)
```

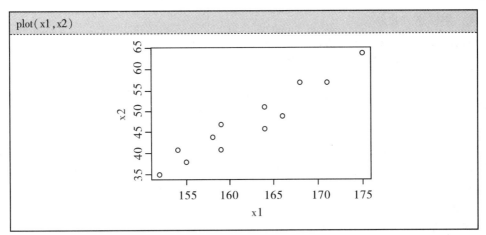

从上图可以看出，身高和体重之间有很强的线性相关关系，身高增加，体重也相应增加。一般来说，人们希望能够通过数据回答问题，下面就此例进行初步探讨。

1）这两个变量是否有关系？显然，它们有关系，这从散点图中很容易看出，基本上体重是随着身高的增加而增加的。

2）如果有关系，它们的关系是否有意义？这可以从散点图得到答案，但需进行统计检验。

3）这些关系是什么关系，是否可以用数学模型来描述？本例看上去可以拟合一个回归模型（后面会介绍）。具体细节见第 4 章中的线性回归分析。

4）这个关系是否带有普遍性？也就是说，仅仅这一个样本有这样的关系，还是对于其他人群也有类似的规律？这里的数据还不足以回答这个问题，可能需要考虑更多的变量和收集更多的数据。一般来说，人们希望能够从一些特殊的样本中得到普遍的结论，以利于预测。

5）这个关系是不是因果关系？在本问题中，看来有因果关系。一般来说，变量之间有关系但并不意味着是因果关系。例如，肺癌和吸烟肯定是相关的，但是有人认为由于某种不明原因或其他一些变量造成了这二者同时出现。也有人认为，早发生的事件为原因，而后发生的事件为结果。但公鸡打鸣在先，太阳升起在后；地震先兆在前，地震在后，这都不能说明可以将发生的时间先后作为判断因果关系的依据。只要有关系，即使不是因果关系也不妨碍人们利用这种关系来进行推断。

上面这些问题并不是一成不变的，也不是每个问题都需要回答或者能够得到答案，一切根据实际需要和手中掌握的数据而定。简单的办法（如上面的散点图）有时不一定能够给出满意的答案，这就需要更多的工具和手段来进行数值分析以得到更加严密和精确的解答。

2. 定性变量的分析

频数表函数 table() 的用法
table(…)
"…"为一列或多列定性数据

下面是对例 2-1 的 514 人股票调查所得结果的一个简单的分析。

（1）单因素分析。

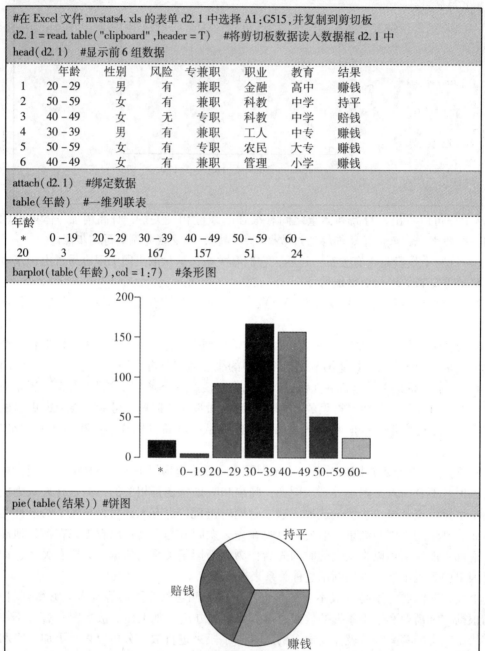

```
#在 Excel 文件 mvstats4. xls 的表单 d2. 1 中选择 A1:G515,并复制到剪切板
d2. 1 = read. table( "clipboard" ,header = T)    #将剪切板数据读入数据框 d2. 1 中
head( d2. 1)    #显示前 6 组数据
```

	年龄	性别	风险	专兼职	职业	教育	结果
1	20 - 29	男	有	兼职	金融	高中	赚钱
2	50 - 59	女	有	兼职	科教	中学	持平
3	40 - 49	女	无	专职	科教	中学	赔钱
4	30 - 39	男	有	兼职	工人	中专	赚钱
5	50 - 59	女	有	专职	农民	大专	赚钱
6	40 - 49	女	有	兼职	管理	小学	赚钱

```
attach( d2. 1)    #绑定数据
table(年龄)    #一维列联表
```

年龄

*	0 - 19	20 - 29	30 - 39	40 - 49	50 - 59	60 -
20	3	92	167	157	51	24

```
barplot( table(年龄) ,col = 1:7)    #条形图
```

```
pie( table(结果))    #饼图
```

（2）两因素分析。

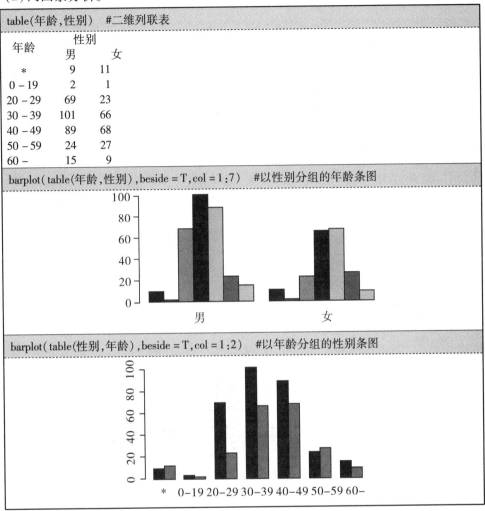

table(年龄,性别) #二维列联表		
年龄	性别 男	女
∗	9	11
0 − 19	2	1
20 − 29	69	23
30 − 39	101	66
40 − 49	89	68
50 − 59	24	27
60 −	15	9

barplot(table(年龄,性别),beside = T,col = 1:7) #以性别分组的年龄条图

barplot(table(性别,年龄),beside = T,col = 1:2) #以年龄分组的性别条图

（3）三因素分析（这时通常用 ftable 函数进行列联表分析）。

ftable(年龄,性别,结果) #以年龄、性别排列的结果频数三维列联表				
年龄	性别	结果 持平	赔钱	赚钱
∗	男	4	3	2
	女	3	7	1
0 − 19	男	0	0	2
	女	1	0	0
20 − 29	男	21	17	31
	女	10	7	6
30 − 39	男	31	30	40
	女	30	20	16
40 − 49	男	31	30	28
	女	25	30	13
50 − 59	男	5	11	8
	女	8	10	9
60 −	男	7	5	3
	女	2	5	2

根据上述结果整理的频数表见表2-2。

表2-2   三因素分析结果整理表1

年龄	性别	结果		
		持平	赔钱	赚钱
*	男	4	3	2
	女	3	7	1
0-19	男	0	0	2
	女	1	0	0
20-29	男	21	17	31
	女	10	7	6
30-39	男	31	30	40
	女	30	20	16
40-49	男	31	30	28
	女	25	30	13
50-59	男	5	11	8
	女	8	10	9
60-	男	7	5	3
	女	2	5	2

ftable(性别,年龄,结果) #以性别、年龄排列的结果频数三维列联表				
性别	年龄	结果		
		持平	赔钱	赚钱
男	*	4	3	2
	0-19	0	0	2
	20-29	21	17	31
	30-39	31	30	40
	40-49	31	30	28
	50-59	5	11	8
	60-	7	5	3
女	*	3	7	1
	0-19	1	0	0
	20-29	10	7	6
	30-39	30	20	16
	40-49	25	30	13
	50-59	8	10	9
	60-	2	5	2

根据上述结果整理的频数表见表2-3。

表 2 - 3　　　　　　　　　　　　三因素分析结果整理表 2

年龄	性别	结果		
		持平	赔钱	赚钱
男	*	4	3	2
	0 - 19	0	0	2
	20 - 29	21	17	31
	30 - 39	31	30	40
	40 - 49	31	30	28
	50 - 59	5	11	8
	60 -	7	5	3
女	*	3	7	1
	0 - 19	1	0	0
	20 - 29	10	7	6
	30 - 39	30	20	16
	40 - 49	25	30	13
	50 - 59	8	10	9
	60 -	2	5	2

(ft = ftable(性别,结果,年龄))　　#显示以性别、结果排列的年龄频数三维列联表								
		年龄						
性别	结果	*	0 - 19	20 - 29	30 - 39	40 - 49	50 - 59	60 -
男	持平	4	0	21	31	31	5	7
	赔钱	3	0	17	30	30	11	5
	赚钱	2	2	31	40	28	8	3
女	持平	3	1	10	30	25	8	2
	赔钱	7	0	7	20	30	10	5
	赚钱	1	0	6	16	13	9	2
rowSums(ft)								
[1]	99	96	114	79	79	47		
colSums(ft)								
[1]	20	3	92	167	157	51	24	
sum(ft)								
[1]	514							

根据上述结果整理的频数表见表 2 - 4。

表 2 – 4   三因素分析结果整理表 3

性别	结果	年龄							合计
		*	0 – 19	20 – 29	30 – 39	40 – 49	50 – 59	60 –	
男	持平	4	0	21	31	31	5	7	99
	赔钱	3	0	17	30	30	11	5	96
	赚钱	2	2	31	40	28	8	3	114
女	持平	3	1	10	30	25	8	2	79
	赔钱	7	0	7	20	30	10	5	79
	赚钱	1	0	6	16	13	9	2	47
合计		20	3	92	167	157	51	24	514

无论以何种形式分析得到的列联表，其结果都是一样的，现对其进行简单分析。

这些表有三个变量：结果（该变量有三个可能取的值，称为三个水平：持平、赔钱、赚钱）、年龄（有六个水平，1 个缺失值 *）、性别（有男、女两个水平），它们都是定性变量。表 2 – 4 中间的数值是变量的各种水平组合（共有 $2 \times 3 \times 7 = 42$ 种组合）出现的频数，例如，30 – 39 岁男性结果持平的有 31 人，女性中 20 – 29 岁赚钱的有 6 人等。从表 2 – 4 中还可以算出一些和，比如男性赚钱的有 114 人，女性有 47 人等。可以看出，男性赚钱的人数相对比女性要多些。如果要得到更加精确的结论，就要作进一步的分析、计算和统计推断。

案例分析：多元数据的基本统计分析

学好统计的关键就是要用我们所学的统计方法对数据资料进行全面的统计分析，包括一些基本的分析。

一、多元数据的管理

多元分析的数据是由一些变量和它们的观测值所组成。本例子是调查人们对某个问题所持观点的一个数据的方阵形式。其中有 6 个变量：地区编号（用字母 A、B、C、D 表示）、性别（取值有男、女两种）、观点（有支持、不支持和不知道三种）、教育程度（有低、中、高三种）、年龄以及月收入和月支出（取值为定量数值）等。Excel文件mvcase3. xls的表 Case1 中共输入了 1 200 个观测单位（问卷回答），可以看到这些变量有定性（属性）变量，也有定量（数值）变量。按照这个数据的格式，每一列为一个变量的不同观测值；而每一行则称为一个观测单位（简称样品），它是个由定量值和定性值组成的向量，每一个值对应一个变量。

地区	性别	教育程度	观点	年龄	月收入	月支出
A	女	中	不支持	55	2299	1423
A	女	低	不支持	39	3378	2022
A	女	中	支持	33	3460	1868
B	男	高	支持	41	4564	1918
B	女	高	不支持	55	3206	1906
A	女	中	不支持	48	4043	2233
D	男	中	支持	36	3395	1428
C	男	中	支持	50	5363	1931
B	男	中	不支持	49	6227	2608
A	女	中	不支持	21	2836	1164
A	女	低	支持	27	3308	2417
B	男	中	NA	29	2355	1287
C	女	中	不支持	43	4033	1353
C	女	中	支持	31	3048	1742
C	女	中	支持	42	4799	1754
B	男	低	不支持	41	2614	1785
B	男	低	不支持	38	3091	1289
C	女	高	支持	54	1513	1452
C	女	中	NA	22	1293	2266
A	女	高	不支持	37	3426	1656
D	女	中	不支持	38	2580	2415
D	女	中	不支持	19	4076	1571
B	女	中	支持	39	1286	1985
A	女	中	支持	27	2897	2439
B	男	中	不支持	45	3315	1832
C	男	中	支持	38	3564	1712
C	女	中	不支持	47	3217	1744
C	男	低	支持	46	2811	1815
D	女	中	NA	39	2347	1591
A	男	中	支持	42	3627	1535
C	女	中	不支持	34	2033	2237

二、R 语言操作

1. 调入数据并进行基本统计分析

将 Case1 中的数据复制，然后在 RStudio 编辑器中执行 Case1 = read. table ("clipboard" , header = T）。

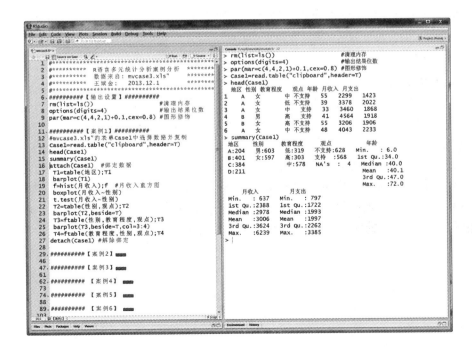

2. 直观分析

（1）定性分析。

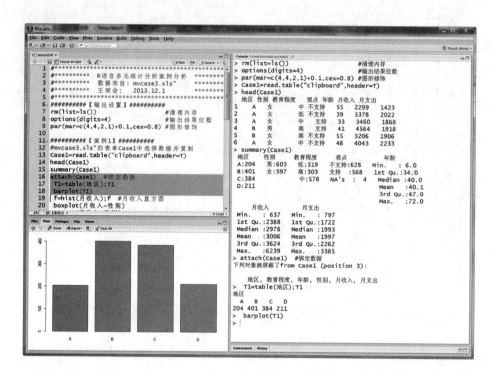

（2）定量分析。

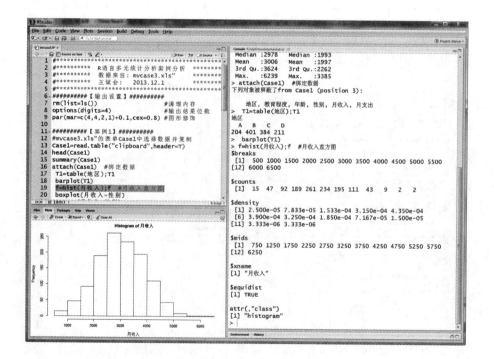

（3）定性定量分析。

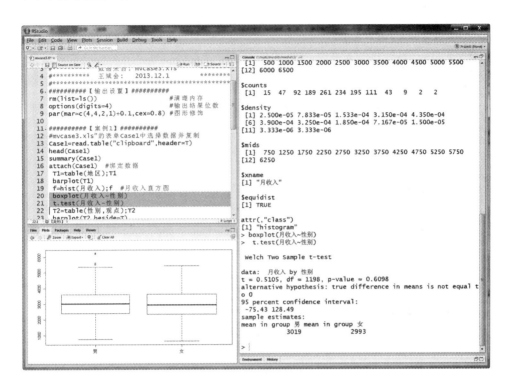

（4）二维列联表分析。

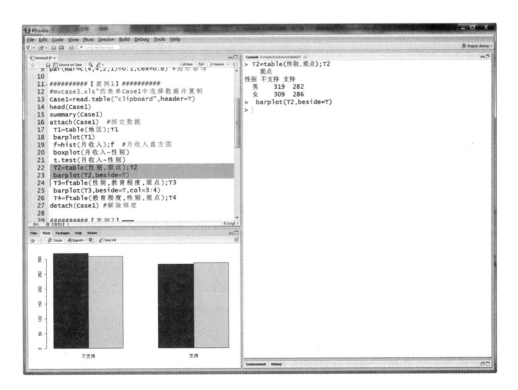

（5）多维列联表分析。

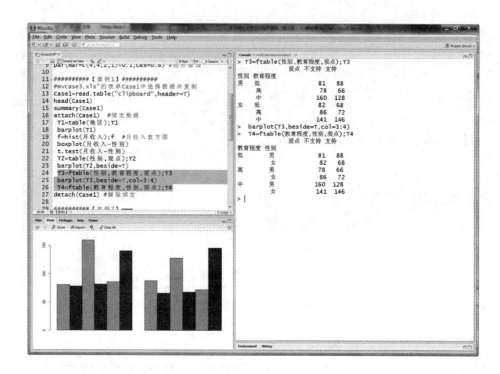

该案例程序如下所示：

```
#mvcase3.xls 的表单 Case1 中选择数据并复制
Case1 = read.table("clipboard", header = T)
head(Case1)
summary(Case1)
attach(Case1)        #绑定数据
 T1 = table(地区);T1
 barplot(T1)
 f = hist(月收入);f        #月收入直方图
 boxplot(月收入 ~ 性别)
 t.test(月收入 ~ 性别)
 T2 = table(性别,观点);T2
 barplot(T2, beside = T)
 T3 = ftable(性别,教育程度,观点);T3
 barplot(T3, beside = T, col = 3:4)
 T4 = ftable(教育程度,性别,观点);T4
detach(Case1)        #解除绑定
```

思考练习题

一、思考题（手工解答，上交作业本）

1. 列出常用的 R 语言矩阵运算函数。

2. 数组、矩阵和数据框有何不同？

3. 如何收集和整理多元分析资料？

4. 列出常用的计算基本统计量的 R 函数。

5. 如何用 R 命令读取文本数据？

6. 如何用 R 命令读取 Excel 数据？

7. 如何用 R 命令读取数据库数据？

8. 如何用 R 命令绘制直方图和散点图？

9. 定性数据分析和定量数据分析有何不同？

二、练习题（计算机分析，网上交流或发电子邮件）

1. 对下面的相关系数矩阵，试用 R 语言求其逆矩阵、特征根和特征向量。

$$R = \begin{bmatrix} 1.00 & 0.80 & 0.26 & 0.67 & 0.34 \\ 0.80 & 1.00 & 0.33 & 0.59 & 0.34 \\ 0.26 & 0.33 & 1.00 & 0.37 & 0.21 \\ 0.67 & 0.59 & 0.37 & 1.00 & 0.35 \\ 0.34 & 0.34 & 0.21 & 0.35 & 1.00 \end{bmatrix}$$

要求写出 R 语言计算函数。

2. 以下是一份关于学生是否抽烟与每天学习时间长短关系的调查数据，具体见下表。

部分学生是否抽烟与每天的学习时间长短关系调查表

学生编号	是否抽烟	每天学习时间
1	是	少于 5 小时
2	否	5 – 10 小时
3	否	5 – 10 小时
4	是	超过 10 小时
5	否	超过 10 小时
6	是	少于 5 小时
7	是	5 – 10 小时
8	是	少于 5 小时
9	否	超过 10 小时
10	是	5 – 10 小时

试用 R 语言对其进行基本统计分析。

3. 某厂对 50 个计件工人某月份工资进行登记，获得以下原始资料（单位：元）。

1 465	1 405	1 355	1 225	1 000	1 760	1 755	1 710	1 605	1 535
1 985	1 965	1 910	1 845	1 810	2 270	2 240	2 190	2 040	2 010
2 980	2 820	2 600	2 430	2 290	1 375	1 295	1 265	1 175	1 125
1 735	1 645	1 625	1 595	1 575	1 940	1 880	1 865	1 835	1 815
2 220	2 110	2 095	2 030	2 030	2 670	2 550	2 520	2 370	2 320

试按组距为 300 编制频数表，计算频数、频率和累积频率，并绘制直方图。

（1）写出 R 语言程序。

（2）用 R 语言进行基本统计分析。

（3）用 R 语言作正态概率图并分析之。

4. 试编制进行计量数据频数表分析的 R 语言函数。

3 多元数据的直观表示及 R 使用

【**目的要求**】要求学生了解多元数据的直观表示方法，了解多变量图形的一些特点，并掌握一些复杂数据的图示技术。

【**教学内容**】这里只介绍一些多元数据的直观表示方法，包括均值条图、箱尾图、星相图、脸谱图、调和曲线图等图形及 R 语言使用，一般的数据表示可用如 Excel 一类的软件。

3.1 简 述

我们在进行任何统计分析之前，都需要对数据进行探索性分析，以了解资料的性质，特别是高维空间的多元数据。一维、二维数据的直观图示容易作出，但多元的高维图示就很难绘制，本章将介绍一些常用的多元图示方法。

图形有助于对所研究数据进行直观了解，如果能把一些多元数据直接绘图显示，多元之间的关系便可一目了然。当只有一个或两个变量时，可以使用通常的直角坐标系在平面上作图。当有三维数据时，虽然可以在三维坐标系里作图，但已很不方便。而当维数大于三时，用通常的方法已不能制图。然而，许多多元统计分析问题，数据的维数都大于三，所以自 20 世纪 70 年代以来，多元数据的图示法一直是人们所关注的问题。人们想了不少办法，这些方法大体上分为两类：一类是使高维空间的点与平面上的某种图形相对应，这种图形能反映高维数据的某些特点或数据间的某些关系；另一类是在尽可能多地保留原始数据信息的原则下进行降维，若能使数据维数降至二维或一维，则可在平面上作图。后者可用本书介绍的聚类分析、主成分分析、因子分析、对应分析等方法解决。本章仅针对前者介绍几种图示法，更多的作图方法可在有关专著中找到。

设变量个数为 p，样品数为 n，第 i 个样品观测记为 $X_i = (x_{i1}, x_{i2}, \cdots, x_{ip})$，$i = 1, 2, \cdots, n$，$n$ 个样品观测数据组成的矩阵为 $X = (x_{ij})_{n \times p}$。

【**例 3 – 1**】为了研究我国 31 个省、市、自治区（未包括我国台湾、香港和澳门，以下同）2007 年城镇居民生活消费的分布规律，根据调查资料以区域消费类型划分。指标名称如下，原始数据见表 3 – 1，此例样品数 $n = 31$，变量个数 $p = 8$。

食品：人均食品支出（元/人）；

衣着：人均衣着商品支出（元/人）；

设备：人均家庭设备用品及服务支出（元/人）；

医疗：人均医疗保健支出（元/人）；

交通：人均交通和通信支出（元/人）；

教育：人均娱乐教育文化服务支出（元/人）；

居住：人均居住支出（元/人）；

杂项：人均杂项商品和服务支出（元/人）。

表 3 – 1　部分地区城镇居民家庭平均每人全年消费性支出（数据见 mvstats4. xls：d3. 1）

	食品	衣着	设备	医疗	交通	教育	居住	杂项
北京	4 934.05	1 512.88	981.13	1 294.07	2 328.51	2 383.96	1 246.19	649.66
天津	4 249.31	1 024.15	760.56	1 163.98	1 309.94	1 639.83	1 417.45	463.64
河北	2 789.85	975.94	546.75	833.51	1 010.51	895.06	917.19	266.16
山西	2 600.37	1 064.61	477.74	640.22	1 027.99	1 054.05	991.77	245.07
内蒙古	2 824.89	1 396.86	561.71	719.13	1 123.82	1 245.09	941.79	468.17
辽宁	3 560.21	1 017.65	439.28	879.08	1 033.36	1 052.94	1 047.04	400.16
吉林	2 842.68	1 127.09	407.35	854.80	873.88	997.75	1 062.46	394.29
黑龙江	2 633.18	1 021.45	355.67	729.55	746.03	938.21	784.51	310.67
上海	6 125.45	1 330.05	959.49	857.11	3 153.72	2 653.67	1 412.10	763.80
江苏	3 928.71	990.03	707.31	689.37	1 303.02	1 699.26	1 020.09	377.37
浙江	4 892.58	1 406.20	666.02	859.06	2 473.40	2 158.32	1 168.08	467.52
安徽	3 384.38	906.47	465.68	554.44	891.38	1 169.99	850.24	309.30
福建	4 296.22	940.72	645.40	502.41	1 606.90	1 426.34	1 261.18	375.98
江西	3 192.61	915.09	587.40	385.91	732.97	973.38	728.76	294.60
山东	3 180.64	1 238.34	661.03	708.58	1 333.63	1 191.18	1 027.58	325.64
河南	2 707.44	1 053.13	549.14	626.55	858.33	936.55	795.39	300.19
湖北	3 455.98	1 046.62	550.16	525.32	903.02	1 120.29	856.97	242.82
湖南	3 243.88	1 017.59	603.18	668.53	986.89	1 285.24	869.59	315.82
广东	5 056.68	814.57	853.18	752.52	2 966.08	1 994.86	1 444.91	454.09
广西	3 398.09	656.69	491.03	542.07	932.87	1 050.04	803.04	277.43
海南	3 546.67	452.85	519.99	503.78	1 401.89	837.83	819.02	210.85
重庆	3 674.28	1 171.15	706.77	749.51	1 118.79	1 237.35	968.45	264.01
四川	3 580.14	949.74	562.02	511.78	1 074.91	1 031.81	690.27	291.32
贵州	3 122.46	910.30	463.56	354.52	895.04	1 035.96	718.65	258.21
云南	3 562.33	859.65	280.62	631.70	1 034.71	705.51	673.07	174.23
西藏	3 836.51	880.10	271.29	272.81	866.33	441.02	628.35	335.66
陕西	3 063.69	910.29	513.08	678.38	866.76	1 230.74	831.27	332.84
甘肃	2 824.42	939.89	505.16	564.25	861.47	1 058.66	768.28	353.65
青海	2 803.45	898.54	484.71	613.24	785.27	953.87	641.93	331.38
宁夏	2 760.74	994.47	480.84	645.98	859.04	863.36	910.68	302.17
新疆	2 760.69	1 183.69	475.23	598.78	890.30	896.79	736.99	331.80

数据来源：《中国统计年鉴 2008》。

3.2　均值条图及 R 使用

对表 3 −1 的数据直接作条图意义不大，通常需要对其统计量（如均值、中位数等）作直观分析。

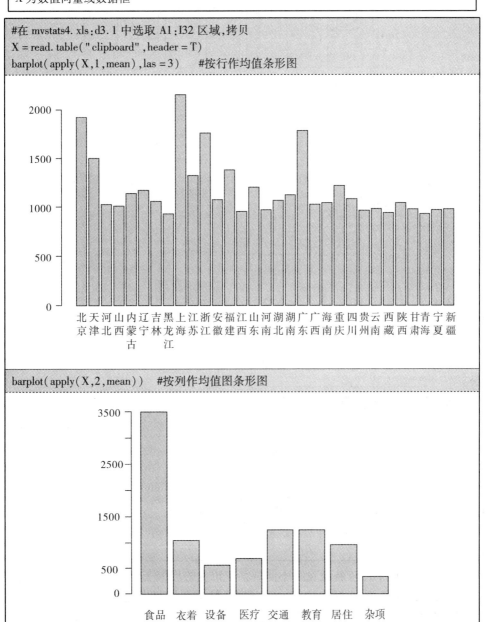

条图绘制函数 barplot() 的用法

barplot(X, ...)

X 为数值向量或数据框

```
#在 mvstats4. xls:d3.1 中选取 A1:I32 区域,拷贝
X = read. table( " clipboard" , header = T)
barplot( apply( X,1,mean) , las = 3)     #按行作均值条形图
```

```
barplot( apply( X,2,mean) )     #按列作均值图条形图
```

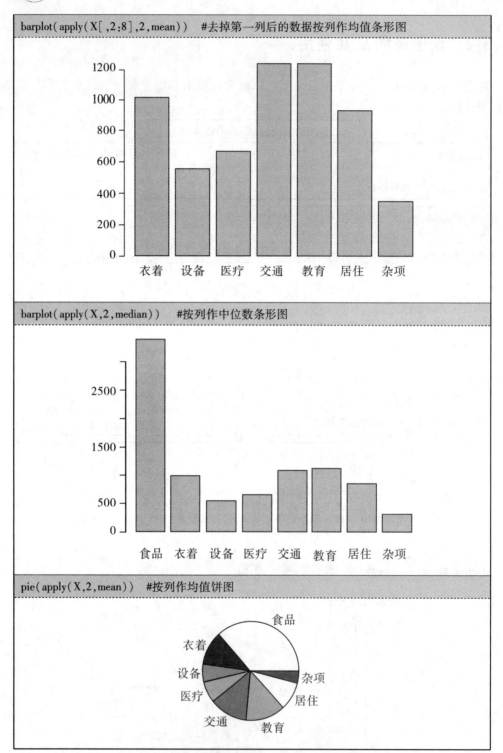

均值条图通常用来比较各变量在不同观察单位上的均值变化大小，对例 3 - 1 中的 31 个省、市、自治区的八项指标作均值比较条图，从上图中可以看到，贵州、甘肃和青海的居民消费要低于北京、上海和广东，居民在食品方面的支出远大于其他方面。

3.3 箱尾图及 R 使用

Tukey 提出的箱尾图由箱子和其上引出的两个尾组成,这种图用来表示在一定时间内一个班成绩的变化、物体位置的变化、原材料的变化及产品标准的变化等。

箱尾图可以比较清晰地表示数据的分布特征,它由四部分组成:

(1)箱子上下的横线为样本的 25% 和 75% 分位数,箱子顶部和底部的差值为四分位间距。

(2)箱子中间的横线为样本的中位数。若该横线没有在箱子的中央,则说明样本数据存在偏度。

(3)箱子向上或向下延伸的直线称为"尾线",若没有异常值,样本的最大值为上尾线的顶部,样本的最小值为下尾线的底部。在默认情况下,距箱子顶部或底部大于 1.5 倍四分位间距的值称为异常值。

(4)图中顶部的圆圈表示该处数据为异常值。该异常值可能是因输入错误、测量失误或系统误差引起的。对例 3 – 1 这 31 个省、市、自治区八项指标作箱尾图。

箱尾图绘制函数 boxplot() 的用法

boxplot(X,...)

X 为数据框

boxplot(X) #按列作箱尾图

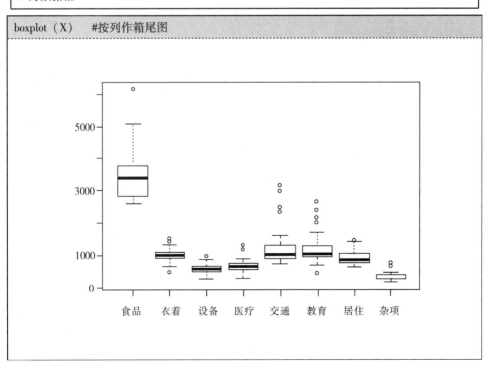

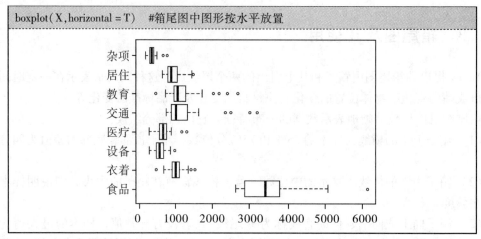

从上图可以看出，食品消费支出远高于其他项目，并且在食品消费支出中，上海特别突出（图中"○"），达 6 125.45 元，远高于其他地区，形成离群值。

3.4 星相图及 R 使用

星相图是雷达图的多元表示形式，它将每个变量的各个观察单位的数值表示为一个图形，n 个观察单位就有 n 个图，每个图的每个角表示每个变量。

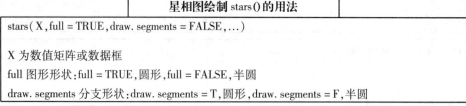

星相图绘制 stars() 的用法
stars(X, full = TRUE, draw. segments = FALSE, …)
X 为数值矩阵或数据框 full 图形形状:full = TRUE,圆形,full = FALSE,半圆 draw. segments 分支形状:draw. segments = T,圆形,draw. segments = F,半圆

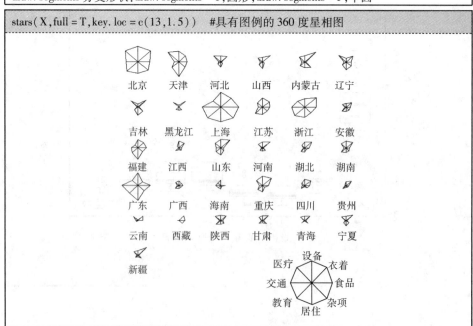

stars(X, full = T, key. loc = c(13,1. 5)) #具有图例的 360 度星相图

```
stars(X,full = F,key.loc = c(13,1.5))     #具有图例的180 度星相图
```

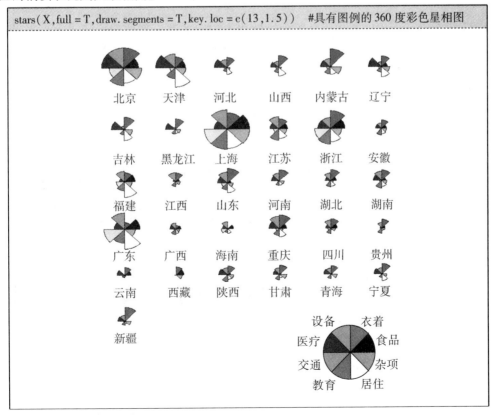

上图是根据例 3 - 1 数据所作的星相图。共有 31 个地区，每个星相图的角表示一个变量。从图中可以看出，北京、上海、广东、浙江四个地区的消费情况较为突出，其他地区的消费状况则大致相同。

```
stars(X,full = T,draw.segments = T,key.loc = c(13,1.5))     #具有图例的360 度彩色星相图
```

```
stars(X, full = F, draw. segments = T, key. loc = c(13,1.5))    #具有图例的180度彩色星相图
```

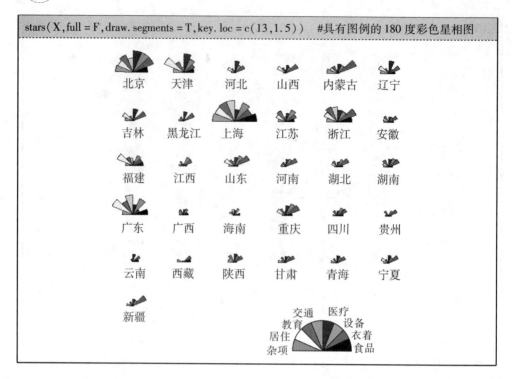

3.5　脸谱图及 R 使用

1973 年，ChernooffH. 提出了将每个指标用人的脸的某一部位的形状或大小来表达，这样，利用 p 个指标的数值就可以勾画出一个人的脸谱，而这些脸谱之间的差异，反映了所对应的样品之间的差异特性。利用脸谱图的直观性，可以给我们的数据分析带来很大的方便。

脸谱图绘制函数 faces() 的用法

faces(X, nrow. plot, ncol. plot…)

X 为数值矩阵，每列代表一个变量；nrow. plot 图形显示行数；ncol. plot 图形显示列数

```
library(aplpack)          #加载 aplpack 包
faces(X, ncol. plot = 7)   #按每行 7 个作脸谱图
```

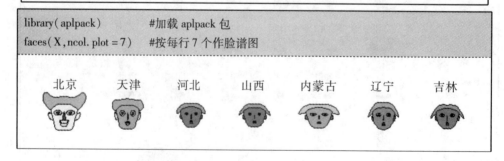

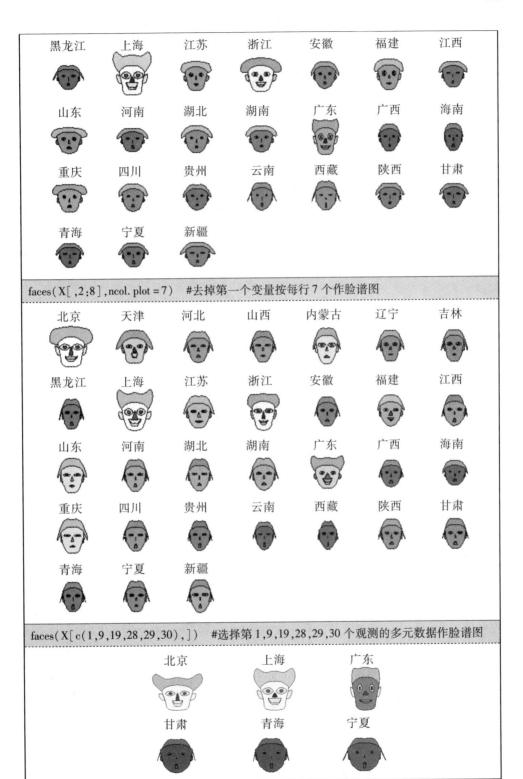

faces（X［ ,2:8］,ncol. plot =7） #去掉第一个变量按每行 7 个作脸谱图

faces（X［c（1,9,19,28,29,30）,］） #选择第 1,9,19,28,29,30 个观测的多元数据作脸谱图

从上图可知，与其他图形相比，脸谱图生动、直观，能够非常形象地表达样本之间的差异。尽管如此，脸谱图在现实生活中并未得到广泛的应用，究其原因，笔者认为主要有以下三点：一是尽管计算机不再是制作脸谱图的制约因素，但能够制作脸谱图的相关软件并未开发，这就限制了人们对脸谱图的应用。二是虽然脸谱图生动、直观，但人们对它的需求也是有限的。因为一个脸谱图代表一个样品，这样，只有当样品较少的情况下，人们才可以方便地对各个样品进行比较。然而，现实生活中我们经常面临的是较多样品，这样，利用脸谱图对样本进行比较可能就不是最佳选择。三是国内介绍脸谱图的教材相当少，这就限制了人们的视野，从而对脸谱图的改进未曾提出较好的见解。

基于以上原因，脸谱图未受到人们的重视。然而，构造脸谱图的思想是相当重要的，具有极大的现实意义。作为统计人员，应提高对构造脸谱图思想的认识，并提出一些改进的方法，使脸谱图在现实生活中得到广泛的应用。

3.6 调和曲线图及 R 使用

调和曲线图是 D. F. Andrews 于 1972 年提出的三角多项式作图法，所以又称为三角多项式图，其思想是把高维空间中的一个样本点对应于二维平面上的一条曲线。

设 p 维数据 $x = (x_1, x_2, \cdots, x_p)'$，对应的曲线是：

$$f_x(t) = \frac{x_1}{\sqrt{2}} + x_2 \sin t + x_3 \cos t + x_4 \sin 2t + \cdots \qquad (-\pi \leqslant t \leqslant \pi)$$

上式中，当 t 在区间 $[-\pi, \pi]$ 上变化时，其轨迹是一条曲线。

在例 3-1 数据中，各地区分别对应的曲线为：

$$f_1(t) = \frac{4\,934.05}{\sqrt{2}} + 1\,512.88\sin t + 981.13\cos t + 1\,294.07\sin 2t + 2\,328.51\cos 2t +$$

$$2\,383.96\sin 3t + 1\,246.19\cos 3t + 649.66\sin 4t$$

$$f_2(t) = \frac{4\,249.31}{\sqrt{2}} + 1\,024.15\sin t + 760.56\cos t + 1\,163.98\sin 2t + 1\,309.94\cos 2t +$$

$$1\,639.83\sin 3t + 1\,417.45\cos 3t + 463.64\sin 4t$$

$$\vdots$$

它们的图形表示为：n 次观测对应 n 条曲线，画在同一平面上就是一张调和曲线图。

在多项式的图示中，当各变量的数值太悬殊时，最好先标准化后再作图。

作调和曲线时一般要借助计算机作图，这种图对聚类分析帮助很大。如果选择聚类统计量为距离的话，同类的曲线非常靠近导致拧在一起，不同类的曲线拧成不同的线，非常直观。

调和曲线图绘制函数 plot.andrews() 的用法
plot.andrews(X, ...)
X 为数值矩阵，每列代表一个变量

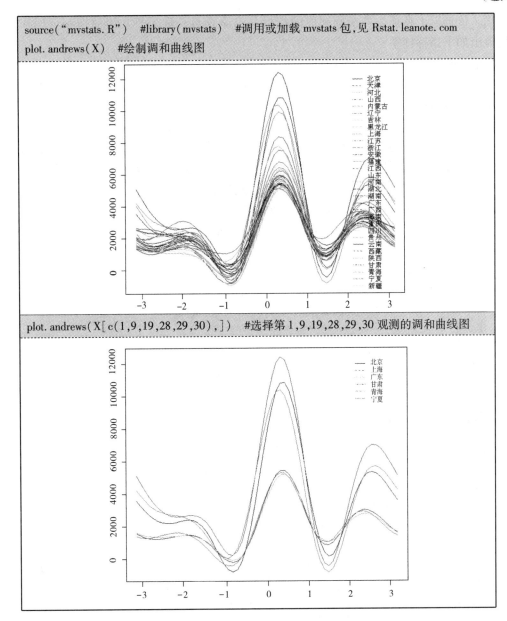

source("mvstats. R") #library(mvstats) #调用或加载 mvstats 包,见 Rstat. leanote. com

plot. andrews(X) #绘制调和曲线图

plot. andrews(X[c(1,9,19,28,29,30),]) #选择第 1,9,19,28,29,30 观测的调和曲线图

3.7 其他多元分析图

多元数据的图表示法还有很多,如矩阵散点图、聚类图、主成分图、因子图、双重信息图和对应图等,参见后面章节。

案例分析:区域城市现代化水平直观分析

城市现代化的指标体系主要依据城市现代化的特征表现来选取,即城市功能多样化、产业结构高级化、城市经济高效化、城市基础设施现代化、城市环境生态化和城市社会文明化。依据以上特征，力求所选取的指标具有全面性、代表性、简洁性和可操作性，我们提出如下指标体系：

城市经济指标：X_1——人均GDP（元/人）；

X_2——第三产业增加值占GDP比重（%）。

城市社会指标：X_3——城镇人口占常住人口比例（%）。

城市人民生活指标：X_4——居民人均可支配收入（元）；

X_5——每十万人拥有医生数。

城市人口素质指标：X_6——每万人中专业技术人员数；

X_7——每百人公共图书馆藏书数（册）。

城市基础建设指标：X_8——人均道路铺装面积（平方米/人）；

X_9——每万人拥有公共汽车、电车数（辆）。

城市环境因素指标：X_{10}——工业废水达标率（%）。

一、数据管理

	X1	X2	X3	X4	X5	X6	X7	X8	X9	X10
广州	57491	59.539	76828.8	91.51	714.911	8.7661	13.1707	187.396	388.1707	93.7
深圳	60801	46.6122	177507	100	4347.83	8.7913	102.831	274.062	638.6522	96.8
珠海	45284	43.5373	53668.5	87.9	993.304	18.5633	13.1585	42.4107	196.5402	96.7
汕头	13284	42.2196	15068.5	72.34	319.595	4.7689	0.93792	50.4039	103.1505	96.6
佛山	41266	36.4228	66542	78.39	205.935	3.0878	4.55315	60.6522	210.1388	96.1
韶关	21124	44.4195	20124.6	49.76	51.32	1.1052	2.42531	23.1507	225.554	80
河源	17157	47.954	17191.1	32.47	23.36	0.7152	2.37522	27.5387	186.5749	84.8
梅州	19579	36.0859	19983.7	41.63	52.0494	1.1121	3.02537	10.0846	299.2843	71.5
惠州	28930	34.099	29234.7	55.01	800	2.2445	4.63003	45.1559	249.4103	95.6
汕尾	12278	36.0667	9040.29	51.88	464.466	0.5824	2.51819	41.032	175.1539	61
东莞	33263	42.4345	104333	73	1096.5	13.6586	3.16933	398.674	361.0625	92.1
中山	36207	35.2204	51488.4	74.3	3499.5	3.9883	5.15552	41.4785	237.1822	95.1
江门	26908	42.724	21950.2	56.78	243.593	3.0759	3.893	39.6025	208.7723	92.1
阳江	18417	44.5762	14546.5	44.1	92.65	1.0554	2.18985	61.5622	183.3071	61.8
湛江	26593	33.0674	19454.1	39.7	358.423	1.0345	3.10863	40.1158	199.9586	74.3
茂名	25269	43.2705	11993.4	39.3	165.637	0.5479	1.24433	18.5661	111.7429	85.6
肇庆	27165	58.9097	30750.2	38.99	309.981	1.1561	5.18702	60.1364	289.7293	96.1
清远	15662	45.0777	19245	38.5	462.895	1.5165	3.08597	61.5356	168.9934	86.5
潮州	18670	48.4535	34263.7	53.6	523.865	0.8095	2.91036	81.4901	248.8359	66.2
揭阳	13989	42.526	15754.4	41.2	471.401	0.4628	0.84071	42.0357	132.2624	78.2
云浮	17330	32.9093	16761.5	37.3	112.399	0.2479	3.09097	31.261	198.1033	71.2

数据来源：《广东统计年鉴2006》。

二、R语言操作

1. 调入数据

将Case2中的数据复制，然后在RStudio编辑器中执行Case2 = read.table("clipboard", header = T)。

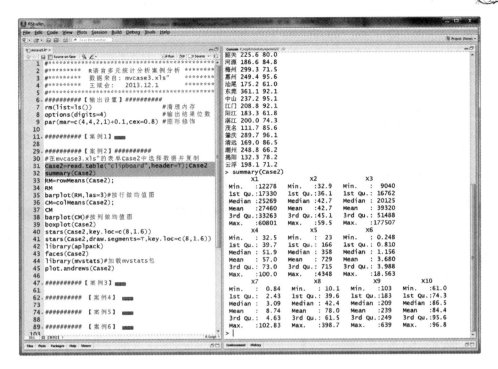

2. 数据的直观分析

（1）均值条图。

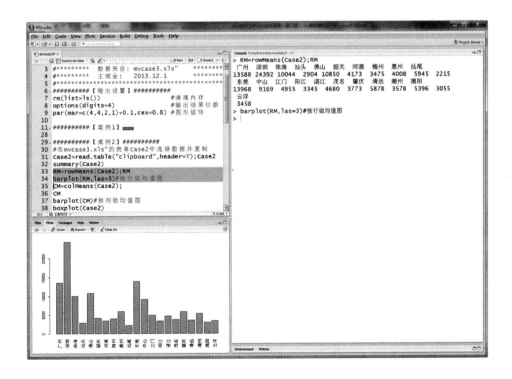

（2）星相图（点击图形窗口上的▣按钮放大图形）。

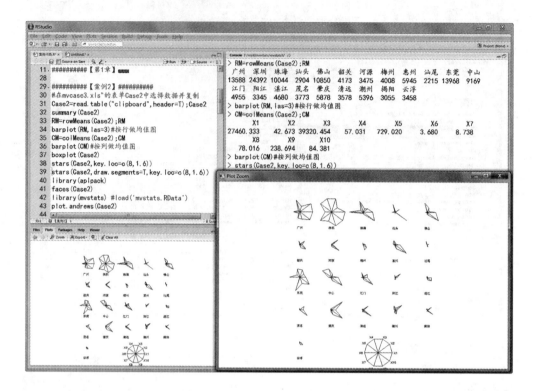

（3）圆形星相图。

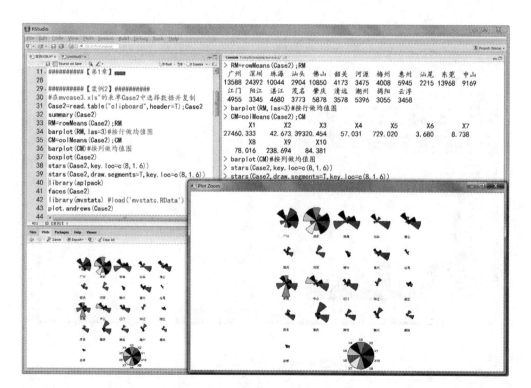

（4）脸谱图（需安装 aplpack 包）。

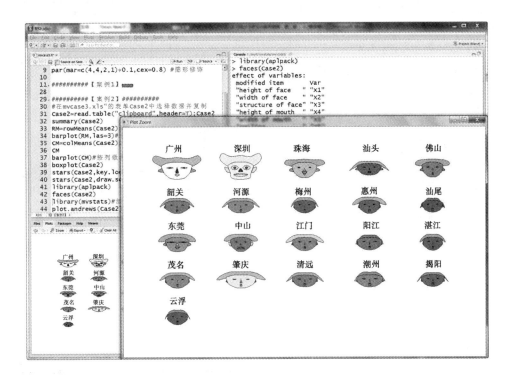

（5）调和曲线图。

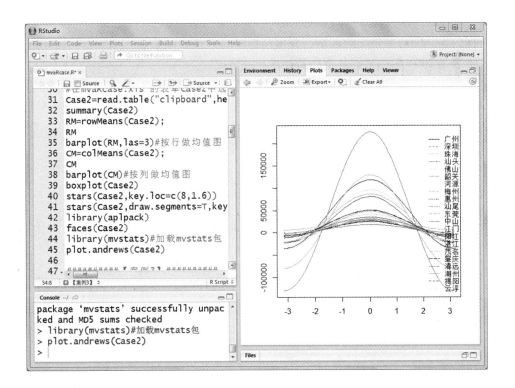

该案例程序如下所示：

```
Case2 = read. table("clipboard", header = T); Case2
summary(Case2)
RM = rowMeans(Case2); RM
barplot(RM, las = 3)    #按行作均值图
CM = colMeans(Case2); CM
barplot(CM)    #按列作均值图
boxplot(Case2)
stars(Case2, key. loc = c(8, 1. 6))
stars(Case2, draw. segments = T, key. loc = c(8, 1. 6))
library(aplpack)
faces(Case2)
library(mvstats)    #加载 mvstats 包
plot. andrews(Case2)
```

思考练习题

一、思考题（手工解答，上交作业本）

1. 箱尾图的组成和作用是什么？

2. 星相图有什么特点？

3. 试述脸谱图的构造原理。

4. 调和曲线图有何特点和作用？

5. 除了书中列举的多元统计图外，请给出 5 种表示多元数据的统计图。

二、练习题（计算机分析，发电子邮件）

1. 探讨雷达图与星相图的区别，并编制绘制的 R 语言函数。

2. 下表是 2004 年广东省各市高新技术产品情况。

地区	工业总产值 （亿元）	工业增加值 （亿元）	产品销售收入 （亿元）	产品出口销售收入 （亿美元）
广州市	1 486. 05	478. 55	1 454. 67	31. 75
韶关市	28. 55	7. 56	27. 75	0. 77
深圳市	3 266. 52	940. 86	3 120. 18	350. 60
珠海市	465. 07	74. 60	447. 08	37. 74
汕头市	147. 73	43. 80	140. 01	5. 39
佛山市	930. 49	191. 99	891. 08	45. 63
江门市	251. 23	52. 86	235. 79	6. 90
湛江市	75. 66	21. 38	72. 70	1. 34
茂名市	25. 37	10. 37	23. 26	0. 10

（续上表）

地区	工业总产值 （亿元）	工业增加值 （亿元）	产品销售收入 （亿元）	产品出口销售收入 （亿美元）
肇庆市	70.06	16.90	65.64	3.17
惠州市	525.67	109.43	495.99	40.52
梅州市	18.09	4.72	16.97	0.26
汕尾市	26.21	7.66	25.79	1.44
河源市	2.41	0.68	2.17	0.01
阳江市	29.52	8.78	26.52	0.51
清远市	18.93	3.08	18.34	1.02
东莞市	679.87	128.34	673.82	51.20
中山市	414.64	77.25	390.16	25.87
潮州市	40.98	8.21	40.19	1.94
揭阳市	26.34	6.88	25.05	0.41
云浮市	18.77	5.85	16.08	0.64

试按本章讲的多元图示方法对该资料进行直观分析。

4 多元相关与回归分析及 R 使用

【目的要求】要求学生在已具有的（一元）线性相关分析与回归分析的基础知识上，掌握和应用多元线性相关分析与回归分析。

【教学内容】变量间的关系分析；简单相关分析与回归分析；多元相关分析与回归分析的目的和基本思想；多元回归分析的数学模型；基本假定和最小二乘求法；回归系数的假设检验；变量选择及逐步回归分析方法；非线性回归模型的计算。

4.1 变量间的关系分析

变量间的关系有两类，一类是变量间存在着完全确定的关系，这类变量间的关系称为函数关系；另一类是变量间关系不存在完全的确定性，不能用精确的数学公式来表示，这些变量间都存在着十分密切的关系，但不能由一个或几个变量的值精确地求出另一个变量的值，这些变量间的关系称为相关关系，存在相关关系的变量称为相关变量。

相关变量间的关系有两种：一种是平行关系，即两个或两个以上变量之间相互影响；另一种是依存关系，即一个变量的变化受另一个或几个变量的影响。相关分析是研究呈平行关系的相关变量之间的关系，而回归分析是研究呈依存关系的相关变量间的关系。表示原因的变量称为自变量（independent variable），表示结果的变量称为因变量（dependent variable）。

变量间的关系及分析方法如下：

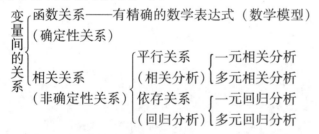

4.1.1 简单相关分析的 R 计算

相关分析就是通过对大量数字资料的观察，消除偶然因素的影响，探求现象之间相关关系的密切程度和表现形式。研究现象之间相关关系的理论方法称为相关分析法。

在经济系统中，各个经济变量常常存在密切的关系，例如经济增长与财政收入、人均收入与消费支出等。在这些关系中，有一些是严格的函数关系，这类关系可以用数学表达式表示出来。例如，在价格一定的条件下，商品销售额与销售量的依存关系。还有一些是非确定的关系，一个变量产生变动会影响其他变量，使其产生变化。其变化具有随机的特性，但是仍然遵循一定的规律。对此，函数关系很容易解决，而那些非确定的相关关系才是我们所关心的问题。因为在经济系统中，绝大多数经济变量之间的关系是非严格的、不确定的。

相关分析以现象之间是否相关、相关的方向和密切程度等为主要研究内容，它不区别自变量与因变量，也不关心各变量的构成形式。其主要分析方法有绘制相关图、计算相关系数和检验相关系数。

1. 两变量线性相关系数的计算

在所有相关分析中，最简单的是两个变量之间的线性相关，它只涉及两个变量。而且一变量数值发生变动，另一变量的数值也随之发生大致均等的变动，其各点的分布在平面图上近似地表现为一直线，这种相关关系就称为直线相关（也叫线性关系）。

线性相关分析是用相关系数来表示两个变量间相互的线性关系，并判断其密切程度的统计方法。总体相关系数通常用 ρ 表示。其计算公式为：

$$\rho = \frac{\mathrm{cov}(x,y)}{\sqrt{\mathrm{var}(x)\,\mathrm{var}(y)}} = \frac{\sigma_{xy}}{\sqrt{\sigma_x^2 \sigma_y^2}}$$

式中，σ_x^2 为变量 x 的总体方差，σ_y^2 为变量 y 的总体方差，σ_{xy} 为变量 x 与变量 y 的总体协方差。相关系数 ρ 没有单位，在 -1 至 $+1$ 范围内波动，其绝对值愈接近 1，两个变量间的直线相关性愈密切；愈接近 0，相关性愈不密切。

在实际中，我们通常要计算样本的线性相关系数（Pearson 相关系数），其计算公式为：

$$r = \frac{s_{xy}}{\sqrt{s_x^2 \cdot s_y^2}} = \frac{l_{xy}}{\sqrt{l_{xx} \cdot l_{yy}}} = \frac{\sum(x-\bar{x})(y-\bar{y})}{\sqrt{\sum(x-\bar{x})^2 \sum(y-\bar{y})^2}}$$

式中，s_x^2 为变量 x 的样本方差，s_y^2 为变量 y 的样本方差，s_{xy} 为变量 x 与变量 y 的样本协方差，l_{xx} 为 x 的离均差平方和，l_{yy} 为 y 的离均差平方和，l_{xy} 为 x 与 y 的离均差乘积之和，简称为离均差积和，其值可正可负。实际计算时可按下式简化：

$$\begin{cases} l_{xx} = \sum(x-\bar{x})^2 = \sum x^2 - \dfrac{(\sum x)^2}{n} \\[2mm] l_{yy} = \sum(y-\bar{y})^2 = \sum y^2 - \dfrac{(\sum y)^2}{n} \\[2mm] l_{xy} = \sum(x-\bar{x})(y-\bar{y}) = \sum xy - \dfrac{(\sum x)(\sum y)}{n} \end{cases}$$

【例 4-1】（续例 2-2）身高与体重的相关关系分析。下面以例 2-2 的身高与体重数据分析。首先通过散点图看身高与体重的关系，见下图。

为了使大家进一步熟悉 R 语言编程，我们先建立一个离均差积和函数 l_{xy}：

$$l_{xx} = 556.9,\ l_{yy} = 813,\ l_{xy} = 645.5$$

$$r = \frac{l_{xy}}{\sqrt{l_{xx} \cdot l_{yy}}} = \frac{645.5}{\sqrt{556.9 \times 813}} = 0.9593$$

```
x1 = c(171,175,159,155,152,158,154,164,168,166,159,164)   #身高
x2 = c(57,64,41,38,35,44,41,51,57,49,47,46)   #体重
plot(x1,x2)   #作散点图
```

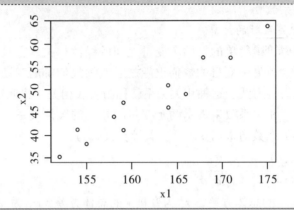

```
lxy <- function(x,y){n = length(x);sum(x * y) - sum(x) * sum(y)/n}   #离均差乘积和函数
lxy(x1,x1)   #x1 的离均差平方和
```

```
[1] 556.9
```

```
lxy(x2,x2)   #x2 的离均差平方和
```

```
[1] 813
```

```
lxy(x1,x2)   #x1 和 x2 的离均差乘积和
```

```
[1] 645.5
```

```
(r = lxy(x1,x2)/sqrt(lxy(x1,x1) * lxy(x2,x2)))   #显示用离均差乘积和计算的相关系数
```

```
[1] 0.9593
```

这里 r 为正值，说明该组人群的身高与体重之间呈现正的线性相关关系。至于相关系数 r 是否显著，尚需进行假设检验。下面是 R 语言中自带的求相关系数的函数。

相关系数计算函数 cor() 的用法

```
cor(x,y = NULL,method = c("pearson","kendall","spearman"))
```

x:数值向量、矩阵或数据框;y:空或数值向量、矩阵或数据框
method:计算方法,包括"pearson","kendall"或"spearman"三种,默认 pearson

```
cor(x1,x2)   #计算相关系数
```

```
[1]0.9593
```

2. 相关系数的假设检验

r 与其他统计指标一样，也有抽样误差。从同一总体内抽取若干大小相同的样本，各样本的相关系数总有波动。要判断不等于 0 的 r 值是来自总体相关系数 $\rho = 0$ 的总体还是来自 $\rho \neq 0$ 的总体，必须进行显著性检验。

由于来自 $\rho = 0$ 的总体的所有样本相关系数呈对称分布，故 r 的显著性可用 t 检验来进行。根据例 4-1 的资料，对 r 进行 t 检验的步骤为：

（1）建立检验假设，$H_0 : \rho = 0, H_1 : \rho \neq 0 (\alpha = 0.05)$

（2）计算相关系数 r 的 t 值：

$$t_r = \frac{r - 0}{\sqrt{\dfrac{1 - r^2}{n - 2}}} = \frac{0.9593 \sqrt{12 - 2}}{\sqrt{1 - 0.9593^2}} = 10.74$$

```
n= length(x1)    #向量的长度
tr= r/sqrt((1-r2)/(n-2))    #相关系数假设检验 t 统计量
tr
```
```
[1] 10.74
```

（3）计算 t 值和 P 值，作结论。

相关系数检验函数 cor.test() 的用法

cor. test（x,y,alternative = c("two. sided","less","greater"），

method = c("pearson","kendall","spearman"），…）

x,y：数据向量（长度相同）

alternative：备择假设，"two. sided"（双侧），"greater"（右侧）或"less"（左侧）

method：计算方法，包括"pearson","kendall"或"spearman"三种

```
cor. test（x1,x2)    #相关系数假设检验
```
```
Pearson's product-moment correlation
data： x and y
t = 10.74, df = 10, p - value = 8.21e - 07
alternative hypothesis：true correlation is not equal to 0
95 percent confidence interval：
0.8575   0.9888
sample estimates：
cor
0.9593
```

由于 $P = 8.21\mathrm{e}^{-07} < 0.05$，于是在显著性水平 $\alpha = 0.05$ 上拒绝 H_0，接受 H_1，可认为该人群身高与体重呈现正的线性关系。

注意：相关系数的显著性与自由度有关，如 $n = 3$，$n - 2 = 1$ 时，虽然 $r = -0.9070$，却为不显著；当 $n = 400$ 时，即使 $r = -0.1000$，亦为显著。因此不能只看 r 的值就下结论，还需看其样本量的大小。

4.1.2 简单回归分析的 R 计算

一、简单回归模型的描述

简单回归模型是通过回归分析研究两变量之间的依存关系，将变量区分出自变量和因变量，并研究确定自变量和因变量之间的具体关系的方程形式。分析中所形成的这种关系式称为回归模型，其中以一条直线方程表明两变量依存关系的模型叫单变量（一元）线性回归模型。其主要步骤包括：建立回归模型、求解回归模型中的参数、对回归模型进行检验等。

二、简单回归模型的参数估计

在对因变量和自变量所作的散点图中，如果趋势大致呈直线，则可拟合一条直

线方程。

直线方程的模型为：$\hat{y} = a + bx$

式中，$\hat{y}$ 为因变量 y 的估计值，x 为自变量的实际值，a、b 为待估参数。其几何意义是：a 是直线方程的截距，b 是斜率。其经济意义是：a 是当 x 为 0 时 y 的估计值，b 是当 x 每增加一个单位时 y 增加的数量。b 也叫回归系数。

配合回归直线的目的是要找到一条理想的直线，用直线上的点来代表所有的相关点。数理统计证明，用最小平方法配合的直线最理想，最具有代表性。计算 a 与 b 常用最小二乘估计（least square estimate）的方法。

由前面的散点图可见，虽然 x 与 y 间有直线趋势存在，但并不是一一对应的。每一个值 x_i 与对 $y_i(i = 1, 2, \cdots, n)$ 用回归方程估计的 $\hat{y}_i$ 值（即直线上的点）或多或少存在一定的差距。这些差距可以用 $(y_i - \hat{y}_i)$ 来表示，称为估计误差或残差（residual）。要使回归方程比较"理想"，很自然会想到应该使这些估计误差尽量小一些，也就是使估计误差平方和

$$Q = \sum_{i=1}^{n}(y_i - \hat{y}_i)^2 = \sum_{i=1}^{n}[y_i - (a + bx_i)]^2$$

达到最小。对 Q 求关于 a 和 b 的偏导数，并分别令其等于零，可得：

$$b = \frac{\sum_{i=1}^{n}(x_i - \bar{x})(y_i - \bar{y})}{\sum_{i=1}^{n}(x_i - \bar{x})^2} = \frac{l_{xy}}{l_{xx}}, a = \bar{y} - b\bar{x}$$

式中，l_{xx} 表示 x 的离差平方和，l_{xy} 表示 x 与 y 的离差积和。

三、建立直线回归方程的步骤

由散点图观察实测样本资料是否存在一定的协同变化趋势，这种趋势是否是直线的，然后根据是否有直线趋势确定应拟合直线还是曲线。由本例资料绘制的散点图可见，身高与体重之间存在明显的线性趋势，所以可考虑建立直线回归方程。

要考察 x 与 y 之间的数量关系，需建立线性回归方程，以便进行分析、估计和预测。

【例 4 – 2】下面仍以例 2 – 2 的数据来介绍建立直线回归方程的步骤。

```
x = x1   #自变量,数据来自例 2 – 2
y = x2   #因变量,数据来自例 2 – 2
b = lxy(x,y)/lxy(x,x)   #线性回归方程斜率
a = mean(y) – b * mean(x)    #线性回归方程截距
c(a = a,b = b)   #显示线性回归方程估计值
```

```
a            b
– 140.364    1.159
```

于是得到回归方程：$\hat{y} = -140.364 + 1.159x$

建立回归方程后，一般应将回归方程在散点图上表示出来，也就是作回归直线。作图时可在自变量 x 的实测范围内任取两个相距相对较远的数值 x_1、x_2 代入回归方程，计算得到 $\hat{y}_1$、$\hat{y}_2$，用 $(x_1, \hat{y}_1)$、$(x_2, \hat{y}_2)$ 两点即可作出回归直线，如下图所示。

```
plot(x,y)    #作散点图
lines(x,a+b*x)    #添加估计方程线
```

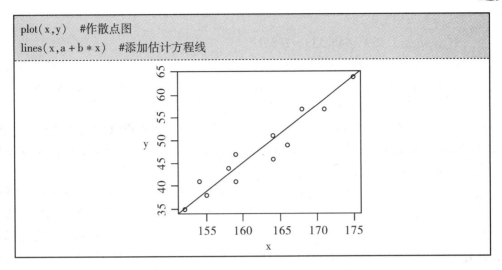

四、回归系数的假设检验

由样本资料建立回归方程的目的是对两个变量的回归关系进行推断，也就是对总体回归方程作估计。由于抽样误差，样本回归系数 b 往往不会恰好等于总体回归系数 β。如果总体回归系数 $\beta = 0$，那么当 $\hat{y}$ 是常数，无论 x 如何变化，都不会影响 $\hat{y}$，回归方程就没有意义。当总体回归系数 $\beta = 0$ 时，由样本资料计算得到的样本回归系数 b 不一定为 0，所以有必要对估计得到的样本回归系数 b 进行检验。检验一般用方差分析或 t 检验，两者的检验结果是等价的。方差分析主要是针对整个模型的，而 t 检验是关于回归系数的。

1. 方差分析

经回归分析，因变量 y 实测值的离均差平方和 $SS_T = \sum_{i=1}^{n}(y_i - \bar{y})^2 = l_{yy}$，被分解成两个部分。第一部分为 $SS_E = \sum_{i=1}^{n}(y_i - \hat{y}_i)^2$，其本质是估计误差的平方和，这部分反映了这组实测值 y_i 扣除了 x 对 y 的线性影响后剩下的变异。另一部分为 $SS_R = \sum_{i=1}^{n}(\hat{y}_i - \bar{y})^2$，反映了 x 对 y 的线性影响，称为回归平方和或回归贡献，不难证明 $SS_T = SS_R + SS_E$。

根据方差分析的原理，判断回归贡献是否有意义可以用方差分析进行检验。这时总变异的自由度为 $df_T = n - 1$；由于只有一个自变量，所以回归自由度 $df_R = 1$；误差自由度 $df_E = df_T - df_R = n - 2$。有了离差平方和与自由度，即可分别计算回归均方与误差均方，进而得到 F 值。计算公式如下：

$$MS_R = \frac{SS_R}{df_R}, MS_E = \frac{SS_E}{df_E}, F = \frac{MS_R}{MS_E}$$

其中，

$$SS_R = \sum_{i=1}^{n}(\hat{y}_i - \bar{y})^2 = b\sum_{i=1}^{n}(y_i - \bar{y})(x_i - \bar{x}) = bl_{xy}$$

$$SS_E = \sum_{i=1}^{n}(y_i - \hat{y}_i)^2 = \sum_{i=1}^{n}(y_i - \bar{y})^2 - \sum_{i=1}^{n}(\hat{y}_i - \bar{y})^2$$

对例 4 – 2 作方差分析：

H_0：模型无意义，即 $\beta = 0$

H_1：模型有意义，即 $\beta \neq 0$

取 $\alpha = 0.05$。

$$SS_T = l_{yy} = 813.0$$

$$SS_R = bl_{xy} = 1.159 \times 645.533 = 748.17$$

$$SS_E = SS_T - SS_R = 813.0 - 748.17 = 64.83$$

$$MS_R = \frac{748.17}{1} = 748.17, MS_E = \frac{64.83}{10} = 6.483, F = \frac{748.17}{6.483} = 115.4$$

$F_{1-\alpha}(1, n-2) = F_{0.95}(1, 10) = 4.96$，由于 $F = 115.4 > 4.96$，所以有 $P < 0.05$，于是在 $\alpha = 0.05$ 水平处拒绝 H_0，即本例回归系数有统计学意义，x 与 y 间存在直线回归关系。

```
SST = lxy(y,y)          #因变量的离均差平方和
SSR = b * lxy(x,y)      #回归平方和
SSE = SST − SSR         #误差平方和
MSR = SSR/1             #回归均方
MSE = SSE/(n − 2)       #误差均方
F = MSR/MSE            #F 统计量
c(SST = SST, SSR = SSR, SSE = SSE, MSR = MSR, MSE = MSE, F = F)    #显示结果
```

SST	SSR	SSE	MSR	MSE	F
813.000	748.173	64.827	748.173	6.483	115.412

2. t 检验

当 $\beta = 0$ 成立时，样本回归系数 b 服从正态分布。所以也可用 t 检验的方法检验 b 是否有统计学意义。检验时用的统计量为：

$$t = \frac{b - \beta}{s_b} \sim t(n-2)$$

$$s_b = \frac{s_{y \cdot x}}{\sqrt{\sum_{i=1}^{n}(x_i - \bar{x}_i)^2}} = \frac{s_{y \cdot x}}{\sqrt{l_{xx}}}$$

$$s_{y \cdot x} = \sqrt{\frac{\sum_{i=1}^{n}(y_i - \hat{y}_i)^2}{n-2}} = \sqrt{\frac{SS_E}{n-2}} = \sqrt{MS_E}$$

上式中，$s_{y \cdot x}$ 称为剩余标准差或标准估计误差（standard error of estimate），是误差的均方根，它反映了因变量 y 在扣除自变量 x 的线性影响后的离散程度。$s_{y \cdot x}$ 可以与 y 的标准差 s_y 比较，从而可看出自变量 x 对 y 的线性影响的大小。上式中，s_b 被称为样本回归系数 b 的标准误差。

对例 4-2 作 t 检验：$H_0: \beta = 0$，$H_1: \beta \neq 0$，$\alpha = 0.05$

$$s_{y \cdot x} = \sqrt{MS_E} = \sqrt{6.483} = 2.5462$$

$$s_b = \frac{2.5462}{\sqrt{556.9}} = 0.1079$$

$$t_b = \frac{1.159}{0.1079} = 10.74$$

$|t| > t_{(1-\alpha/2, n-2)} = t_{(1-0.05/2, 10)} = 2.2281$，$P < 0.05$。于是，在 $\alpha = 0.05$ 水平处拒绝 H_0，接受 H_1，即本例回归系数有统计学意义，x 与 y 间存在回归关系。

```
sy. x = sqrt( MSE )                      #估计标准差
sb = sy. x/sqrt( lxy( x, x) )            #离均差平方和
t = b/sb                                 # t 统计量
ta = qt( 1 - 0.05/2, n - 2)              # t 分位数
c( sy. x = sy. x, sb = sb, t = t, ta = ta)   #显示结果
```

```
sy. x      sb        t        ta
2.5462     0.1079   10.7430   2.2281
```

上面我们通过 R 语言编程的方式对两变量进行了回归分析，目的是使大家熟悉 R 语言的编程技巧。实际上，在进行线性回归分析时，可直接应用 R 语言自身的拟合线性模型的函数 lm 进行，下面我们就用 lm 函数进行线性回归分析。

线性回归拟合函数 lm() 的用法

lm(formula , …)

formula 模型公式, 如 y ~ x; …为其他选项, 略

【例 4 - 3】我们知道，财政收入与税收有着密切的依存关系。以下收集了我国自 1978 年改革开放以来到 2008 年共 31 年的税收（x，百亿元）和财政收入（y，百亿元）数据，见表 4 - 1，试分析税收与财政收入之间的依存关系。

表 4 - 1　　　1978—2008 年税收与财政收入数据（数据见 mvstats4. xls : d4. 3）

年份	y	x	年份	y	x
1978	11. 326 2	5. 192 8	1994	52. 181 0	51. 268 8
1979	11. 463 8	5. 378 2	1995	62. 422 0	60. 380 4
1980	11. 599 3	5. 717 0	1996	74. 079 9	69. 098 2
1981	11. 757 9	6. 298 9	1997	86. 511 4	82. 340 4
1982	12. 123 3	7. 000 2	1998	98. 759 5	92. 628 0
1983	18. 669 5	7. 555 9	1999	114. 440 8	106. 825 8
1984	16. 428 6	9. 473 5	2000	133. 952 3	125. 815 1
1985	20. 048 2	20. 407 9	2001	163. 860 4	153. 013 8
1986	21. 220 1	20. 907 3	2002	189. 036 4	176. 364 5
1987	21. 993 5	21. 403 6	2003	217. 152 5	200. 173 1
1988	23. 572 4	23. 904 7	2004	263. 964 7	241. 656 8
1989	26. 649 0	27. 274 0	2005	316. 492 3	287. 785 4
1990	29. 371 0	28. 218 7	2006	387. 602 0	348. 043 5
1991	31. 494 8	29. 901 7	2007	513. 217 8	456. 219 7
1992	34. 833 7	32. 969 1	2008	613. 303 5	542. 196 2
1993	43. 489 5	42. 553 0			

要考察它们之间的数量关系,需建立线性回归方程,以便进行分析、估计和预测。步骤如下:

(1) 读入数据。

```
yx = read. table("clipboard", header = T)    #加载例 4 - 3 数据
```

(2) 拟合模型。

```
fm = lm(y ~ x, data = yx)    #一元线性回归模型
fm
```

```
Call:lm(formula = y ~ x)
Coefficients:
(Intercept)          x
  -1.197           1.116
```

于是得到回归方程:$\hat{y} = -1.197 + 1.116x$。

(3) 作回归直线。

```
plot(y ~ x, data = yx)    #作散点图
abline(fm)    #添加回归线
```

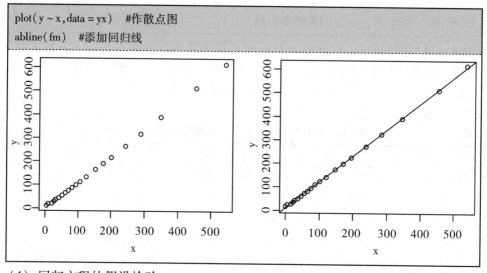

(4) 回归方程的假设检验。

1) 模型的方差分析 (ANOVA)。

```
anova(fm)    #模型方差分析
```

```
       Analysis of Variance Table
Response:y
           Df      Sum Sq        Mean Sq      F value      Pr( > F)
   x        1     712076.834    712076.834   27428.1326   < 2.22e - 16   ***
Residuals   29       752.885       25.962
           - - -
Signif. codes:0 '***' 0.001 '**' 0.01 '*' 0.05 '.' 0.1
```

由于 $P < 0.05$,于是在 $\alpha = 0.05$ 水平处拒绝 H_0,即本例回归系数有统计学意义,x 与 y 间存在直线回归关系。

2）回归系数的 t 检验。

```
summary(fm)    #回归系数 t 检验
    lm(formula= y~x)
Residuals：
    Min        1Q       Median       3Q         Max
 -6.6295697  -3.6919399  -1.5350531  5.3382063  11.4319756
Coefficients：
                Estimate   Std. Error    t value     Pr(>|t|)
(Intercept)  -1.196562984  1.161245228  -1.03041    0.31133
x             1.116225390  0.006739905  165.61441   < 2e-16 ***
    ---
Signif. codes：0'***'0.001'**'0.01'*'0.05'.'0.1''1
Residual standard error：5.0952478 on 29 degrees of freedom
Multiple R-squared：0.99894381，Adjusted R-squared：0.99890739
F-statistic：27428.133 on 1 and 29 DF，p-value：< 2.22045e-16
```

由于 $P < 0.05$，于是在 $\alpha = 0.05$ 水平处拒绝 H_0，接受 H_1，即本例回归系数有统计学意义，x 与 y 间存在回归关系。

注意：本例 $t^2 = F(165.61441^2 = 27428.1328)$，当 $df_R = 1$ 时，t 值的平方等于 F 值（df_E 即为 t 的自由度 $n-2$）。所以说当自变量只有一个时，方差分析与 t 检验的结果是等价的。但在下面的多元分析中，方差分析与 t 检验的结果并不等价。

4.2 多元线性回归分析

回归分析研究的主要对象是客观事物变量间的统计关系。它是建立在对客观事物进行大量实验和观察的基础上，用来寻找隐藏在看起来不确定的现象中的统计规律的统计方法。它与相关分析的主要区别为：一是在回归分析中，解释变量称为自变量，被解释变量称为因变量，处于被解释的特殊地位；在相关分析中，并不区分自变量和因变量，各变量处于平等地位。二是在相关分析中所涉及的变量全是随机变量；在回归分析中，因变量是随机变量，而自变量可以是随机变量，也可以是非随机变量。三是相关分析研究主要是为刻画两类变量间的线性相关的密切程度；而回归分析不仅可以揭示自变量对因变量的影响大小，还可以用回归方程进行预测和控制。

4.2.1 多元线性回归模型建立

上一节已经介绍了简单回归分析，它研究的是一个因变量与一个自变量间呈直线趋势的数量关系。在实际中，常会遇到一个因变量与多个自变量数量关系的问题。如在例 4-3 中考察的是 1978—2008 年我国财政收入与税收之间的线性关系，如果我们想进一步考察财政收入和国民生产总值、税收、进出口贸易总额、经济活动人口之间的依存关系，就需要建立多元回归模型。与简单回归（直线回归）类似，一个因变量与多个自变量间的这种线性数量关系可以用多元线性回归方程来表示。

$$\hat{y} = b_0 + b_1 x_1 + b_2 x_2 + \cdots + b_p x_p$$

式中，b_0 相当于直线回归方程中的常数项 a，$b_i (i = 1, 2, \cdots, p)$ 称为偏回归系数（partial regression coefficient），其意义与直线回归方程中的回归系数 b 相似。当其他自变量对因变量的线性影响固定时，b_i 反映了第 i 个自变量 x_i 对因变量 y 线性影响的大小。这样

的回归称为因变量 y 在这一组自变量 x 上的回归，习惯上称之为多元线性回归模型。

1. 多元线性回归模型的一般形式

随机变量 y 与一般变量 x 的线性回归模型为：

$$y = \beta_0 + \beta_1 x_1 + \beta_2 x_2 + \cdots + \beta_p x_p + \varepsilon$$

当我们得到 n 组观测数据 $(x_1, x_2, \cdots, x_p, y_i)$ 时，$i = 1, 2, \cdots, n$，线性回归模型可表示为：

$$\begin{cases} y_1 = \beta_0 + \beta_1 x_{11} + \beta_2 x_{12} + \cdots + \beta_p x_{1p} + \varepsilon_1 \\ y_2 = \beta_0 + \beta_1 x_{21} + \beta_2 x_{22} + \cdots + \beta_p x_{2p} + \varepsilon_2 \\ \qquad\qquad\qquad\qquad \vdots \\ y_n = \beta_0 + \beta_1 x_{n1} + \beta_2 x_{n2} + \cdots + \beta_p x_{np} + \varepsilon_n \end{cases}$$

将其写成矩阵形式 $y = X\beta + \varepsilon$，其中，

$$y = \begin{bmatrix} y_1 \\ y_2 \\ \vdots \\ y_n \end{bmatrix}, X = \begin{bmatrix} 1 & x_{11} & x_{12} & \cdots & x_{1p} \\ 1 & x_{21} & x_{22} & \cdots & x_{2p} \\ \vdots & \vdots & \vdots & \vdots & \vdots \\ 1 & x_{n1} & x_{n2} & \cdots & x_{np} \end{bmatrix}, \beta = \begin{bmatrix} \beta_0 \\ \beta_1 \\ \vdots \\ \beta_p \end{bmatrix}, \varepsilon = \begin{bmatrix} \varepsilon_1 \\ \varepsilon_2 \\ \vdots \\ \varepsilon_n \end{bmatrix}$$

通常称 X 为设计阵，β 为回归系数向量。

2. 线性回归模型的基本假设

由于一元线性回归比较简单，其趋势图可用散点图直观显示，所以，我们对其性质和假定并未作详细探讨。实际上，我们在建立线性回归模型前，需要对模型作一些假定。如经典线性回归模型的基本假设前提为：

（1）解释变量一般来说是非随机变量。

（2）误差等方差及不相关假定（$G - M$ 条件）：

$$\begin{cases} E(\varepsilon_i) = 0, i = 1, 2, \cdots, n \\ \mathrm{cov}(\varepsilon_i, \varepsilon_j) = \begin{cases} \sigma^2, i = j \\ 0, i \neq j \end{cases} \quad i, j = 1, 2, \cdots, n \end{cases}$$

（3）误差正态分布的假定条件为：

$$\varepsilon_i \overset{iid}{\sim} N(0, \sigma^2), i = 1, 2, \cdots, n$$

（4）$n > p$，即要求样本容量个数多于解释变量的个数。

3. 多元回归参数的最小二乘估计

从多元线性模型的矩阵形式 $y = X\beta + \varepsilon$ 可知，若模型的参数 β 的估计量 $\hat{\beta}$ 已获得，则 $\hat{y} = X\hat{\beta}$，于是残差 $\varepsilon_i = y_i - \hat{y}_i$，根据最小二乘法的原理，所选择的估计方法应使估计值 $\hat{y}_i$ 与观察值 y_i 之间的残差 ε_i 在所有样本点上达到最小，即

$$Q = \sum_{i=1}^{n} (y_i - \hat{y}_i)^2 = \varepsilon' \varepsilon = (y - X\hat{\beta})'(y - X\hat{\beta})$$

达到最小，根据微积分求极值的原理，Q 对 $\hat{\beta}$ 求导且等于 0，可求得使 Q 达到最小的 $\hat{\beta}$，这就是所谓的最小二乘（LS）法。

$$\frac{\partial Q}{\partial \hat{\beta}} = \frac{\partial (y - X\hat{\beta})'(y - X\hat{\beta})}{\partial \hat{\beta}}$$

$$= \frac{\partial}{\partial \hat{\beta}} (y' - \hat{\beta}' X')(y - X\hat{\beta})$$

$$= \frac{\partial}{\partial \hat{\beta}} (y'y - \hat{\beta}' X'y - y'X\hat{\beta} + \hat{\beta}' X'X\hat{\beta})$$

$$= \frac{\partial}{\partial \hat{\beta}} (y'y - 2\hat{\beta}' X'y + \hat{\beta}' X'X\hat{\beta})$$

$$= -2X'y + 2X'X\hat{\beta}$$

$$= 0$$

$$X'X\hat{\beta} = X'y$$

$$\hat{\beta}_{LS} = (X'X)^{-1}X'y$$

另外还可证明，在正态性假定下，回归参数 β 的 LS 估计与极大似然（ML）估计完全相同，即 $\hat{\beta}_{ML} = \hat{\beta}_{LS}$，关于回归系数的极大似然估计参见有关文献。

【例 4-4】财政收入多元分析。

财政收入是指一个国家政府凭借政府的特殊权力，按照有关的法律和法规在一定时期内（一般为一年）取得的各种形式收入的总和，包括税收、企事业收入、国家能源交通重点建设基金收入、债务收入、规费收入及罚没收入等。财政收入水平是反映一国经济实力的重要标志。本例共取五个变量进行分析，分析财政收入和国内生产总值、税收、进出口贸易总额、经济活动人口之间的关系。

其中，t 为年份，y 为财政收入（百亿元），x_1 为国内生产总值（百亿元），x_2 为税收（百亿元），x_3 为进出口贸易总额（百亿元），x_4 为经济活动人口（百万人）。

本案例的样本数据来自中国统计出版社出版的《中国统计年鉴》及海关总署（以2008 年的经济活动人口为测算值），数据时限为 1978—2008 年，数据详见表 4-2。

在例 4-3 中我们发现 1978—2008 年我国财政收入与税收之间的确存在线性回归关系，为了进一步考察财政收入和其他变量之间的数量关系，需建立多元线性回归方程，以便进行分析与预测，步骤如下：

表 4-2 　　　**财政收入多因素分析数据（数据见 mvstats4. xls：d4. 4）**

t	y	x_1	x_2	x_3	x_4
1978	11. 326 2	36. 241	5. 192 8	3. 550	406. 82
1979	11. 463 8	40. 382	5. 378 2	4. 120	415. 92
1980	11. 599 3	45. 178	5. 717 0	5. 700	429. 03
⋮	⋮	⋮	⋮	⋮	⋮
2007	513. 217 8	2 495. 299	456. 219 7	1 667. 402	786. 45
2008	613. 303 5	3 006. 700	542. 196 2	1 778. 898 3	790. 48

```
yX = read. table("clipboard", header = T)      #加载例 4 - 4 数据
(fm = lm(y~ x1+x2+x3+x4, data = yX))          #显示多元线性回归模型
```

```
lm(formula = y~ x1+x2+x3+x4)
Coefficients:
(Intercept)         x1           x2           x3           x4
23.532109    - 0.003387    1.164115     0.000292     - 0.043742
```

于是得到多元线性回归方程:

$$\hat{y} = 23.532\ 109 - 0.003\ 387x_1 + 1.164\ 115x_2 + 0.000\ 292x_3 - 0.043\ 742x_4$$

4. 标准化偏回归系数

由于自变量 $x_j(j=1,2,\cdots,p)$ 与因变量都是有单位的,从数值上来看,它们样本取值的极差会有很大的差异,均数与标准差也各不相同,所以不能由偏回归系数的大小直接说明对因变量线性影响的大小。对于这个问题常用变量标准化与计算标准化偏回归系数的方法来处理。

对每一个变量(包括因变量)标准化后,再计算方程的偏回归系数,可得到标准化偏回归系数,常用 $\hat{\beta}_i^*$ 表示:

$$\hat{\beta}_i^* = \hat{\beta}_i \frac{s_i}{s_y} \quad (i=1,2,\cdots,p)$$

式中, $s_i(i=1,2,\cdots,p)$ 与 s_y 分别是各自变量和因变量的标准差。

由于标准化后各变量的均值为 0,方差为 1,所以标准化后的多元回归方程一定是通过原点的,也就是常数项 $\hat{\beta}_0 = 0$。由于各变量的标准差 $s_i(i=1,2,\cdots,p)$ 变得相同,各标准化偏回归系数的值可以反映各个自变量在其他自变量固定时对因变量线性影响的大小,也可相互间进行比较。

常用的统计软件都能给出标准化偏回归系数,但 R 语言中并不包含计算标准回归系数的函数,因此我们编写了 coef. sd 计算之。例 4 - 4 的 R 软件给出标准化偏回归系数如下: $\hat{\beta}_1^* = -0.017\ 45, \hat{\beta}_2^* = 1.042\ 4, \hat{\beta}_3^* = 0.000\ 96, \hat{\beta}_4^* = -0.037\ 11$,由标准化偏回归系数可见,税收对财政收入的线性影响最大。

```
library(mvstats)
coef. sd(fm)    #标准化偏回归系数结果
```

```
$coef. sd
    x1           x2           x3           x4
- 0.017451    1.042352     0.000963     - 0.037105
```

4.2.2 多元线性回归模型检验

1. 回归方程的假设检验

由样本计算得到的这些偏回归系数 $\hat{\beta}_j$ 是总体偏回归系数 β_j 的估计值。如果这些总体偏回归系数等于 0,多元回归方程就没有意义。所以与直线回归一样,在建立起方程后有必要对这些偏回归系数作检验。对多元回归方程作假设检验也可以用方差分析。

因变量 y 的离均差平方和经回归分析后被分解成两个部分。

$$SS_T = \sum_{i=1}^n (y_i - \bar{y})^2 = \sum_{i=1}^n (y_i - \hat{y}_i)^2 + \sum_{i=1}^n (\hat{y}_i - \bar{y})^2 = SS_R + SS_E$$

这与单变量回归是一样的。同时，自由度也被分解成两个部分。其中，回归自由度就是自变量的个数。

$$df_R = p, df_E = df_T - df_R = (n-1) - p = n - p - 1$$

由此可分别计算两部分的均方：

$$MS_R = SS_R / df_R = \sum_{i=1}^{n} (\hat{y}_i - \bar{y})^2 / p$$

$$MS_E = SS_E / df_E$$

方差分析的检验假设是 $H_0: \beta_1 = \beta_2 = \cdots = \beta_p = 0$，这就意味着因变量 y 与所有的自变量 x_j 都不存在回归关系，多元回归方程没有意义。相应的备择假设 $H_1: \beta_1, \beta_2, \cdots, \beta_p$ 不全为 0，H_0 成立时，有：

$$F = \frac{MS_R}{MS_E} \sim F(p, n - p - 1)$$

即 F 服从 F 分布。这样就可以用 F 统计量来检验回归方程是否有意义。

2. 回归系数的假设检验

多元回归方程有统计学意义并不说明每一个偏回归系数都有意义，所以有必要对每个偏回归系数作检验。在 $\beta_j = 0$ 时，偏回归系数 $\hat{\beta}_j (j = 1, 2, \cdots, p)$ 服从正态分布，所以可用 t 统计量对偏回归系数作检验。

检验假设 $H_{0j}: \beta_j = 0$，$H_{1j}: \beta_j \neq 0$。当 H_{0j} 成立时，而 $\hat{\beta} \sim N(\beta, \sigma^2 (X'X)^{-1})$，记 $(X'X)^{-1} = (c_{ij})$。则我们构造的 t 统计量为：

$$t_j = \frac{\hat{\beta}_j - \beta_j}{s_{\hat{\beta}_j}} \qquad j = 1, 2, \cdots, p$$

式中，$s_{\hat{\beta}_j}$ 是第 j 个偏回归系数的标准误差，其计算比较复杂。

$$s_{\hat{\beta}_j} = \sqrt{c_{jj}}\, s_{y \cdot x}$$

$$s_{y \cdot x} = \sqrt{\frac{\sum_{i=1}^{n} \varepsilon^2}{n - p - 1}} = \sqrt{\frac{\sum_{i=1}^{n} (y_i - \hat{y}_i)^2}{n - p - 1}} = \sqrt{\frac{SS_E}{df_E}} = \sqrt{MS_E}$$

与单变量情形一样，$s_{y \cdot x}$ 称为剩余标准差或标准估计误差，也反映了因变量 y 在扣除各自变量 x 的线性影响后的变异程度。$s_{y \cdot x}$ 可以与 y 的标准差 s_y 比较，从而可看出所有自变量 x 对 y 的线性影响大小。

当原假设 $H_{0j}: \beta_j = 0$ 成立时，上面的 t 统计量服从自由度为 $n - p - 1$ 的 t 分布。给定显著性水平 α，查出双侧检验的临界值 $t_{1-\alpha/2}$。当 $|t_j| \geq t_{1-\alpha/2}$ 时，拒绝零假设 $H_{0j}: \beta_j = 0$，认为 β_j 显著不为零，自变量 x_j 对因变量 y 的线性效果显著；当 $|t_j| < t_{1-\alpha/2}$ 时，接受零假设 $H_{0j}: \beta_j = 0$，认为 β_j 为零，自变量 x_j 对因变量 y 的线性效果不显著。

一般统计软件在完成多元回归分析的同时都会输出方差分析与 t 检验的结果。其中，t 检验结果给出了每个偏回归系数和常数项的值、标准误差、t 值与相应的 P 值。

```
summary( fm )    #多元线性回归系数 t 检验
```

Call：
lm(formula = y~x1+x2+x3+x4)
Residuals：
   Min   1Q Median   3Q   Max
 − 5.02 − 2.14 0.33 1.26 6.97
Coefficients：

	Estimate	Std. Error	t value	Pr(> |t|)	
(Intercept)	23.532109	4.599071	5.12	2.5e − 05	***
x1	− 0.003387	0.008075	− 0.42	0.68	
x2	1.164115	0.040489	28.75	<2e − 16	***
x3	0.000292	0.008553	0.03	0.97	
x4	− 0.043742	0.009264	− 4.72	7.0e − 05	***

− − −
Signif. codes：0'***' 0.001'**' 0.01'*' 0.05'.' 0.1' ' 1

Residual standard error：2.79 on 26 degrees of freedom
Multiple R − squared： 1,   Adjusted R − squared： 1
F − statistic：2.29e+04 on 4 and 26 DF, p − value：<2e − 16

由方差分析结果可见（见表 4 − 3），模型的 F 值为 22 893，$P < 0.000\ 1$，故本例回归模型是有意义的。

表 4 − 3 参数估计及检验

变量	回归系数 $\hat{\beta}$	标准误 $s_{\hat{\beta}}$	t 值	P 值	标准回归系数 $\hat{\beta}^*$
x_0	23.532 109	4.599 1	5.12	2.5e^{-05}	…
x_1	− 0.003 387	0.008 1	− 0.42	0.68	− 0.017 45
x_2	1.164 115	0.040 5	28.75	<2e^{-16}	1.042 35
x_3	0.000 292	0.008 6	0.03	0.95	0.000 96
x_4	− 0.043 742	0.009 3	− 4.72	7.0e^{-05}	− 0.037 10

由 t 检验结果可见，偏回归系数 b_2、b_4 的 P 值都小于 0.01，可认为解释变量税收 x_2 和经济活动人口 x_4 显著；b_1、b_3 的 P 值大于 0.50，不能否定对 $\beta_1 = 0$、$\beta_3 = 0$ 的假设，可认为国内生产总值 x_1 和进出口贸易总额 x_3 对财政收入 y 没有显著的影响。我们可以看到，国内生产总值、经济活动人口所对应的偏回归系数都为负，这与经济现实是不相符的。出现这种结果的原因可能是这些解释变量之间存在高度的共线性。

4.3　多元线性相关分析

在相关分析中，研究较多的是两个变量之间的关系，称为简单相关。当涉及的变量为三个或三个以上时，称为偏相关或复相关。实际上，偏相关（复相关）是对简单相关的一种推广。

在有些情况下，我们只想了解两个变量之间有无线性相关关系，并不需要建立它们之间的回归模型，也不需要区分自变量和因变量，这时，就可用较为方便的相关分析方法。

4.3.1 矩阵相关分析

设 x_1，x_2，…，x_n 来自正态总体 $N_p(\mu, \Sigma)$ 容量为 n 的样本，样本资料矩阵为：

$$X = \begin{bmatrix} x_{11} & x_{12} & \cdots & x_{1p} \\ x_{21} & x_{22} & \cdots & x_{2p} \\ \vdots & \vdots & \vdots & \vdots \\ x_{n1} & x_{n2} & \cdots & x_{np} \end{bmatrix}$$

此时，任意两个变量间的相关系数构成的矩阵为：

$$R = \begin{bmatrix} r_{11} & r_{12} & \cdots & r_{1p} \\ r_{21} & r_{22} & \cdots & r_{2p} \\ \vdots & \vdots & \vdots & \vdots \\ r_{p1} & r_{p2} & \cdots & r_{pp} \end{bmatrix} = \begin{bmatrix} 1 & r_{12} & \cdots & r_{1p} \\ r_{21} & 1 & \cdots & r_{2p} \\ \vdots & \vdots & \vdots & \vdots \\ r_{p1} & r_{p2} & \cdots & 1 \end{bmatrix} = (r_{ij})_{p \times p}$$

其中，r_{ij} 为任意两个变量之间的简单相关系数，即

$$r_{ij} = \frac{\sum_{ij}(x_i - \bar{x})(y_j - \bar{y})}{\sqrt{\sum_i(x_i - \bar{x})^2 \sum_j(y_j - \bar{y})^2}}$$

【例 4 - 5】（续例 4 - 4）财政收入与其他变量间的相关分析。

计算财政收入和国民生产总值、税收、进出口贸易总额、经济活动人口两两之间的相关系数时，表 4 - 4 给出了相关系数的假设检验统计量。

表 4 - 4　　　　　　　　相关系数的假设检验统计量

	y	x_1	x_2	x_3	x_4
y		0.000	0.000	0.000	0
x_1	33.267		0.000	0.000	0
x_2	165.614	39.214		0.000	0
x_3	40.336	32.772	41.560		0
x_4	5.215	6.752	5.514	5.389	

注：下三角为相关系数 t 值，上三角为概率 P 值。

首先我们计算变量两两间的相关系数。

cor(yX)	#多元数据相关系数矩阵				
	y	x1	x2	x3	x4
y	1.0000	0.9871	0.9995	0.9912	0.6957
x1	0.9871	1.0000	0.9907	0.9868	0.7818
x2	0.9995	0.9907	1.0000	0.9917	0.7154
x3	0.9912	0.9868	0.9917	1.0000	0.7074
x4	0.6957	0.7818	0.7154	0.7074	1.0000

再给出变量两两间的矩阵散点图，见下图。

矩阵散点图函数 pairs() 的用法
pairs(X,…)   X 为数值矩阵或数据框

pairs(yX) #多元数据散点图
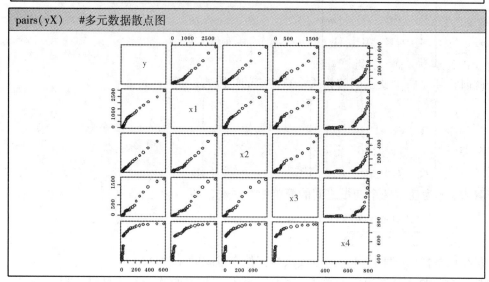

由于没有现成的进行相关系数矩阵的假设检验，下面编写计算相关系数的 t 值和 P 值的函数 corr. test()。

相关矩阵检验函数 corr. test() 的用法
corr. test(X,…)   X 为数值矩阵或数据框

library(mvstats)
corr. test(yX) #多元数据相关系数检验

	y	x1	x2	x3	x4
y	0.000	0.000	0.000	0.000	0
x1	33.267	0.000	0.000	0.000	0
x2	165.614	39.214	0.000	0.000	0
x3	40.336	32.772	41.560	0.000	0
x4	5.215	6.752	5.514	5.389	0

左下角为 t 值,右上角为 P 值

从结果可以看出，财政收入和国民生产总值、税收、进出口贸易总额、经济活动人口之间的关系都非常密切（$r > 0.8, P < 0.001$），财政收入与税收之间的关系最为密切（$r = 0.999\ 5, P < 0.001$）。

4.3.2 复相关分析

以上都是在把其他变量的影响完全排除在外的情况下研究两个变量之间的相关关系。但是在实际分析中，一个变量的变化往往要受到多种变量的综合影响，这时就需要采用复相关分析方法。所谓复相关，就是研究多个变量同时与某个变量之间的相关关系，度

量复相关程度的指标是复相关系数。

1. 复相关系数的计算

设因变量为 y，自变量为 $x_1, x_2, \cdots, x_p$，假定回归模型为：

$$y = b_0 + b_1 x_1 + b_2 x_2 + \cdots + b_p x_p + \varepsilon$$

$$\hat{y} = b_0 + b_1 x_1 + b_2 x_2 + \cdots + b_p x_p$$

对 y 与 $x_1, x_2, \cdots, x_p$ 作相关分析就是对 y 与 $\hat{y}$ 作相关分析，记 $r_{y \cdot x_1 x_2 \cdots x_p}$ 为 y 与 $x_1, x_2, \cdots,$ x_p 的复相关系数，而 $r_{y \cdot \hat{y}}$ 可以看作 y 与 $\hat{y}$ 的简单相关系数。于是 y 与 $x_1, x_2, \cdots, x_p$ 的复相关系数计算公式为：

$$R = \mathrm{corr}(y, x_1, x_2, \cdots, x_p) = \mathrm{corr}(y, \hat{y}) = \frac{\mathrm{cov}(y, \hat{y})}{\sqrt{\mathrm{var}(y)\,\mathrm{var}(\hat{y})}}$$

在类似多元回归分析这类问题中，研究者常希望知道因变量与一组自变量间的相关程度，即复相关。如例 4 - 4 的资料，研究者希望分析财政收入与国民生产总值和税收等指标间的相关程度。为此可计算复相关系数 R：

$$R = \sqrt{\frac{\sum (\hat{y}_i - \bar{y})^2}{\sum (y_i - \bar{y})^2}} = \sqrt{\frac{SS_R}{SS_T}}$$

复相关系数反映了一个变量与另一组变量关系密切的程度。复相关系数的假设检验等价于多元回归的方差分析结果，所以不必再作假设检验。

2. 决定系数

公式 R 根号里的分式实际上就是回归离差平方和与总离差平方和的比值，反映了回归贡献的百分比值，所以常把 R^2 称为决定系数或相关指数。$R^2 = \dfrac{SS_R}{SS_T}$，本例中，$R^2 = 0.9999^2 = 0.9998$。R^2 在评价多元回归方程、变量选择、曲线回归方程拟合的好坏程度中常会用到。

（R2 = summary（fm）$r. sq）　#显示多元线性回归模型决定系数
[1] 0.9998
（R = sqrt（R2））　#显示多元数据复相关系数
[1] 0.9999

4.4　回归变量的选择方法

多元回归分析在实际中有广泛的应用，由 4.2 节分析可知，其主要用途有：①用于描述、解释现象，这时希望回归方程中所包含的自变量尽可能少一些；②用于预测，这时希望预测的均方误差较小；③用于控制，这时希望各回归系数具有较小的方差和均方误差。在实际问题中，可以提出许多对因变量有影响的自变量，变量选择太少或不恰当，会使建立的模型与实际有较大的偏离；而变量选得太多则使用不便，并且有时也会削弱估计和预测的稳定性，所以变量选择问题是一个十分重要的问题。也就是说，在多元回归分析中，并不是变量越多越好。变量太多，容易引起以下四个问题：①增加了模型的复杂度；②计算量增大；③估计和预测的精度下降；④模型应用费用增加。

4.4.1 变量选择准则

为解决以上问题，人们提出了许多变量选择的准则，如全部子集法、向后删除法、向前引入法及逐步筛选法等。

一、全局择优法

这需要根据一些准则（criterion）建立"最优"回归模型。

从理论上说，自变量选择最好的方法是所有可能回归法，即建立因变量和所有自变量全部子集组合的回归模型，也称全部子集法。

对于含有 p 个自变量的回归模型来说，含有 0 个自变量（仅有常数项）的子集有 C_p^0 个；含有 1 个自变量的子集有 C_p^1 个；含有 2 个自变量的子集有 C_p^2 个，……，含有 p 个自变量的子集有 C_p^p 个，因此，共有 $C_p^0 + C_p^1 + C_p^2 + \cdots + C_p^p = 2^p$ 个模型。

求出所有可能的回归模型（共有 $2^p - 1$ 个）对应的准则值，按一定准则选择最优模型。

对于每个模型，在实用上，从数据与模型拟合优劣的直观考虑出发，基于残差（误差）平方和 RSS（residual sum of squares，即方差分析表中 SS_E）的变量选择准则使用得最多。误差平方和越小，回归方程的拟合越理想。而且，复相关系数的平方（决定系数）$R^2 = 1 - RSS/SS_T$，对一个确定的问题，即 SS_T 确定，基于残差（误差）平方和 RSS 的变量选择准则与基于决定系数 R^2 的变量选择准则意义是等价的，决定系数 R^2 越大，回归方程的拟合越理想。

下面以残差平方和 RSS 与复相关系数的平方 R^2 为准则介绍变量选择的过程。

【例 4 – 6】（续例 4 – 4）在"财政收入"数据中，有四个自变量：x_1、x_2、x_3 和 x_4。所有可能的模型可分为以下五组子集：

子集 A：$y = b_0 \Rightarrow C_4^0 = 1$ 种可能模型。

子集 B：$y = b_0 + b_i x_i$，$i = 1$，2，3，$4 \Rightarrow C_4^1 = 4$ 种可能模型。

子集 C：$y = b_0 + b_i x_i + b_j x_j$，$i \neq j$，$i$，$j = 1$，2，3，$4 \Rightarrow C_4^2 = 6$ 种可能模型。

子集 D：$y = b_0 + b_i x_i + b_j x_j + b_k x_k$，$i \neq j \neq k$，$i$，$j$，$k = 1$，2，3，$4 \Rightarrow C_4^3 = 4$ 种可能模型。

子集 E：$y = b_0 + b_1 x_1 + b_2 x_2 + b_3 x_3 + b_4 x_4 \Rightarrow C_4^4 = 1$ 种可能模型。

总共有 $C_4^0 + C_4^1 + C_4^2 + C_4^3 + C_4^4 = 2^4 = 16$ 种模型。

1. RSS 和 R^2 准则变量的选取

对每组子集，挑出 RSS 最小、R^2 最大的变量，见表 4 – 5，得出下列模型：

表 4 – 5　　　　　　例 4 – 4 数据的 RSS 与 R^2 准则回归子集

子集	Models	RSS	R^2
子集 B	$y = b_0 + b_2 x_2$	752.88	0.998 94
子集 C	$y = b_0 + b_2 x_2 + b_4 x_4$	203.88	0.999 71
子集 D	$y = b_0 + b_1 x_1 + b_2 x_2 + b_4 x_4$	202.35	0.999 72
子集 E	$y = b_0 + b_1 x_1 + b_2 x_2 + b_3 x_3 + b_4 x_4$	202.34	0.999 72

注意：在本书中残差平方和用 SS_E 表示，等同于 R 中的 RSS。

```
library(leaps)        #加载 leaps 包
varsel = regsubsets(y ~ x1 + x2 + x3 + x4, data = yX)    #多元数据线性回归变量选择模型
result = summary(varsel)   #变量选择方法结果
data.frame(result$outmat, RSS = result$rss, R2 = result$rsq)    #RSS 和决定系数准则结果展示
```

		x1	x2	x3	x4	RSS	R2
1	(1)	*				752.88	0.99894
2	(1)	*	*			203.88	0.99971
3	(1)	*	*	*		202.35	0.99972
4	(1)	*	*	*	*	202.34	0.99972

2. RSS 和 R^2 准则的优点

具有较大的 R^2 值对于较少自变量的模型应该是好的选择，因为较大的 R^2 意味着有较好的拟合效果，而较少的变量个数有利于信息的收集和控制。

3. RSS 和 R^2 准则的缺点

对于有 p 个自变量的回归模型来说，当自变量子集在扩大时，残差平方和随之减少（可以证明 $RSS_p \leqslant RSS_{p-1}$，进而 $R_p^2 \geqslant R_{p-1}^2$），因此，如果按"$RSS$ 愈小愈好"和按"R_p^2 愈大愈好"的原则来选择自变量子集，则毫无疑问，应该选全部自变量。所以说，在实际中，"RSS 愈小愈好"和"R_p^2 愈大愈好"不能作为选择自变量的准则。

另外，在上述 R^2 准则的选择中，本案例的两个模型 $y = b_0 + b_1 x_1 + b_2 x_2 + b_4 x_4$ 和 $y = b_0 + b_2 x_2 + b_3 x_3 + b_4 x_4$ 就很难选取。这主要是因为 x_1 和 x_3 高度相关，其相关系数为 0.986 8，因而它们的 R^2 一样就不奇怪了。

二、变量选择的常用准则

由于在实际的变量选择问题中，我们的主要目的就是设法防止选取过多的自变量，而基于直观考虑的残差平方和准则、复相关系数平方准则最终都将选取所有自变量，所以常用的做法是在残差平方和 RSS 上添加对变量的惩罚因子 $n - p$。

1. 平均残差平方和最小准则

$$RMS_p = \frac{RSS_p}{n - p}$$

这里，p 为所选模型的变量个数（每个模型皆包括常数项），因 $(n - p)^{-1}$ 随着自变量个数 p 的增加而增加，它体现了变量个数增加对 RSS 增加的惩罚，于是有平均残差平方和最小准则：按"RMS 愈小愈好"选取自变量。

2. 误差均方根 MSE 最小准则

$$MSE_p = \sqrt{RMS_p}$$

MSE_p 实际上就是模型的剩余标准差 $s_{y \cdot x}$，MSE_p 越小，说明模型拟合得越好。当然，模型中最小的 MSE_p 所对应的模型就是最好的模型，所得结论同 RMS_p 准则等价。

3. 校正复相关系数平方（Adjusted R^2）准则

$$\mathrm{adj}R^2 = 1 - \frac{n-1}{n-p}(1 - R^2)$$

$$\mathrm{adj}R^2 = 1 - \frac{n-1}{n-p}(1 - R^2) = 1 - \frac{RSS_p/(n-p)}{SS_T/(n-1)} = 1 - \frac{n-1}{SS_T} RMS_p$$

由于对一个具体问题 SS_T 不变，所以这个准则也就等价于 RMS_p 准则。$\mathrm{adj}R^2$ 越大，

说明模型拟合得越好。

4. C_p 准则

近年来，一个得到广泛重视的变量选择准则是基于 1964 年 C. Mallows 提出的 C_p 统计量，C_p 统计量是从预测的角度出发，基于残差平方和的一个准则。

$$C_p = \frac{RSS_p}{s^2} - (n - 2p) = \frac{RSS_p}{RMS} - (n - 2p) = \frac{(n-p)RMS_p}{RMS} - (n - 2p)$$

这里，C 即 criterion，p 为所选模型中变量的个数，C_p 接近 p 模型为最优。其中，s^2 为全模型的均方误差 RMS。

C_p 法则为：选择对应点 (p, C_p) 最接近第一象限角平分线，且 C_p 最小的模型。

5. AIC 准则和 BIC 准则

AIC（Akaike information criterion）和 BIC（Bayesian information criterion）是多元回归中选择模型的两条重要准则。在多元回归分析中，为了防止过度拟合等问题（既要使模型的解释性强，又要有一点张力），Akaike（1978）和 Schwarz（1978）分别提出了 AIC 和 BIC 作为回归模型选择的标准。在回归模型中，这两个值都是越小越好。它们不仅可用于回归分析的变量选择中，还可用于时间序列分析的自回归模型的定阶上。

回归分析中选择变量的 AIC 和 BIC 准则分别为：

$$AIC = n\ln\left(\frac{RSS_p}{n}\right) + 2p$$

$$BIC = n\ln\left(\frac{RSS_p}{n}\right) + p\ln(n)$$

AIC 和 BIC 选择变量按"AIC 或 BIC 愈小愈好"的准则选取。

对每组子集，挑出 C_p 和 BIC 最小的变量，见表 4 - 6，得出下列模型：

表 4 - 6　　　　　　　　　　例 4 - 4 数据的 C_p 与 BIC 准则回归子集

子集	Models	adjR^2	C_p	BIC
子集 B	$y = b_0 + b_2x_2$	0.998 9	69.745	- 205.6
子集 C	$y = b_0 + b_2x_2 + b_4x_4$	0.999 7	1.199	- 242.6
子集 D	$y = b_0 + b_1x_1 + b_2x_2 + b_4x_4$	0.999 7	3.001	- 239.4
子集 E	$y = b_0 + b_1x_1 + b_2x_2 + b_3x_3 + b_4x_4$	0.999 7	5.000	- 236.0

对例 4 - 4，上面给出了所选模型的 C_p 值，C_p 的最小值对应的变量子集为 (x_0, x_2, x_4)，$C_p = 1.199$，(x_0, x_2, x_4) 对应的 $(1 + 2, 1.199) = (3, 1.199)$ 最接近第一象限角平分线。另外一些较小的 C_p 统计量分别对应于 (x_0, x_1, x_2, x_4)，对这个变量子集，其对应的 $(1 + 3, 3.001) = (4, 3.001)$ 也接近第一象限角平分线，如果没有别的附加考虑，在 C_p 准则下，(x_0, x_2, x_4) 是"最优"子集。

而按 BIC 准则选择的"最优"子集也是 (x_0, x_2, x_4)。

data. frame(result$outmat,adjR2= result$adjr2,Cp= result$cp,BIC= result$bic)

#调整决定系数,Cp 和 BIC 准则结果展示

		x1	x2	x3	x4	adjR2	Cp	BIC
1	(1)		*			0.9989	69.745	− 205.6
2	(1)		*		*	0.9997	1.199	− 242.6
3	(1)	*	*		*	0.9997	3.001	− 239.4
4	(1)	*	*	*	*	0.9997	5.000	− 236.0

三、全局择优法的局限性

如果自变量个数为 4,则所有的回归有 $2^4 - 1 = 15$ 个;当自变量个数为 10 时,所有可能的回归为 $2^{10} - 1 = 1\ 023$ 个……当自变量个数为 50 时,所有可能的回归为 $2^{50} - 1 \approx 10^{15}$ 个。当 p 很大时,数字 2^p 大得惊人,有时计算是不可能的,于是就产生了所谓逐步回归的方法。

4.4.2　逐步回归分析

一、逐步回归分析的概念

在作实际多元线性回归时常有这样的情况:变量 x_1, x_2, …, x_p 相互之间常常是线性相关的,即在 x_1, x_2, …, x_p 中任何两个变量是完全线性相关的,其相关系数为 1,则矩阵 $X'X$ 的秩小于 p,$(X'X)^{-1}$ 就无解。当变量 x_1, x_2, …, x_p 中任有两个变量存在较大的相关性时,矩阵 $X'X$ 处于病态,会给模型带来很大误差。因此作回归时,应选变量 x_1, x_2, …, x_p 中的一部分,剔除一些变量。逐步回归法就是寻找较优子空间的一种变量选择方法。

在前面的章节中,我们给出了一般多元线性回归方程的求法,但是细心的读者也许会注意到,在那里不管自变量 x_i 对因变量 y 的影响是否显著,均可进入回归方程,这样就使误差的自由度变小,而误差的自由度变小,就使得误差的均方增大,即估计的精度变低。另外,在许多实际问题中,往往自变量 x_1, x_2, …, x_p 之间并不是完全独立的,而是有一定的相关性存在的。如果回归模型中的某两个自变量 x_i 和 x_j 的相关系数比较大,就可使得正规方程组的系数矩阵出现病态,也就是所谓多重共线性的问题,将导致回归系数的估计值的精度不高。

在例 4 – 4 中,虽然回归方程的检验是高度显著的,但是回归系数的检验结果只有 x_2 和 x_4 是显著的,而 x_1 和 x_3 却不显著,这样的回归方程不能称为最佳回归方程。在实际计算中,我们总是希望不但求得的回归方程是显著的,而且在回归方程中的自变量也都是尽可能显著的,也就是要选择最佳的回归模型。选择最佳回归模型的方法很多,而逐步回归分析方法就是其中的一种。

二、逐步变量选择的方法

在后面的讨论中,如果对回归方程增加自变量 x_i,则称为“引入”变量 x_i;如果要将已在回归方程中的自变量 x_i 从回归方程中删掉,则称为“剔除”变量 x_i。无论引入变量或剔除变量,都要利用 F 检验,将显著的变量引入回归方程,而将不显著的变量从回归方程中剔除。记引入变量的 F 检验的临界值为 $F_{进}$,剔除变量的 F 检验的临界值为 $F_{出}$,一般 $F_{进} \geqslant F_{出}$,它的确定原则一般是:对 p 个自变量的 n 组样品数据,估计可能进入回归方程的变量为 m 个 $(m \leqslant p)$,则对给定的显著性水平 α,确定 F 值,记为 F^*,则可取

$F_{进} = F_{出} = F^*$。一般来说，也可以直接取 $F_{进} = F_{出} = 3.84$ 或 2.71。当然，为了回归方程中还能多进入一些自变量，甚至也可以取为 2.0 或 2.5。

1. 向前引入法（forward）

首先对全部 p 个自变量，分别对因变量 y 建立一元回归方程，并分别计算这 p 个一元回归方程的 p 个回归系数的 F 检验值，记为 $\{F_1^1, F_2^1, \cdots, F_p^1\}$，选其最大的记为 $F_j^1 = \max\{F_1^1, F_2^1, \cdots, F_p^1\}$。若有 $F_j^1 \geqslant F_{进}$，则首先将 x_j 引入回归方程，不失一般性，然后设 x_j 就是 x_1。

接着考虑将 $(x_1, x_2), (x_1, x_3), \cdots, (x_1, x_p)$ 分别与因变量 y 建立二元回归方程，对这 $p-1$ 个回归方程中 $x_2, x_3, \cdots, x_p$ 的回归系数进行 F 检验，计算得到的 F 值，记为 $F_2^2, F_3^2, \cdots, F_p^2$，选其最大的记为 $F_k^2 = \max\{F_2^2, F_3^2, \cdots, F_p^2\}$。若有 $F_k^2 \geqslant F_{进}$，则接着将 x_k 再引入回归方程，不失一般性，然后设 x_k 就是 x_2。

对已经引入回归方程的变量 x_1 和 x_2，用前面的方法做下去，直到所有未被引入方程的变量的 F 值均小于 $F_{进}$ 为止。这时的回归方程就是最终选定的回归方程。换种说法，向前引入法即从一个变量开始，每次引入一个对 y 影响显著的变量，直到无法引入为止。这种方法的要点是从一个变量开始，将回归变量逐个引入回归方程，它要先计算 y 同各个变量的相关系数，对于相关系数绝对值最大的变量，对其偏回归平方和（复相关系数）作显著性检验，如果显著就引入方程。这种方法只是对变量的引入把关，变量引入之后，不论其以后是否会变成不显著，概不剔除。

显然，这种增加法有一定的缺点，主要是它不能反映后来的变化情况。因为对于某个自变量，它可能开始时是显著的，即将其引入回归方程以后，随着其他自变量的引入，它可能又变为不显著的了，而并没有将其及时从回归方程中剔除。也就是说，增加变量法只考虑引入而不考虑剔除。

2. 向后剔除法（backward）

与向前引入法相反，向后剔除法是首先建立全部自变量 x_1, x_2, $\cdots$, x_p 对因变量 y 的回归方程，然后对 p 个回归系数进行 F 检验，记求得的 F 值为 $\{F_1^1, F_2^1, \cdots, F_p^1\}$，选其最小值，记为 $F_j^1 = \min\{F_1^1, F_2^1, \cdots, F_p^1\}$，若有 $F_j^1 \leqslant F_{出}$，则可以考虑将自变量 x_j 从回归方程中剔除，不妨设 x_j 就取为 x_1。

再对 x_2, x_3, $\cdots$, x_p 对因变量 y 建立的回归方程中的回归系数进行 F 检验，记求得的 F 值为 $\{F_2^2, F_3^2, \cdots, F_p^2\}$。再取其中最小值，记为 $F_k^2 = \min\{F_2^2, F_3^2, \cdots, F_p^2\}$，若有 $F_k^2 \leqslant F_{出}$，则接着将 x_k 也从回归方程中剔除。不妨设 x_k 就是 x_2。重复前面的做法，直至在回归方程中的变量的 F 检验值均大于 $F_{出}$，即没有变量可剔除为止，这时的回归方程就是最终的回归方程。

总之，向后剔除法即从包含全部 p 个变量的回归方程中，根据判断，每次剔除一个对 y 影响不显著的变量，直到无法剔除为止。即从包含全部变量的回归方程中逐步剔除不显著变量。先建立全部变量的回归方程，然后对每一变量作显著性检验，剔除不显著变量中偏回归平方和最小的一个变量，重新建立方程，重复上面的过程，直至方程中每个变量都显著为止。许多文献观点都认为这种方法在变量不多且不显著变量也不多时可以采用。而当变量较多，特别是不显著变量很多时，计算工作量是相当大的，因为每剔除一个因子后就得重新计算回归系数。

这种剔除法有一个明显的缺点，就是一开始把全部自变量都引入回归方程，这样使得计算量比较大。若对一些不重要变量，一开始就不引入，这样便可以减少一些计算量。

3. 逐步筛选法（stepwise）

前面的变量引入法，只考虑增加变量，不考虑剔除，也就是对任何一个变量，一旦将其引入回归方程，不管其以后在回归方程中的作用发生什么变化（即使变得不显著了），也不考虑将其剔除。反之，变量剔除法，只考虑剔除，而不考虑增加。如果自变量 x_1，x_2，$\cdots$，x_p 是完全独立的，那么利用这两种方法所求得的两个回归模型之间是完全没有显著差异的。然而，在许多实际问题的数据中，自变量 x_1，x_2，$\cdots$，x_p 之间往往并不是独立的，而是有一定的相关性存在，这就使得随着回归方程中变量的增加和减少，某些自变量对回归方程的贡献也会发生变化。因此一种很自然的想法是将前两种方法结合起来，也就是对每一个自变量，随着其对回归方程贡献的变化，随时将其引入回归方程或剔除出去，最终的回归模型是，在回归方程中的自变量均为显著的变量，不在回归方程中的自变量均为不显著的变量。也就是说，逐步筛选法是综合上述两种方法的特点而建立的一种新方法，其基本思想是：在所考虑的全部变量中，按其对预报变量 y 作用的显著程度大小，挑选一个最重要变量，建立只包含这个变量的回归方程；接着对其他变量计算偏回归平方和，引入一个显著性的变量，建立具有两个变量的回归方程；从此之后，逐步回归的每一步（引入一个变量或从回归方程中剔除一个变量都算作一步）前后都要作显著性检验，即反复进行两个步骤。第一，对已在回归方程中的变量作显著性检验，使得显著者保留，最不显著者剔除；第二，对不在回归方程中的其余变量，挑选最重要的那一个进入回归方程，直至最后回归方程中再也不能剔除任一变量，同时也不能再引入变量为止，保证最后所得的回归方程中所有变量都为显著变量。这种方法和所谓选择全部回归子集的方法在一般情况下是很好的，特别是当整个模型满足线性回归的基本假定时效果较好。

逐步回归的计算步骤是从一个变量开始做：①每次选入一个对 y 影响显著的变量，直到无法选入时转到②；②每次剔除一个对 y 影响不显著的变量，直到无法剔除时转到①。当无法选入也无法剔除时停止筛选，以使最后回归方程只保留重要的变量。

```
fm= lm( y ~ x1 + x2 + x3 + x4 , data = yX)    #多元数据线性回归模型
fm. step= step( fm , direction= "forward")    #向前引入法变量选择结果
```
```
Start: AIC= 68. 15
y ~ x1 + x2 + x3 + x4
```
```
fm. step= step( fm , direction= "backward")    #向后剔除法变量选择结果
```
```
Start: AIC= 68. 15
y ~ x1 + x2 + x3 + x4
```

	Df	Sum of Sq	RSS	AIC
− x3	1	0.009	202	66
− x1	1	1	204	66
< none >			202	68
− x4	1	174	376	85
− x2	1	6433	6635	174

```
Step： AIC=66.16
y ~ x1 + x2 + x4
          Df   Sum of Sq   RSS   AIC
  - x1    1            2   204    64
< none >                   202    66
  - x4    1          197   400    85
  - x2    1         7382  7585   176

Step： AIC=64.39
y ~ x2 + x4
          Df   Sum of Sq    RSS    AIC
< none >                    204     64
  - x4    1          549    753    103
  - x2    1       367655  367859   295
```

fm. step= step(fm , direction= " both")　　#逐步筛选法变量选择结果

```
Start： AIC=68.15
y ~ x1 + x2 + x3 + x4
          Df   Sum of Sq    RSS   AIC
    x3    1        0.009   202    66
  - x1    1            1   204    66
< none >                   202    68
  - x4    1          174   376    85
  - x2    1         6433  6635   174

Step： AIC=66.16
y ~ x1 + x2 + x4
          Df   Sum of Sq    RSS   AIC
  - x1    1            2   204    64
< none >                   202    66
  + x3    1        0.009   202    68
  - x4    1          197   400    85
  - x2    1         7382  7585   176

Step： AIC=64.39
y ~ x2 + x4
          Df   Sum of Sq    RSS    AIC
< none >                    204     64
  + x1    1            2    202     66
  + x3    1         0.18    204     66
  - x4    1          549    753    103
  - x2    1       367655  367859   295
```

案例分析：财政收入的多元相关与回归分析

财政收入的规模大小对一个国家来说具有十分重要的意义，本案例（不同于例 4-4）分别从财政收入的组成因素和财政收入的影响因素两个方面入手，对我国 1979—1999 年度财政收入情况进行多因素分析。其中在财政收入影响因素分析上，本书除了通过理论选出因素利用统计软件建立模型分析外，还把影响财政收入的结构因素进行了个别分析。最后还在分析结论的基础上，结合了当前的客观条件和政策因素对未来财政收入作了一定的展望。

一、数据管理

本案例在本书例 4-4 的基础上，进一步收集影响财政收入的 9 个因素：GDP、能源消费总量、从业人员总数、全社会固定资产投资总额、实际利用外资总额、全国城乡居民储蓄存款年底余额、居民人均消费水平、消费品零售总额和居民消费价格指数，数据见下图 Case3。

y	x1	x2	x3	x4	x5	x6	x7	x8	x9
1146.38	4038.2	58588	41024	849.36	31.14	281	197	1800	102
1159.93	4517.8	60257	42361	910.9	31.14	399.5	236	2140	108.1
1175.79	4860.3	59447	43725	961	31.14	523.7	249	2350	110.7
1212.33	5301.8	62067	45295	1230.4	31.14	675.4	266	2570	112.8
1366.95	5957.4	66040	46436	1430.1	19.81	892.5	289	2849.4	114.5
1642.86	7206.7	70904	48197	1832.9	27.05	1214.7	327	3376.4	117.7
2004.82	8986.1	7668	49873	2543.2	46.47	1622.6	437	4305	128.1
2122.01	10201.4	80850	51282	3120.6	72.58	2238.5	452	4950	135.8
2199.35	11954.5	86632	52783	3791.7	84.52	3081.4	550	5820	145.7
2357.24	14922.3	92997	54334	4753.8	102.26	3822.2	693	7440	172.7
2664.9	16917.8	96934	55329	4410.4	100.59	5196.4	762	8101.4	203.4
2937.1	18598.4	98703	63909	4517	102.89	7119.8	803	8300.1	207.7
3149.48	21662.5	103783	64799	5594.5	115.54	9241.6	896	9415.6	213.7
3483.37	26651.9	109170	65554	8080.1	192.02	11759.4	1070	10993.7	225.2
4348.95	34560.5	115993	66373	13072.3	389.6	15203.5	1331	12462.1	254.9
5218.1	46670	122737	67199	17042.1	432.1	21518.8	1746	16264.7	310.2
6242.2	57494.9	131176	67947	20019.3	481.33	29662.3	2236	20620	356.1
7407.99	66850.5	138948	68850	22913.5	548.04	38520.8	2641	24774.1	377.8
8651.14	73142.7	138173	69600	24914.1	644.08	46279.8	2834	27298.9	380.8
9875.95	76967.1	132214	69957	28406.2	585.57	53407.5	2972	29152.5	370.9
11444.08	80422.8	122000	70586	29854.7	526.59	59621.8	3143	31134.7	359.8

数据来源：中国统计出版社出版的《中国统计年鉴》，时限为 1979—1999 年。

其中 t：年份；y：财政收入；x_1：GDP；x_2：能源消费总量；x_3：从业人员总数；x_4：全社会固定资产投资总额；x_5：实际利用外资总额；x_6：全国城乡居民储蓄存款年底余额；x_7：居民人均消费水平；x_8：消费品零售总额；x_9：居民消费价格指数。

二、R 语言操作

1. 调入数据

将 Case3 中的数据复制，然后在 RStudio 编辑器中执行 Case3 = read. table("clipboard", header = T)。

2. 相关分析

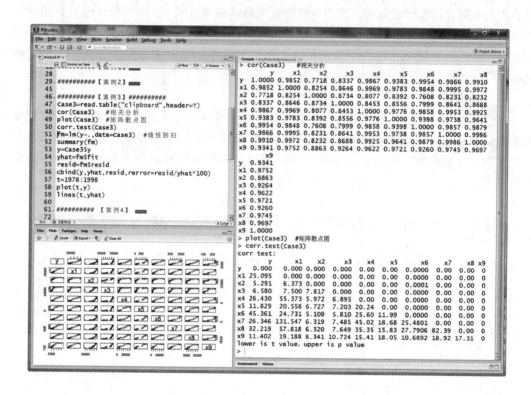

从相关分析结果可以看到财政收入（y）与国内生产总值（x_1）、能源消费总量（x_2）、从业人员总数（x_3）、全社会固定资产投资总额（x_4）、实际利用外资总额（x_5）、全国城乡居民储蓄存款年底余额（x_6）、居民人均消费水平（x_7）、消费品零售总额（x_8）和居民消费价格指数（x_9）的相关系数分别为 0.985 2、0.771 8、0.833 7、0.986 7、0.938 3、0.995 4、0.986 6、0.991 0、0.934 1，关系都非常密切（$r > 0.8$，$P < 0.001$），财政收入与城乡居民储蓄存款年底余额之间的关系最为密切（$r = 0.995$，$P < 0.001$）。

相关系数表明了各变量与财政收入之间的线性关系程度都相当高，由此可以认为所选取的 9 个因素都与财政收入存在着线性关系。

基于此，本例再进行线性回归分析，以便建立财政收入与每个因素之间的回归模型。本例以财政收入为因变量，所选取的 9 个指标为自变量。

3. 回归分析

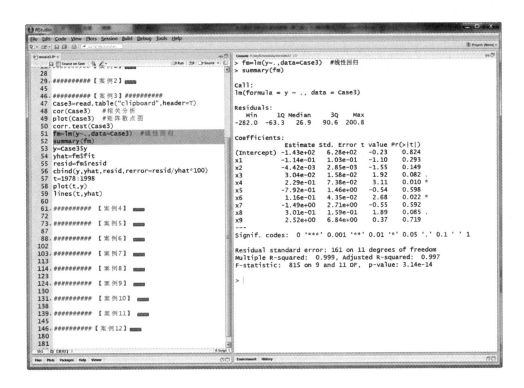

用 R 计算得回归模型如下：

$$y = -143.218\ 1 - 0.113\ 9x_1 - 0.004\ 4x_2 + 0.030\ 4x_3 + 0.229\ 2x_4 - 0.781\ 9x_5$$
$$+ 0.116\ 4x_6 - 1.494\ 3x_7 + 0.300\ 7x_8 + 2.524\ 4x_9$$

从图中可知，对财政收入影响显著的有 x_4（全社会固定资产投资总额）、x_6（全国城乡居民储蓄存款年底余额），而且从标准回归系数值看其作用也较大，这不太符合实际，所以对该模型还需进一步评价（用逐步回归或线性回归分析）。

利用该回归模型计算出的财政收入总量与实际财政收入总量作出以下折线图。

从拟合数据和下面的折线图，可以看到利用建立的模型得出的预测数据与历史数据有相当好的拟合性，点和线几乎完全重合。

从所建立的影响因素模型运行结果来看：

（1）我国 1979—1999 年财政总收入的增长具有相当的惯性。

（2）财政收入对 GDP 的依存度为 $-0.113\ 9$，这反映出自改革开放以来我国财政收入占 GDP 的比重出现逐年下滑趋势的客观事实。GDP 分配格局变化的原因是复杂的，是国民经济运行中各种因素综合作用的结果。首先是经济体制转轨的必然结果，我国经济体制改变是以分配体制改革为突破口的，实践证明，分配体制的改革促进了经济体制的改革，促进了经济的快速增长。问题在于，一开始步子迈得大了一些，有序性差了一些，以后在较长时间内继续减税让利，虽然政府也曾做过一些调整，但多数是临时性、非规范性措施，没有从根本方针上加以解决问题。我国财政收入占 GDP 的比重本来就偏低，出现负的贡献系数就更不应该，因此我们应采取措施提高财政收入占 GDP 的比重。

（3）财政收入对能源消费总量 x_2、实际利用外资总额 x_5 出现负的依存度，可认为随着我国改革开放的深入发展，我们在能源消费、实际利用外资方面出现了一些问题。

（4）财政收入对全社会固定资产投资总额 x_4、全国城乡居民储蓄存款年底余额 x_6 的依存度分别为 0.229 2、0.116 4，产出有赖于投入、固定资产投资有赖于储蓄存款，这一直都是相辅相成的关系，在这里也体现了。

（5）财政收入对实际利用外资总额 x_5 的依存度为 −0.781 9，利用外资是有利于经济的发展，但谁从中得到最大的利益，从这个数字看来显然不是政府，这可能与我国为了吸引外资而制定的优惠政策有关。

（6）财政收入对居民消费价格指数 x_9 的依存度为 2.524 4，财政收入是一定量的货币收入，它是在一定的价格体系下形成的，又是按一定时点的现价计算的，所以价格变动必然影响财政收入的增减。价格变动对财政收入的影响，首先表现在价格总水平升降的影响。在市场经济条件下，价格总水平一般呈上升趋势，在一定范围内的上涨是正常现象。

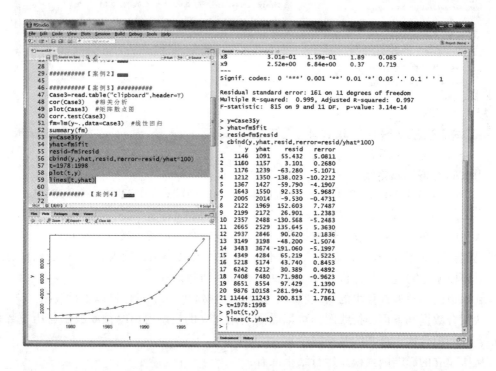

我国直到 1995 年财政收入占 GDP 的比重都是下滑的，1993 年中央采取整顿措施以后，财政收入占 GDP 的比重才相对稳定，到 1996 年开始略有回升。分配体制和分配模式是由经济体制决定的，过去计划经济体制下的统收统支体制，显然是和市场经济体制不相适应的，经济体制转换带来分配体制的转换是必然的。

上述预测模型没有考虑到我国准备实施的"清费增税"的重大制度改革，如未考虑将要实施的养路费、客运管理费改为燃油税，车辆购置附加费改为车辆购置税，及其他可能出台的费改税改革。

在进行未来财政收入预测时还应考虑到以下几个因素：

（1）我国经济已经具备步出低谷，出现复苏的条件。

（2）高科技产业发展使经济增长的科技含量提高，为财政收入增长提供了物质基础。

（3）随着经济的复苏，商品价格指数将摆脱长期负增长的局面，有望出现止跌回升。

（4）随着我国经济结构调整，税收制度发展，我国财政结构将发生变化。

考虑到以上所有因素，我国的财政收入在预测模型的预测数量上还应有所增加。

该案例程序如下所示：

```
Case3 = read. table( "clipboard" ,header = T) ;Case3
cor( Case3 )      #相关分析
plot( Case3 )     #矩阵散点图
library( mvstats )
corr. test( Case3 )
fm = lm( y ~ . ,data = Case3 )      #线性回归
summary( fm )
y = Case3$y
yhat = fm$fit
resid = fm$resid
cbind( y,yhat,resid,rerror = resid/yhat * 100 )
t = 1978:1998
plot( t,y ) ;lines( t,yhat )
```

思考练习题

一、思考题(手工解答,上交作业本)

1. 变量间统计关系和函数关系的本质区别是什么？

2. 回归分析与相关分析的区别与联系是什么？

3. 相关关系和回归关系各有哪些类型？

4. 多元线性回归模型有哪些基本假定？为什么要求多元线性回归模型满足一些基本假定？当这些假定不满足时对回归模型有何影响？

5. 为什么对多元回归系数还要进行标准化？

6. 应用多元回归分析和相关分析时应注意哪些事项？

7. 自变量选择对回归参数的估计有何影响？自变量选择对回归预测有何影响？

8. 试述变量选择方法的基本思想与向前逐步回归和向后逐步回归的思想方法。向前引入法、向后剔除法逐步回归各有哪些缺点？

二、练习题(计算机分析,网上交流或发电子邮件)

1. 一家保险公司十分关心其总公司营业部加班的程度,决定认真调查一下现状。经过 10 周时间,收集了该公司每周加班工作时间 y(小时)的数据和签发的新保单数目 x(张),数据见下表。

周	1	2	3	4	5	6	7	8	9	10
x	825	215	1 070	550	480	920	1 350	325	670	1 215
y	3.5	1	4	2	1	3	4.5	1.5	3	5

（1）绘制散点图,并以此判断 x 与 y 之间是否大致呈线性关系。

（2）计算 x 与 y 的相关系数。

(3)用最小二乘估计法求回归方程。

(4)求随机误差 ε 的方差 σ^2 的估计值。

(5)计算 x 与 y 的决定系数。

(6)对回归方程作方差分析。

(7)对回归方程作残差图并作一些分析。

(8)计算 $x_0 = 1\ 000$（张）时需要的加班时间是多少？

2. 某房地产公司的总裁想了解为什么公司中的某些分公司比其他分公司表现出色，他认为决定总年销售额（以百万元计）的关键因素是广告预算（以千元计）和销售代理的数目。为了分析这种情况，他抽取了八家分公司作为样本，收集了下表所示的数据。

分公司	广告预算（千元）	代理数（个）	年销售额（百万元）
1	249	15	32
2	183	14	18
3	310	21	49
4	246	18	52
5	288	13	36
6	248	21	43
7	256	20	24
8	241	19	41

(1)准备一回归模型并解释各系数。

(2)试用5%的显著性水平，确定每一解释变量与依赖变量间是否呈线性关系。

(3)计算相关系数和复相关系数。

3. 预测一学校毕业生的起始工资的变化是否能用学生的平均成绩点数（GPA）和毕业时的年龄来解释。下表所示为其学校办公室提供的样本数据。

GPA	年龄	起始工资（元）
2.95	22	25 500
3.40	23	28 100
3.20	27	28 200
3.10	25	25 000
3.05	23	22 700
2.75	28	22 500
3.15	26	26 000
2.75	26	23 800

(1)准备一回归模型并解释各系数。

(2)确定学生的 GPA 和年龄是否能真正用来解释起始工资样本的变化。

(3)预测某 GPA 为 3.00、年龄为 24 岁的毕业生的起始工资。

4. 研究货运总量 y（万吨）与工业总产值 x_1（亿元）、农业总产值 x_2（亿元）、居民非商品支出 x_3（亿元）的关系。有关数据见下表。

编号	y	x_1	x_2	x_3
1	160	70	35	1
2	260	75	40	2.4
3	210	65	40	2
4	265	74	42	3
5	240	72	38	1.2
6	220	68	45	1.5
7	275	78	42	4
8	160	66	36	2
9	275	70	44	3.2
10	250	65	42	3

（1）计算出 y、x_1、x_2、x_3 的相关系数矩阵并绘制矩阵散点图。

（2）求 y 关于 x_1、x_2、x_3 的多元线性回归方程。

（3）对所求得的方程作拟合优度检验。

（4）对回归方程及每一个回归系数作显著性检验。

（5）如果有的回归系数没通过显著性检验，将其剔除，重新建立回归方程，再作回归方程的显著性检验和回归系数的显著性检验。

（6）使用变量选择方法获得一个最优回归模型。

案例分析题

仿照书中的案例形式，从给定的题目出发，按内容提要、指标选取、数据收集、计算机计算过程、结果分析与评价等方面进行案例分析。

1. 未来我国用电量的多因素分析。

2. 未来若干年我国手机供应量的多元预测分析。

3. 未来若干年我国计算机供应量的多元预测分析。

4. 应用回归模型研究股市的变化规律。

5. 构造居民消费价格指数逐步回归模型。

6. 我国彩电（液晶）供应量的多因素分析。

5 广义与一般线性模型及 R 使用

【**目的要求**】要求学生针对因变量和解释变量的取值性质，了解统计模型的类型；掌握数据的分类与模型选择方式，并对广义线性模型和一般线性模型有初步的了解。

【**教学内容**】数据的分类与模型选择；广义线性模型；Logistic 回归模型；对数线性模型；一般线性模型。

实际数据通常通过观察或实验获得。因变量是指研究中主要关心的随机现象的数量化表现。因变量受诸多因素影响，这些影响因素称为解释变量。实验和观察的目的就是探讨解释变量对因变量的影响（效应）大小，以及影响效应有无统计学意义。根据获得的数据，建立因变量和解释变量间恰当的统计模型（关系），解决下列三个问题：

（1）解释变量对因变量的效应。

（2）效应有无统计学意义。

（3）因变量随解释变量的变化规律。

由于统计模型的多样性和各种模型的适应性，针对因变量和解释变量的取值性质，统计模型可分为多种类型：

（1）一般线性模型：这里主要讲实验设计模型，即自变量为定性变量的线性模型。

（2）广义线性模型：包括 Logistic 回归模型、对数线性模型及 Cox 比例风险模型等。

本章重点介绍广义线性模型和一般线性模型及其 R 语言使用。

5.1 数据的分类与模型选择

5.1.1 变量的取值类型

因变量记为 y，解释变量记为 $x_1, x_2, \cdots, x_p$，$X = (x_1, x_2, \cdots, x_p)'$。

因变量 y 一般有如下五种取值方式：

（1）y 为连续变量，如心脏面积、肺活量、血红蛋白量等。

（2）y 为 0 - 1 变量或称二分类变量，如实验"成功"与"失败"，"有效"与"无效"；治疗结果"存活"与"死亡"等。

（3）y 为有序变量（等级变量），如治疗结果"治愈""显效"和"无效"；检验结果为"－""＋""＋＋""＋＋＋"等。

（4）y 为多分类变量，如脑肿瘤分良性、恶性、转移瘤；小儿肺炎分结核性、化脓性和细菌性等。

（5）y 为连续伴有删失变量，如某病治疗后存活时间可能有失访删失、终检删失和随机删失等。

解释变量 x_i 一般有如下三种取值方式：

（1）x_i 为连续变量，如身高、体重等，一般称 x_i 为自变量或协变量。

（2）x_i 为分类变量，如性别：男、女，居住地：城市、乡镇、农村等，称 x_i 为因素。

（3）x_i 为等级变量，如吸烟量：不吸烟、$0 \sim 10$ 支、$10 \sim 20$ 支、20 支以上等，x_i 可通过评分转化为协变量，也可以看成因素，等级数看成因素的水平数。

5.1.2　模型选择方式

1. y 为连续变量

当 y 为连续变量时，为了探讨 y 和 x_i 间的线性关系，建立以下模型：

$$y = \beta_0 + \beta_1 x_1 + \beta_2 x_2 + \cdots + \beta_p x_p + e = X\beta + e \qquad (5.1)$$

其中，e 为随机误差，$E(e) = 0$。

假设观察了 n 个独立样品，对于每一个样品有：

$$y_i = \beta_0 + \beta_1 x_{i1} + \beta_2 x_{i2} + \cdots + \beta_p x_{ip} + e_i \quad i = 1, 2, \cdots, n$$

记 $Y = (y_1, y_2, \cdots, y_n)'$

$$X = \begin{bmatrix} 1 & X_{11} & X_{12} & \cdots & X_{1p} \\ 1 & X_{21} & X_{22} & \cdots & X_{2p} \\ \vdots & \vdots & \vdots & \vdots & \vdots \\ 1 & X_{n1} & X_{n2} & \cdots & X_{np} \end{bmatrix}$$

$$\beta = (\beta_0, \beta_1, \beta_2, \cdots, \beta_p)'$$

$$e = (e_1, e_2, \cdots, e_n)'$$

于是对于一个样本含量为 n 的样本，以上给出的线性方程可用矩阵表示为：

$$\begin{cases} Y = X\beta + e \\ E(e) = 0, \mathrm{cov}(e) = \sigma^2 I \end{cases}$$

其中，（5.1）式被称为一般线性模型。

（1）当 $x_1, x_2, \cdots, x_p$ 均为变量时，（5.1）式就是上节讲的线性回归模型，y 为因变量观察结果向量，X 为自变量观察阵。

（2）当 $x_1, x_2, \cdots, x_p$ 是由因素构成的哑变量时，y 为反应变量（实验结果），X 为设计阵。（5.1）式称为实验设计模型或方差分析模型。

例如，T 表示居住地因素，有三个水平：城市、乡镇、农村。构造哑变量 X_1，X_2，X_3 来描述 T 因素：

T 因素		
城市	乡镇	农村
X_1	X_2	X_3
1	0	0
0	1	0
0	0	1

当 T 因素处于"城市"这个水平上，$X_1 = 1$，$X_2 = X_3 = 0$；当 T 因素处于"乡镇"水平上，$X_1 = X_3 = 0$，$X_2 = 1$；当 T 因素处于"农村"这个水平上，$X_1 = X_2 = 0$，$X_3 = 1$。

（3）当一部分 x_i 是根据因素产生的哑变量，另一部分 z_i 是变量时，（5.1）式称为协方差分析模型。此时，（5.1）式可以写成：

$$Y = X\beta + Z\alpha + e_i \qquad (5.2)$$

其中，X 是由哑变量构成的设计阵，Z 是由变量构成的观察阵。由此亦可看出协方差分析模型是回归模型和实验设计模型的混合效应模型。协方差分析模型的分析重点在实验设计部分，而回归部分是用来克服混杂变量——协变量对实验结果的影响的。

2. y 为 $0 - 1$ 变量

一般用 Logistic 回归模型来描述 y 与诸解释变量或因素之间的关系，通过建立模型得到解释变量对反应变量 y 的效应 OR 值。

3. y 为有序变量

一般用累积比数模型和对数线性模型来描述 y 与解释变量之间的关系，解释变量可以是等级变量或因素。

4. y 为多分类变量

当 y 为多分类变量时，宜用对数线性模型和多分类 Logistic 回归模型描述 y 与 x 间的关系，解释变量 x 既可以是因素又可以是等级变量。

5. y 为连续伴有删失变量

一般用 Cox 比例风险模型描述 y 与解释变量 x 之间的关系，x 可以是因素或变量。

5.2 广义线性模型

5.2.1 广义线性模型概述

由于统计模型的多样性和各种模型的适应性，针对因变量和解释变量的取值性质，可将统计模型分为多种类型。通常自变量为定性变量的线性模型称为一般线性模型，如实验设计模型、方差分析模型。因变量为非正态分布的线性模型称为广义线性模型，如 Logistic 回归模型、对数线性模型和 Cox 比例风险模型。

对于一般线性模型，其基本假定是 y 服从正态分布，或至少 y 的方差 σ^2 为有限常数。然而，在实际研究中有些观察值明显不符合这个假定。例如，当 y 是发病率 $(y = k/n)$ 时，y 服从二项分布，期望值和方差分别为 $E(y) = \pi$, $\mathrm{var}(y) = 1/n \times \pi(1-\pi)$，其方差与例数呈反比且是 π 的函数。又如，当 y 是单位时间内的放射性计数时，y 服从 Poisson 分布，期望值和方差分别为 $E(y) = \mu$, $\mathrm{var}(y) = \mu$，其方差是 μ 的函数。实际数据中有很多资料均不符合一般线性模型的基本假定。尽管也可以将频率或频数作为 y 代入一般线性模型，但拟合结果往往不能令人满意，如出现频率的拟合值 $y > 1$、频数的拟合值 $y < 0$ 等不合理现象。

20 世纪 70 年代初，Wedderburn 等人在一般线性模型的基础上，对 σ^2 为有限常数的假定作了进一步推广，提出了广义线性模型（generalized linear model）的概念和拟似然函数（quasi-likelihood function）的方法，用于求解满足下列条件的线性模型：

$$E(y) = \mu$$
$$m(\mu) = X\beta$$
$$\mathrm{cov}(y) = \sigma^2 V(\mu) \qquad (5.3)$$

其中，m 为连接函数 $m(\cdot)$ 组成的向量，将 μ 转化为 β 的线性表达式，$V(\mu)$ 为 $n \times n$ 的矩阵，其中每个元素均为 μ 的函数，当各 y_i 值相互独立时，$V(\mu)$ 为对角矩阵。当 $m(\mu) = \mu$，$V(\mu) = I$ 时，（5.3）式为一般线性模型，也就是说，（5.3）式包括了一般线性模型。

在广义线性模型中，均假定观察值 y 具有指数族概率密度函数，表达式为：

$$f(y \mid \theta, \varphi) = \exp\{[y\theta - b(\theta)]/a(\varphi) + c(y, \varphi)\} \tag{5.4}$$

其中，$a(\cdot)$、$b(\cdot)$ 和 $c(\cdot)$ 是三种函数形式，θ 为典则参数。如果给定 φ（散布参数，有时写作 σ^2），（5.4）式就是具有参数 θ 的指数族密度函数。以正态分布为例：

$$f(y \mid \theta, \varphi) = \frac{1}{\sqrt{2\pi\sigma^2}} \exp\left[-(y-\mu)^2/2\sigma^2\right]$$

$$= \exp\left\{(y\mu - \mu^2/2)/\sigma^2 - \frac{1}{2}\left[y^2/\sigma^2 + \ln(2\pi\sigma^2)\right]\right\}$$

与（5.4）式对照，可知：

$$\theta = \mu, b(\theta) = \mu^2/2, \varphi = \sigma^2, a(\varphi) = \sigma^2$$

$$c(y, \varphi) = -\frac{1}{2}\left[y^2/\sigma^2 + \ln(2\pi\sigma^2)\right]$$

根据样本和 y 的函数可建立对数似然函数，并可导出 y 的期望值和方差。（详见 McCullagh P., Nelder J. A. *Generalized Linear Models.* Chapman and Hall Ltd.，1983）

在广义线性模型中，（5.4）式中的典则参数不仅仅是 μ 的函数，还是参数 β_0，β_1，$\cdots$，β_p 的线性表达式。因此，对 μ 作变换，则可得到下面三种分布连接函数的形式：

正态分布：$m(\mu) = \mu = \sum \beta_j x_j$

二项分布：$m(\mu) = \ln\left(\dfrac{\mu}{1-\mu}\right) = \sum \beta_j x_j$

Poisson 分布：$m(\mu) = \ln(\mu) = \sum \beta_j x_j$

Logistic 属于广义线性模型的一种，它是通常的正态线性模型的推广，要求响应变量只能通过线性形式依赖于解释变量。上述推广体现在以下两个方面：

（1）通过一个连接函数，将响应变量的期望与解释变量建立线性关系。

$$m(E(y)) = \beta_0 + \beta_1 x_1 + \beta_2 x_2 + \cdots + \beta_p x_p$$

（2）通过一个误差函数，说明广义线性模型的最后一部分随机项。

因此，Logistic 是关于响应变量为 $0-1$ 定性变量的广义线性回归问题，且广义线性模型的分布族为二项分布，见表 5-1。

表 5-1　　　　　　　　　　广义线性模型中的常用分布族

分布	函数	模型
正态（gaussian）	$E(y) = X'\beta$	普通线性模型
二项（binomial）	$E(y) = \dfrac{\exp(X'\beta)}{1 + \exp(X'\beta)}$	Logistic 模型和概率模型单位（probit）模型
泊松（poisson）	$E(y) = \exp(X'\beta)$	对数线性模型

在 R 语言中，正态（高斯）分布族的广义线性模型事实上与线性模型是相同的，即

$$gm <- glm(formula, family = gaussian, data)$$

同线性模型

$$fm <- lm(formula, data)$$

得到的结论是一致的，当然，其效率会低很多。

> **广义线性模型函数 glm() 的用法**
>
> glm(formula, family = gaussian, data, ...)
>
> formula 为公式，即要拟合的模型
> family 为分布族，包括正态分布（gaussian）、二项分布（binomial）、泊松分布（poisson）和伽马分布（gamma），分布族还可以通过选项 link = 来指定使用的连接函数
> data 为可选择的数据框

这样，在广义线性意义下，我们不仅知道一般线性模型是广义线性模型的一个特例，而且导出了处理频率资料的 Logistic 模型和处理频数资料的对数线性模型。这个重要结果还说明，虽然 Logistic 模型和对数线性模型都是非线性模型，即 μ 和 β 呈非线性关系，但通过连接函数使 $m(\mu)$ 和 β 呈线性关系，从而使我们可以用线性拟合的方法求解这类非线性模型。更有意义的是，实际研究中的主要数据形式无非是计量资料、频率资料和频数资料（半计量资料实际上可以看作有序的频数资料），因此，掌握了广义线性模型的思想和方法，结合有关统计软件（如 SAS、SPSS 和 R），就可以用统一的方法处理各种类型的统计数据。限于篇幅，此处仅介绍 Logistic 回归模型。

5.2.2 Logistic 回归模型

1. Logistic 回归模型的定义

在一般线性模型中，反应变量 y 的值是有实际意义的，并假定 $y \sim N(\mu, \sigma^2)$，当 y 是二分类或 $0-1$ 变量时，y 的取值为 0 或 1 仅是名义上的，没有实际意义，此时 y 是服从 Bernoulli 分布的随机变量，即 $y \sim b(n, p)$，针对 $0-1$ 变量，回归模型须作一些改进。

（1）回归函数应该改用限制在 $[0, 1]$ 区间内的连续曲线，而不能再沿用线性回归方程。应用较多的是 Logistic 函数（也称 Logit 变换），其形式为：

$$y = f(x) = \frac{1}{1 + e^{-x}} = \frac{e^x}{1 + e^x}$$

函数图如下所示：

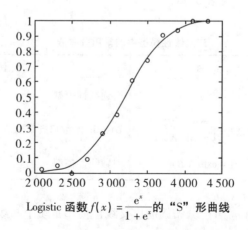

Logistic 函数 $f(x) = \dfrac{e^x}{1 + e^x}$ 的 "S" 形曲线

（2）因变量 y_i 本身只取 0、1 值，不适于直接作为回归模型中的因变量，设 P 表示 $y=1$ 的概率，Q 表示 $y=0$ 的概率，$Q=1-P$。概率 P 是有实际意义的，它表示 y 取值为 1 的可能性的大小。假定在观察反应变量的同时，观察了 p 个解释变量 x_1，x_2，$\cdots$，x_p，用向量 X 记作 $(x_1,x_2,\cdots,x_p)'$。与线性模型不同的是，我们不是研究反应变量的值与解释变量之间的关系，而是研究反应变量取某值的概率 P 与解释变量之间的关系。实际观察结果表明，概率 P 与解释变量之间不是呈线性关系，而是呈"S"形曲线关系。这是因为概率分布函数是一条"S"形曲线。Logistic 函数是呈"S"形的曲线，见上图。故此一般用 Logistic 曲线来描述 P 与解释变量 x 之间的关系。

$$P = P(y=1 \mid X) = \frac{\exp(\beta_0 + \beta_1 x_1 + \cdots + \beta_p x_p)}{1 + \exp(\beta_0 + \beta_1 x_1 + \cdots + \beta_p x_p)} = \frac{\exp(X\beta)}{1 + \exp(X\beta)}$$

对该式作 Logit 变换，得：

$$\text{Logit}(y) = \ln\left(\frac{P}{1-P}\right) = \beta_0 + \beta_1 x_1 + \cdots + \beta_p x_p = X\beta \tag{5.5}$$

（5.5）式称为 Logistic 回归模型，其中 β_0，β_1，$\cdots$，β_p 为待估参数。确定了它们，（5.5）式就被确定了。

2. Logistic 回归模型的参数估计

Logistic 回归模型中参数的估计量最常用的是极大似然估计，用 Newton-Raphson 迭代求解。还有一种方法是根据广义线性模型的理论用加权最小二乘法迭代求解，两种方法求出的结果基本相同。下面简单介绍参数的极大似然估计法。

设 y 是 0-1 变量，x_1，x_2，$\cdots$，x_p 是与 y 相关的变量，n 组观测数据为 $(x_1,x_2,\cdots,x_p;y_i)$ $(i=1,2,\cdots,n)$，取 $P(y_i=1)=\pi_i$，$P(y_i=0)=1-\pi_i$，则 y_i 的联合概率函数为：$P(y_i)=\pi_i^{y_i}(1-\pi_i)^{1-y_i}$，$y_i=0,1;i=1,2,\cdots,n$。

于是，y_1，y_2，$\cdots$，y_n 的似然函数为：

$$L = \prod_{i=1}^{n} P(y_i) = \prod_{i=1}^{n} \pi_i^{y_i}(1-\pi_i)^{1-y_i}$$

对似然函数取自然对数得：

$$\ln L = \sum_{i=1}^{n} \left[y_i \ln(\pi_i) + (1-y_i)\ln(1-\pi_i) \right] = \sum_{i=1}^{n} \left[y_i \ln \frac{\pi_i}{1-\pi_i} + \ln(1-\pi_i) \right]$$

$$\frac{\partial \ln L}{\partial \beta_i} = 0$$

运用 Newton-Raphson 迭代即可求出 β_i 的最大似然估计 $\hat{\beta}_i$ 和 $\ln L$。迭代初值一般取为 $\beta_i = 0$，$i=1$，2，$\cdots$，p。在一些情况下，Newton-Raphson 迭代的收敛性不好，可改用 Marquardt 改进的 Newton-Raphson 迭代法求解。

3. *Logistic 回归模型中的参数检验*

在求出 β_i 的最大似然估计 $\hat{\beta}_i$ 的同时获得了 Fisher 信息阵 I。

$$I = \left\{ \frac{\partial^2 \ln L}{\partial \beta_i \partial \beta_j} \,\middle|\, \hat{\beta}_0, \hat{\beta}_1, \cdots, \hat{\beta}_p \right\}$$

I 的逆矩阵 I^{-1} 是 $\hat{\beta}_i$ 的协方差矩阵。I^{-1} 的对角线元素 I^{ii} 是 $\hat{\beta}_i$ 的方差。

$$\text{var}(\hat{\beta}_i) = I^{ii}, \text{Se}(\hat{\beta}_i) = \sqrt{I^{ii}}$$

（1）$\hat{\beta}_i$ 的检验。

$$H_0: \hat{\beta}_i = 0$$

检验统计量：$Z = \dfrac{\hat{\beta}_i}{\mathrm{Se}(\hat{\beta}_i)} \sim N(0,1)$

如果 $Z < Z_\alpha$，认为 $\beta_i = 0$；否则认为 $\beta_i \neq 0$。

（2）β_i 的可信区间。

β_i 的可信区间为 $\hat{\beta}_i \pm Z_\alpha \mathrm{Se}(\hat{\beta}_i)$。

4. 实例分析

【例 5 - 1】表 5 - 2 为对 45 名驾驶员的调查结果，其中四个变量的含义分别为：

x_1：表示视力状况，它是一个分类变量，1 表示好，0 表示有问题；

x_2：年龄，数值型；

x_3：驾车教育，它也是一个分类变量，1 表示参加过驾车教育，0 表示没有；

y：分类变量（去年是否出过事故，1 表示出过事故，0 表示没有）。

表 5 - 2　　对 45 名驾驶员的调查结果（数据在 mvstats4. xls：d5. 1 中）

y	x_1	x_2	x_3	y	x_1	x_2	x_3	y	x_1	x_2	x_3
1	1	17	1	0	1	68	1	0	0	17	0
0	1	44	0	0	1	18	1	1	0	45	0
0	1	48	1	0	1	68	0	1	0	44	0
0	1	55	0	1	1	48	1	0	0	67	0
1	1	75	1	0	1	17	0	1	0	55	0
1	0	35	1	1	1	70	1	0	1	61	1
1	0	42	1	0	1	72	1	0	1	19	1
0	0	57	0	1	1	35	0	0	1	69	0
1	0	28	0	0	1	19	1	1	1	23	1
1	0	20	0	0	1	62	1	0	1	19	0
0	0	38	1	1	0	39	1	1	1	72	1
1	0	45	0	1	0	40	1	1	1	74	1
1	0	47	1	0	0	55	0	1	1	31	0
0	0	52	0	1	0	68	0	0	1	16	1
1	0	55	0	0	0	25	1	0	1	61	1

试考察前三个变量 x_1、x_2、x_3 与发生事故的关系。

这里，y 是因变量。它只有两个值，所以可以把它看作成功概率为 p 的 Bernoulli 试验的结果。但是和单纯的 Bernoulli 试验不同，这里的概率 p 为 x_1、x_2、x_3 的函数。可以用下面的 Logistic 回归模型进行分析：

$$\ln\left(\frac{p}{1-p}\right) = \beta_0 + \beta_1 x_1 + \beta_2 x_2 + \beta_3 x_3$$

对例 5 - 1 进行计算：

```
d5. 1 = read. table( "clipboard", header= T)    #读取例 5 - 1 数据
logit. glm < - glm(y ~ x1 + x2 + x3, family= binomial, data= d5. 1)    #Logistic 回归模型
summary( logit. glm)    #Logistic 回归模型结果
```

```
Call:glm(formula= y ~ x1 + x2 + x3,family= binomial,data= d5.1)

Deviance Residuals:
    Min       1Q     Median      3Q       Max
 -1.564   -0.913   -0.789    0.964    1.600

Coefficients:
             Estimate   Std.Error   z value   Pr(>|z|)
(Intercept)    0.5976     0.8948      0.67      0.504
        x1    -1.4961     0.7049     -2.12      0.034    *
        x2    -0.0016     0.0168     -0.10      0.924
        x3     0.3159     0.7011      0.45      0.652
    ---
Signif. codes:0'***'  0.001'**'  0.01'*'  0.05'.'  0.1' '  1

(Dispersion parameter for binomial family taken to be 1)

    Null deviance: 62.183  on 44  degrees of freedom
Residual deviance: 57.026  on 41  degrees of freedom
AIC: 65.03

Number of Fisher Scoring iterations: 4
```

由此得到初步的 Logistic 回归模型：

$$p = \frac{\exp(0.5976 - 1.4961x_1 - 0.0016x_2 + 0.3159x_3)}{1 + \exp(0.5976 - 1.4961x_1 - 0.0016x_2 + 0.3159x_3)}$$

即 $\text{Logit}(p) = 0.5976 - 1.4961x_1 - 0.0016x_2 + 0.3159x_3$

在此模型中，由于参数 β_2、β_3 没有通过检验，可类似于线性模型，用 step() 作变量筛选。

```
logit.step <- step(logit.glm,direction = "both")    #逐步筛选法变量选择

Start: AIC = 65.03
y ~ x1 + x2 + x3
          Df  Deviance    AIC
 - x2      1   57.035    63.035
 - x3      1   57.232    63.232
 <none>        57.026    65.026
 - x1      1   61.936    67.936

Step: AIC = 63.03
y ~ x1 + x3
          Df  Deviance    AIC
 - x3      1   57.241    61.241
 <none>        57.035    63.035
 + x2      1   57.026    65.026
 - x1      1   61.991    65.991

Step: AIC = 61.24
y ~ x1
          Df  Deviance    AIC
 <none>        57.241    61.241
 + x3      1   57.035    63.035
 + x2      1   57.232    63.232
 - x1      1   62.183    64.183
```

```
summary( logit. step)    #逐步筛选法变量选择结果
```
```
Call:glm(formula = y ~ x1 ,family = binomial,data = d5. 3 )
Deviance Residuals:
     Min        1Q       Median       3Q        Max
   - 1. 4490    - 0. 8783    - 0. 8783    0. 9282    1. 5096

Coefficients:
               Estimate    Std. Error    z value    Pr( > │z│)
( Intercept)    0. 6190     0. 4688     1. 320     0. 1867
     x1        - 1. 3728    0. 6353    - 2. 161    0. 0307 *
Signif. codes:0' *** '0. 001' ** '0. 01' * '0. 05'. '0. 1'    '1
( Dispersion parameter for binomial family taken to be 1)

Null deviance:62. 183 on 44 degrees of freedom
Residual deviance:57. 241 on 43 degrees of freedom
AIC:61. 241

Number of Fisher Scoring iterations:4
```

可以看出新的回归方程为:

$$p = \frac{\exp(0. 619\ 0 - 1. 372\ 8 x_1)}{1 + \exp(0. 619\ 0 - 1. 372\ 8 x_1)}$$

对视力正常和视力有问题的司机分别作预测,即预测发生交通事故的概率。

```
pre1 < - predict( logit. step,data. frame( x1 =1))    #预测视力正常的司机 Logistic 回归结果
p1< - exp( pre1)/( 1 + exp( pre1))    #预测视力正常司机发生事故概率
pre2 < - predict( logit. step,data. frame( x1 =0))    #预测视力有问题的司机 Logistic 回归结果
p2< - exp( pre2)/( 1 + exp( pre2))    #预测视力有问题的司机发生事故概率
c( p1 ,p2)    #结果显示
```
```
0. 32    0. 65
```

可见, $p_1 = 0. 32$, $p_2 = 0. 65$,说明视力有问题的司机发生交通事故的概率是视力正常的司机的两倍以上。

注意:将两水平定性变量作为因变量的回归模型也不仅是这一种,这一种也不一定最合适,但限于篇幅,这里不再赘述。如果因变量是多水平(多于两水平)的定性变量,统计上也有处理方法(比如多元 Logistic 回归),但这超出了本书的范围。

5. 2. 3　对数线性模型

对于广义线性模型,除了上面讲到的 Logistic 回归模型外,还有其他的模型,如 Poisson 模型等,这里就不详细介绍了,只简单介绍 R 软件中 glm()关于这些模型的使用方法。

Poisson 分布族模型和拟 Poisson 分布族模型的使用方法为:

fm < - glm(formula,family = poisson(link = log) ,data)

fm < - glm(formula,family = quasipoisson(link = log) ,data)

其直观概念是:

$$\ln(E(y)) = \beta_0 + \beta_1 x_1 + \beta_2 x_2 + \cdots + \beta_p x_p$$

即　$E(y) = \exp(\beta_0 + \beta_1 x_1 + \beta_2 x_2 + \cdots + \beta_p x_p)$

Poisson 分布族模型和拟 Poisson 分布族模型唯一的差别就是：Poisson 分布族模型要求响应变量 y 是整数，而拟 Poisson 分布族模型则没有这一要求。

对于列联表还可以用（多项分布）对数线性模型来描述。以二维列联表为例，只有主效应的对数线性模型为：

$$\ln(m_{ij}) = \alpha_i + \beta_j + \varepsilon_{ij}$$

这相当于只有主效应 α_i 和 β_j，而这两个变量的效应是简单可加的。但是有时两个变量在一起时会产生附加的交叉效应，这时，相应的对数线性模型为：

$$\ln(m_{ij}) = \alpha_i + \beta_j + (\alpha\beta)_{ij} + \varepsilon_{ij}$$

由于前面对这个模型已经有所描述，这里就不重复了。

当表格中数目代表一个变量的观测数目时（如例 5 - 2 的满意人数），就要考虑是否用 Poisson 对数线性模型。例如，例 5 - 2 有两个定性变量、一个定量变量的 Poisson 对数线性模型可以表示为：

$$\ln(\lambda) = \mu + \alpha_i + \beta_j + \gamma x + \varepsilon_{ij}$$

式中，μ 为常数项，α_i 和 β_j 为两个定性变量的主效应，x 为连续变量，而 γ 为其系数，ε_{ij} 为残差项。这里之所以对 Poisson 分布的正参数 λ 取对数，是为了使模型左边的取值范围为整个实数轴。

【例 5 - 2】某企业想了解顾客对其产品是否满意，同时还想了解不同收入的人群对其产品的满意程度是否相同，故进行了一次问卷调查。在随机发放的 1 000 份问卷中，收回有效问卷 792 份，根据收入高低和满意回答得出的交叉分组数据见表 5 - 3。

表 5 - 3　顾客对产品的满意度（数据在 mvstats4. xls：d5. 2 中）

收入	满意	不满意	合计
高	53	38	91
中	434	108	542
低	111	48	159
合计	598	194	792

在数据中，用 y 表示频数，x_1 表示收入人群，x_2 表示满意程度。

y	x_1	x_2
53	1	1
434	2	1
111	3	1
38	1	2
108	2	2
48	3	2

模型的检验过程如下：

```
#在 mvstats4. xls：d5. 2 中选取 A1：C7 区域,然后拷贝
d5.2 = read. table("clipboard",header= T)　#读取例 5 - 2 数据
log. glm <- glm(y ~ x1 + x2,family= poisson(link= log),data= d5. 2)　#多元对数线性模型
summary( log. glm)　#多元对数线性模型结果
```

```
Call: glm(formula= y ~ x1 + x2, family= poisson(link= log), data= d5.3)

Deviance Residuals:
      1       2       3       4       5       6
 -10.78   14.44   -8.47   -2.62    4.96   -3.14

Coefficients:
              Estimate  Std. Error  z value   Pr(>|z|)
(Intercept)     6.1569      0.1420    43.37   <2e-16    ***
         x1     0.1291      0.0437     2.96    0.0031    **
         x2    -1.1257      0.0826   -13.62   <2e-16    ***
         ---
Signif. codes: 0'***' 0.001'** '0.01'*'0.05'. '0.1' '1

(Dispersion parameter for poisson family taken to be 1)

    Null deviance: 662.84  on 5  degrees of freedom
Residual deviance: 437.97  on 3  degrees of freedom
AIC: 482

Number of Fisher Scoring iterations: 5
```

从检验结果可看出，$p_1 = 0.003\ 1 < 0.01$，$p_2 < 0.01$，说明顾客收入和对企业产品的满意程度对产品有重要影响。

5.2.4　Logistic 与对数模型的区别和联系

1. 区别

Logistic 模型描述的是概率与协变量之间的关系，描述一个属性响应变量是怎样依赖一组解释变量的。

对数线性模型用来描述期望频数与协变量之间的关系；对数线性模型关心的是属性响应变量之间的关联。对数线性模型中没有解释变量，是用行列因素的效应参数来表示的。

2. 联系

解释变量为属性变量的 Logistic 模型，有等价的对数线性模型。

对于一个对数线性模型，可以对其中一个响应变量构造 Logistic 来帮助解释模型。

5.3　一般线性模型

这里讲的一般线性模型主要是指实验设计模型。实验设计模型在方差分析中有重要的应用，在此将它进一步分类。各种实验设计都有与之相应的实验设计模型，而且它们都是模型（5.1）在各种设计方案下的具体形式，下面将它们一一列举出来。

5.3.1　完全随机设计模型

表 5-4 是完全随机设计的实验结果，处理因素 A 有 G 个水平，实验结果是 y_{ij}，$j = 1, 2, \cdots, n_i$；$i = 1, 2, \cdots, G$。A 是因素，拟合模型前先产生 G 个哑变量 $x_1, x_2, \cdots, x_G$。当实验结果是在 A 的第 i 个水平上获得的，$x_i = 1$，其他哑变量取值都为零。根据哑

变量的这个特性，模型（5.2）简化成如下形式：

$$y_{ij} = \mu + \alpha_i + e_{ij} \qquad i = 1, 2, \cdots, G; \qquad j = 1, 2, \cdots, n_i \qquad (5.6)$$

$$E(e) = 0 \qquad \text{cov}(e) = \sigma^2 I$$

其中 μ 表示观察结果 y_{ij} 的总体均值，α_i 是哑量的系数，称为 A 因素各水平的主效应，e_{ij} 是误差项。模型（5.6）可用矩阵表示为：

$$Y = X\beta + e$$

其中 X 是设计阵，元素为 0 或 1，e 是误差向量，Y 为观察结果向量，$\beta = (\mu,\ \alpha_1,\ \alpha_2,\ \cdots,\ \alpha_G)'$。

【例 5 – 3】设有 3 台机器，用来生产规格相同的铝合金薄板。现从 3 台机器生产出的薄板中各随机抽取 5 块，测出厚度值（见表 5 – 4），试分析各机器生产的薄板厚度有无显著差异。

表 5 – 4　　　　铝合金薄板的厚度

机器 1	机器 2	机器 3
2.36	2.57	2.58
2.38	2.53	2.64
2.48	2.55	2.59
2.45	2.54	2.67
2.47	2.56	2.66
2.43	2.61	2.62

首先将表 5 – 4 的资料代入模型（5.6）得：

$$
\begin{bmatrix} y_{11} \\ y_{12} \\ y_{13} \\ y_{14} \\ y_{15} \\ y_{16} \\ y_{21} \\ y_{22} \\ y_{23} \\ y_{24} \\ y_{25} \\ y_{26} \\ y_{31} \\ y_{32} \\ y_{33} \\ y_{34} \\ y_{35} \\ y_{36} \end{bmatrix}
=
\begin{bmatrix} 2.36 \\ 2.38 \\ 2.48 \\ 2.45 \\ 2.47 \\ 2.43 \\ 2.57 \\ 2.53 \\ 2.55 \\ 2.54 \\ 2.56 \\ 2.61 \\ 2.58 \\ 2.64 \\ 2.59 \\ 2.67 \\ 2.66 \\ 2.62 \end{bmatrix}
=
\begin{bmatrix}
\mu + 1 \cdot \alpha_1 + 0 \cdot \alpha_2 + 0 \cdot \alpha_3 \\
\mu + 1 \cdot \alpha_1 + 0 \cdot \alpha_2 + 0 \cdot \alpha_3 \\
\mu + 1 \cdot \alpha_1 + 0 \cdot \alpha_2 + 0 \cdot \alpha_3 \\
\mu + 1 \cdot \alpha_1 + 0 \cdot \alpha_2 + 0 \cdot \alpha_3 \\
\mu + 1 \cdot \alpha_1 + 0 \cdot \alpha_2 + 0 \cdot \alpha_3 \\
\mu + 1 \cdot \alpha_1 + 0 \cdot \alpha_2 + 0 \cdot \alpha_3 \\
\mu + 0 \cdot \alpha_1 + 1 \cdot \alpha_2 + 0 \cdot \alpha_3 \\
\mu + 0 \cdot \alpha_1 + 1 \cdot \alpha_2 + 0 \cdot \alpha_3 \\
\mu + 0 \cdot \alpha_1 + 1 \cdot \alpha_2 + 0 \cdot \alpha_3 \\
\mu + 0 \cdot \alpha_1 + 1 \cdot \alpha_2 + 0 \cdot \alpha_3 \\
\mu + 0 \cdot \alpha_1 + 1 \cdot \alpha_2 + 0 \cdot \alpha_3 \\
\mu + 0 \cdot \alpha_1 + 1 \cdot \alpha_2 + 0 \cdot \alpha_3 \\
\mu + 0 \cdot \alpha_1 + 0 \cdot \alpha_2 + 1 \cdot \alpha_3 \\
\mu + 0 \cdot \alpha_1 + 0 \cdot \alpha_2 + 1 \cdot \alpha_3 \\
\mu + 0 \cdot \alpha_1 + 0 \cdot \alpha_2 + 1 \cdot \alpha_3 \\
\mu + 0 \cdot \alpha_1 + 0 \cdot \alpha_2 + 1 \cdot \alpha_3 \\
\mu + 0 \cdot \alpha_1 + 0 \cdot \alpha_2 + 1 \cdot \alpha_3 \\
\mu + 0 \cdot \alpha_1 + 0 \cdot \alpha_2 + 1 \cdot \alpha_3
\end{bmatrix}
+
\begin{bmatrix} e_{11} \\ e_{12} \\ e_{13} \\ e_{14} \\ e_{15} \\ e_{16} \\ e_{21} \\ e_{22} \\ e_{23} \\ e_{24} \\ e_{25} \\ e_{26} \\ e_{31} \\ e_{32} \\ e_{33} \\ e_{34} \\ e_{35} \\ e_{36} \end{bmatrix}
$$

$$\qquad\qquad Y \qquad\qquad\qquad\qquad X\beta \qquad\qquad\qquad\qquad e$$

$\beta=(\mu, \alpha_1, \alpha_2, \alpha_3)'$，所以相应的数据格式将是（所有统计软件都是）：

Y	A
2.36	1
2.38	1
2.48	1
2.45	1
2.47	1
2.43	1
2.57	2
2.53	2
2.55	2
2.54	2
2.56	2
2.61	2
2.58	3
2.64	3
2.59	3
2.67	3
2.66	3
2.62	3

模型的 R 语言检验过程如下：

```
#在 mvstats4. xls;d5.3 中选取 A1:B19 区域,然后拷贝
d5.3 = read. table("clipboard",header = T)    #读取例 5 - 3 数据
anova(lm(Y ~ factor(A),data = d5.3))    #完全随机设计模型方差分析
```

```
Analysis of Variance Table

Response：Y
           Df    Sum Sq     Mean Sq    F value     Pr(>F)
factor(A)   2    0.122233   0.061117   40.534    8.94e-07    ***
Residuals  15    0.022617   0.001508
                                 - - -
Signif. codes：0 '***' 0.001 '**' 0.01 '*' 0.05 '.' 0.1 ' ' 1
```

$P < 0.05$，说明各机器生产的薄板厚度有显著差异。

5.3.2   随机单位组设计模型

随机单位组设计也称随机区组设计。表 5 - 5 是随机单位组实验结果，处理因素 A 有 G 个水平，单位组 B 有 n 个，看成 n 个水平，分别产生 A 的 G 个哑变量和单位组 B 的 n 个哑变量后，将实验结果 y_{ij} 表示成：

$$y_{ij} = \mu + \alpha_i + \beta_j + e_{ij} \quad i = 1, 2, \cdots, G; j = 1, 2, \cdots, n \qquad (5.7)$$

其中 μ 为总均数，α_i 为处理因素 A 的第 i 个水平的效应；β_j 为第 j 个单位组的效应，e_{ij} 为误差项。

【例 5 - 4】使用 4 种燃料、3 种推进器做火箭射程试验，每一种组合情况做一次试验，则得火箭射程列在表 5 - 5 中，试分析各种燃料 A 与各种推进器 B 对火箭射程有无显著影响。

表 5 - 5　　　　燃料 A 与各种推进器 B 对火箭射程的影响

	A_1	A_2	A_3	A_4
B_1	582	491	601	758
B_2	562	541	709	582
B_3	653	516	392	487

表 5 - 5 中处理因素是燃料 A，单位组是推进器 B，把实验结果代入（5.7），得：

$$
\begin{bmatrix} y_{11} \\ y_{12} \\ y_{13} \\ y_{21} \\ y_{22} \\ y_{23} \\ y_{31} \\ y_{32} \\ y_{33} \\ y_{41} \\ y_{42} \\ y_{43} \end{bmatrix} = \begin{bmatrix} 582 \\ 562 \\ 653 \\ 491 \\ 541 \\ 516 \\ 601 \\ 709 \\ 392 \\ 758 \\ 582 \\ 487 \end{bmatrix} = \begin{bmatrix} 1 & 1 & 0 & 0 & 0 & 1 & 0 & 0 \\ 1 & 1 & 0 & 0 & 0 & 0 & 1 & 0 \\ 1 & 1 & 0 & 0 & 0 & 0 & 0 & 1 \\ 1 & 0 & 1 & 0 & 0 & 1 & 0 & 0 \\ 1 & 0 & 1 & 0 & 0 & 0 & 1 & 0 \\ 1 & 0 & 1 & 0 & 0 & 0 & 0 & 1 \\ 1 & 0 & 0 & 1 & 0 & 1 & 0 & 0 \\ 1 & 0 & 0 & 1 & 0 & 0 & 1 & 0 \\ 1 & 0 & 0 & 1 & 0 & 0 & 0 & 1 \\ 1 & 0 & 0 & 0 & 1 & 1 & 0 & 0 \\ 1 & 0 & 0 & 0 & 1 & 0 & 1 & 0 \\ 1 & 0 & 0 & 0 & 1 & 0 & 0 & 1 \end{bmatrix} \cdot \begin{bmatrix} \mu \\ \alpha_1 \\ \alpha_2 \\ \alpha_3 \\ \alpha_4 \\ \beta_1 \\ \beta_2 \\ \beta_3 \end{bmatrix} + \begin{bmatrix} e_{11} \\ e_{12} \\ e_{13} \\ e_{21} \\ e_{22} \\ e_{23} \\ e_{31} \\ e_{32} \\ e_{33} \\ e_{41} \\ e_{42} \\ e_{43} \end{bmatrix}
$$
$$
\quad\quad\quad Y \quad\quad\quad\quad\quad\quad\quad X \quad\quad\quad\quad\quad\quad\quad\quad \beta \quad\quad\quad\quad e
$$

这里相应的数据格式将是：

```
 Y    A   B
582   1   1
491   2   1
601   3   1
758   4   1
562   1   2
541   2   2
709   3   2
582   4   2
653   1   3
516   2   3
392   3   3
487   4   3
```

模型的 R 语言检验过程如下：

```
#在 mvstats4. xls:d5.4 中选取 A1:C13 区域,然后拷贝
d5.4 = read. table( "clipboard",header = T)    #读取例 5 - 4 数据
anova( lm( Y ~ factor( A) + factor( B),data = d5.4))    #随机单位组设计模型方差分析
Analysis of Variance Table
Response：Y
             Df   Sum Sq   Mean Sq   F value   Pr( >F)
factor( A)    3    15759     5253      0.43      0.74
factor( B)    2    22385    11192      0.92      0.45
Residuals     6    73198    12200
```

由此可见，$P_A > 0.05$，说明各种燃料 A 对火箭射程无显著影响；$P_B > 0.05$，说明各

种推进器 B 对火箭射程也无显著影响。

案例分析：广义线性模型及其应用

下表是关于 40 个不同年龄（age，定量变量）和性别（sex，定性变量，用 0 和 1 分别代表女性和男性）的人对某项服务产品的观点（y，两水平定性变量，用 1 和 0 分别代表认可与不认可）的数据。

一、数据管理

二、R 语言操作

1. 调入数据

将 Case4 中的数据复制，然后在 RStudio 编辑器中执行 Case4 = read. table ("clipboard", header =T)。

2. 广义线性模型（Logistic）

这里观点是因变量。它只有两个值，所以可以把它看作成功概率为 p 的 Bernoulli 试验的结果。但是和单纯的 Bernoulli 试验不同，这里的概率 p 为年龄（x）和性别（α_i）的函数。可以假定下面的模型（称为 Logistic 回归模型）：

$$\ln\left(\frac{p}{1-p}\right) = \beta_0 + \beta_1 x + \alpha_i, \text{这里 } i = 0、1 \text{ 分别代表女性和男性}$$

显然，当概率 p 取 0 到 1 之间的值时，方程左边在整个实数轴上变动。为了循序渐进，先拟合没有性别作为自变量（只有年龄 x）的模型：

$$\ln\left(\frac{p}{1-p}\right) = \beta_0 + \beta_1 x \quad \text{或者等价地} \quad p = \frac{e^{\beta_0 + \beta_1 x}}{1 + e^{\beta_0 + \beta_1 x}}$$

依靠计算机，很容易得到 β_0 和 β_1 的估计分别为 2.358 8 和 -0.054 7。拟合的模型为：

$$\ln\left(\frac{p}{1-p}\right) = 2.358\ 8 - 0.054\ 7x$$

可以看出，年龄的增长对认可有负面影响。下面再加上性别变量进行拟合，得到的 β_0、β_1 和 α_0、α_1 的估计（同样事先确定 $\alpha_1 = 0$）分别为 2.921 9、-0.055 6、-1.071 7。可以看出年龄影响和男女混合时的模型（$\beta_1 = -0.055\ 6$）差不多，而女性相对于男性认可的可能性大（$\alpha_0 - \alpha_1 = 1.071\ 7$）。对于女性和男性，该拟合模型为：

$$\ln\left(\frac{p}{1-p}\right) = 2.921\ 9 - 0.055\ 6\text{age} - 1.071\ 7\text{sex}$$

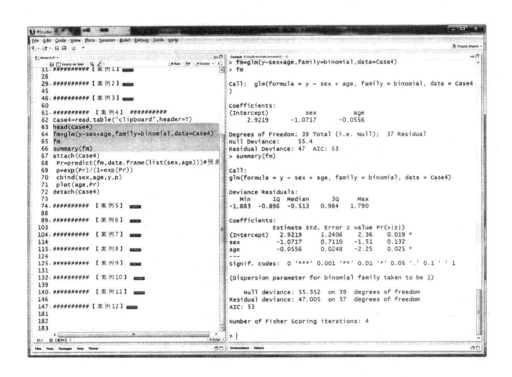

该案例程序如下所示：

```
Case4 = read. table("clipboard", header = T);Case4
fm = glm(y ~ sex + age, family = binomial, data = Case4);fm
summary(fm)
attach(Case4)
 Pr = predict(fm, data. frame(list(sex, age)))    #模型预测
 p = exp(Pr)/(1 + exp(Pr))
 cbind(sex, age, y, p)
 plot(age, Pr)
detach(Case4)
```

思考练习题

一、思考题（手工解答，上交作业本）

1. 一般线性模型包括哪些模型？

2. 广义线性模型包括哪些模型？

3. 解释变量一般有几种取值方式？

4. 反应变量一般有几种取值方式？

二、练习题（计算机分析，网上交流或发电子邮件）

1. 现有甲、乙、丙三个工厂生产同一种零件，为了了解不同工厂的零件强度有无明显的差异，现分别从每一个工厂随机抽取部分零件测定其强度，数据如下所示，试问三个工厂的零件的平均强度是否相同？

工厂	零件强度					
甲	103	101	98	110		
乙	113	107	108	116	115	109
丙	82	92	84	86	88	

2. 生产某种化工产品时，要比较四种不同配方对生产率的影响。考虑到生产率因生产日不同而变动较大，所以把实验日期也选为因子。实验分四天进行。配方因子和日期因子分别用 A、B 表示，数据如下：

A	B			
	B_1	B_2	B_3	B_4
A_1	64.9	62.6	61.1	59.2
A_2	69.1	70.1	66.8	63.6
A_3	76.1	74.0	71.3	67.2
A_4	82.9	80.0	76.0	72.3

试分析不同配方和不同日期对生产率有无影响。

3. 下表是对三种品牌的洗衣机的需要的问卷调查结果。

	城乡因素（Y）	城市		农村	
	地域因素（Z）	南方	北方	南方	北方
品牌因素（X）	A（大容量）	43	45	51	66
	B（中等容量）	51	39	35	32
	C（小容量）	67	54	32	30

试进行如下分析：

（1）直观分析。

（2）卡方检验。

（3）对数线性模型。

4. 某银行从历史贷款客户中随机抽取 16 个样本，根据设计的指标体系分别计算他们的"商业信用支持度"（x_1）和"市场竞争地位等级"（x_2），类别变量 G 中，1 代表贷款成功，2 代表贷款失败。

（1）为了给正确贷款提供决策支持，请建立 Logistic 模型进行分析。

（2）根据建立的模型，判定是否给某客户（$x_1 = 131$，$x_2 = -2$）提供贷款。

客户	x_1	x_2	G	客户	x_1	x_2	G
1	40	1	1	9	125	-2	2
2	35	1	1	10	100	-2	2
3	15	-1	1	11	350	-1	2
4	29	2	1	12	54	-1	2
5	1	2	1	13	4	-1	2
6	-2	1	1	14	2	0	2
7	22	0	1	15	-10	-1	2
8	10	1	1	16	131	-2	2

案例分析题

从给定的题目出发，按内容提要、指标选取、数据搜集、R 语言计算过程、结果分析与评价等方面进行案例分析。

1. 试建立一个实际问题的完全随机设计的方差分析模型。

2. 试建立一个实际问题的随机区组设计的方差分析模型。

3. 试建立一个实际问题的 Logistic 回归模型。

4. 试建立一个实际问题的对数线性模型。

6 判别分析及 R 使用

【目的要求】 理解判别分析的目的、意义及其统计思想；了解并熟悉判别分析的三种类型，特别是 Bayes 判别方法的统计思想；掌握教材中给出的不同判别方法的判别规则和判别函数的结构；利用统计软件中的相应程序，实际计算教材中给出的习题；熟悉对两总体样本的距离判别法、Fisher 判别法和 Bayes 判别法的具体计算步骤，并比较其异同。

【教学内容】 判别分析的目的和意义；判别分析中所使用的几种判别尺度的定义和基本性质，包括距离判别法、Fisher 判别法、Bayes 判别法及逐步判别法；计算程序中有关判别分析的算法基础。

6.1 判别分析的概念

判别分析（discriminat analysis）是多变量统计分析中用于判别样品所属类型的一种统计分析方法。它所要解决的问题是在一些已知研究对象已经用某种方法分成若干类的情况下，确定新的样品属于已知类别中的哪一类。判别分析在处理问题时，通常要给出一个衡量新样品与各已知类别接近程度的描述统计模型，即判别函数，同时也须指定一种判别规则，借以判定新样品的归属。判别规则可以是确定性的，确定新样品所属类别时，只考虑判别函数的大小；判别规则也可以是统计性的，确定新样品所属类别时用到概率性质。根据判别准则的不同，在判别分析法中前者属 Fisher 判别，后者属 Bayes 判别。

所谓判别分析法，就是在已知分类的情况下，一旦遇到新的样品，可以利用此法选定一个判别标准，以判定将该新样品放置于哪个类中。换句话说，事先设有数个群体，此时，取数个变量，选定适当的判别标准，即可辨别该群体的归属。在此处我们想要讨论的情况，看起来与聚类分析法类似，似乎都是要将观察值分群分类，但是它们的使用前提及意义是不同的。判别分析的理论基础是根据观测到的某些指标的数据对所研究的对象建立判别函数，并进行分类的一种多变量分析方法。判别分析所研究的是已知分类的对象，如已知健康人和冠心病人的血压、血脂资料，依此建立判别函数，并预测新样品的分类。

判别分析法用途很广，如动植物分类、医学疾病诊断、社区种类划分、气象区（或农业气象区）划分、商品等级分类、职业能力分类以及人类考古学上年代及人种分类等均可利用。例如，在医学中，临床医师根据患者的主诉、体征及检查结果作出诊断，有时还须作鉴别诊断或分型、分类的诊断；根据病人各种症状的严重程度预测病人的病症，或某些治疗方法的疗效评估。又如环境污染程度的鉴定及环保措施、劳保措施的效果评估；流行病学中对某些疾病的早期预报；疾病的病因学研究及影响因素的分析等。

判别分析方法较多，本章给出以下四种常用的方法：

$$判别分析方法\begin{cases}\left.\begin{array}{l}线性判别\\距离判别\\非线性判别\end{array}\right\}（属于确定性判别）\\Bayes 判别（属于概率性判别）\end{cases}$$

6.2　线性判别分析

最早提出合理的判别分析法者是 R. A. Fisher（1936），Fisher 提出将线性判别函数用于花卉分类上，将花卉的各种特征（如花瓣长与宽、花萼长与宽等）利用线性组合方法变成单变量值，再以单值比较方法来判别事物间的差别。

下面以两类判别为例说明之。设有两类样品，其分别含 n_1、n_2 个样品，各测得 p 个指标，观察值如表 6 - 1 所示。

设欲建立的线性判别函数（linear discriminatory function）为：$Y = a_1X_1 + a_2X_2 + \cdots + a_pX_p = a'X$，使得该判别函数能根据指标 X_1，X_2，$\cdots$，X_p 之值区分各样品应归属哪一类。式中，$a_i(i = 1, 2, \cdots, p)$ 称为判别系数。在判别函数式建立后，还须求得临界值，作为判断的标准。

表 6 - 1　　　　判别分析数据结构表

例号	变量				分类
	X_1	X_2	$\cdots$	X_p	Y
1	x_{11}	x_{12}	$\cdots$	x_{1p}	1
2	x_{21}	x_{22}	$\cdots$	x_{2p}	1
$\cdots$	$\cdots$	$\cdots$	$\cdots$	$\cdots$	$\cdots$
n_1	$x_{n_1 1}$	$x_{n_1 2}$	$\cdots$	$x_{n_1 p}$	1
1	$\cdots$	$\cdots$	$\cdots$	$\cdots$	2
2	$\cdots$	$\cdots$	$\cdots$	$\cdots$	2
$\cdots$	$\cdots$	$\cdots$	$\cdots$	$\cdots$	$\cdots$
n_2	$x_{n_2 1}$	$x_{n_2 2}$	$\cdots$	$x_{n_2 p}$	2

图 6 - 1 是当 $p = 1$ 时两类判别的示意图，从中可以看到，对单变量情形，两类判别分析类似于两样本均值 t 检验，只有当 $\mu_1 \neq \mu_2$ 时，两类才能进行判别分析。

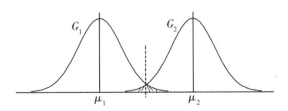

图 6 - 1　单变量情形判别分析示意图

1. 求 Fisher 线性判别函数

Fisher 判别准则要求各类之间的变异则尽可能地大,而各类内部的变异尽可能地小,变异用离均差平方和表示。用分离度 λ 来表示,即要求:

$$\lambda = \frac{|\bar{Y}_1 - \bar{Y}_2|}{S_P} \text{ 或 } \lambda = \frac{(\bar{Y}_1 - \bar{Y}_2)^2}{S_P^2}$$

其中,S_p^2 为合并协方差矩阵,$S_p^2 = \dfrac{(n_1-1)S_1^2 + (n_2-1)S_2^2}{n_1 + n_2 - 2}$,$S_1^2$ 和 S_2^2 为各组的协方差矩阵。

Fisher 判别的目标是选择适当的 x 的线性组合,使得均值 $\bar{Y}_1$ 和 $\bar{Y}_2$ 之间的分离度达到最大。

定理 6.1 线性组合 $Y = a'X = (\bar{X}_1 - \bar{X}_2)'S_p^{-1}X$ 对所有可能的线性系数向量 a',使得 λ 达到最大,且最大值为 $D^2 = (\bar{X}_1 - \bar{X}_2)'S_p^{-1}(\bar{X}_1 - \bar{X}_2)$。

证明:

$$\lambda = \frac{(\bar{Y}_1 - \bar{Y}_2)^2}{S_P^2} = \frac{(a'\bar{X}_1 - a'\bar{X}_2)^2}{a'S_p a} = \frac{(a'd)^2}{a'S_p a}$$

其中,$d = \bar{X}_1 - \bar{X}_2$。

于是,$\max\lambda = \max \dfrac{(a'd)^2}{a'S_p a} = d'S_p^{-1}d = (\bar{X}_1 - \bar{X}_2)'S_p^{-1}(\bar{X}_1 - \bar{X}_2) = D^2$

2. 计算判别界值

求得 a_i 后,代入判别函数式即得判别函数。

求判别界值 Y_0:把类 1、类 2 中各指标的均数分别代入判别函数式:

$$\begin{cases} \bar{Y}_1 = a'\bar{X}_1 \\ \bar{Y}_2 = a'\bar{X}_2 \end{cases}$$

然后以两均数的中点作为两类的界点:

$$Y_0 = \frac{\bar{Y}_1 + \bar{Y}_2}{2}$$

3. 建立判别标准

$$\begin{cases} \text{当 } \bar{Y}_1 < \bar{Y}_2 \text{ 时,若 } Y < Y_0,\text{ 则 } X \in G_1,\text{ 否则 } X \in G_2, \\ \text{当 } \bar{Y}_1 > \bar{Y}_2 \text{ 时,若 } Y < Y_0,\text{ 则 } X \in G_2,\text{ 否则 } X \in G_1, \\ \text{当 } Y = Y_0 \text{ 时,待判。} \end{cases}$$

【例 6-1】根据经验,今天和昨天的湿度差 x_1 及气温差 x_2 是预报明天下雨或不下雨的两个重要因子,试就表 6-2 的数据建立 Fisher 线性判别函数并进行判别。设今天测得 $x_1 = 8.1$,$x_2 = 2.0$,试问应该预报明天是雨天还是晴天?

表 6－2 雨天和晴天的湿度差 x_1 和气温差 x_2

雨天（A）			晴天（B）		
组别	x_1	x_2	组别	x_1	x_2
1	－1.9	3.2	2	0.2	6.2
1	－6.9	0.4	2	－0.1	7.5
1	5.2	2.0	2	0.4	14.6
1	5.0	2.5	2	2.7	8.3
1	7.3	0.0	2	2.1	0.8
1	6.8	12.7	2	－4.6	4.3
1	0.9	－5.4	2	－1.7	10.9
1	－12.5	－2.5	2	－2.6	13.1
1	1.5	1.3	2	2.6	12.8
1	3.8	6.8	2	－2.8	10.0

下面是用 R 语言进行线性判别的函数 lda。

线性判别分析函数 lda() 的用法

lda(formula, data, …)

formula 为一个形如 groups ~ x1+ x2+ …的公式框架；data 为数据框

```
#在 mvstats4. xls:d6.1 中选取 A1:D21 区域,然后拷贝
d6.1 = read. table("clipboard",header = T)   #读取例 6 - 1 数据
attach( d6.1)   #绑定数据
plot( x1,x2)
text( x1,x2,G,adj = - 0.5)   #标识点所属类别 G
```

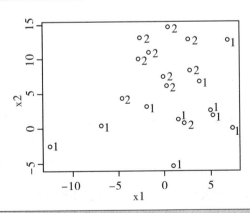

```
library( MASS)
( ld= lda( G ~ x1+ x2))   #线性判别模型
Call:lda( G ~ x1 + x2)

Prior probabilities of groups:
    1    2
   0.5   0.5
```

```
Group means：
        x1      x2
1      0.92    2.10
2     -0.38    8.85

Coefficients of linear discriminants：
        LD1
x1    -0.1035
x2     0.2248
```

```
Z= predict(ld)    #根据线性判别模型预测所属类别
newG= Z$class    #预测的所属类别结果
cbind(G,Z$x,newG)    #显示结果
```

	G	LD1	newG
1	1	-0.28675	1
2	1	-0.39852	1
3	1	-1.29157	1
4	1	-1.15847	1
5	1	-1.95858	1
6	1	0.94809	2
7	1	-2.50988	1
8	1	-0.47066	1
9	1	-1.06586	1
10	1	-0.06761	1
11	2	0.17022	2
12	2	0.49352	2
13	2	2.03780	2
14	2	0.38347	2
15	2	-1.24038	1
16	2	0.24006	2
17	2	1.42347	2
18	2	2.01120	2
19	2	1.40540	2
20	2	1.33504	2

```
(tab= table(G,newG))
```

```
       newG
  G  1  2
  1  9  1
  2  1  9
```

```
sum(diag(prop.table(tab)))    #符合率
```

```
[1] 0.9
```

可见两类错判的各有 1 例，判对的共有 18 例，故判别符合率为 18/20 = 90.0%。以上为回顾性考核。还可进行前瞻性考核，即将一些新的数据代入判别函数后，观察其符合率。所建立的判别函数的优劣，主要应看其前瞻性判别效果如何，建立判别函数的目的主要是用于判别新样品，对新样品进行分类。实际建立判别函数时，所用样本应采用大样本资料，这样所得的判别函数较稳定、可靠。

于是有线性判别函数 $y = -0.103\,5x_1 + 0.224\,8x_2$，其图形见图 6-2 中的直线，每组分别有 1 个点在线的另一侧。线性判别的判别效果见表 6-3。

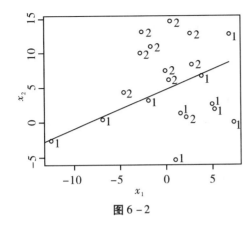

图 6 - 2

表 6 - 3　线性判别的判别效果

判别分类	原始分类		合计
	1	2	
1	9	1	10
2	1	9	10
合计	10	10	20

符合率：$(9+9)/20 = 90.0\%$

```
predict( id , data. frame( x1 = 8.1 , x2 = 2.0 ) )        #判定

$class
[1]1
Levels:1    2
```

上面介绍了 Fisher 的两类判别,实际上,当各类的协方差阵相同时,Fisher 的多类判别和多类距离判别有相同的线性判别式,所以此处从略,参照本章第 3 节。

6.3　距离判别法

距离判别的基本思想是:根据已知分类的数据,分别计算各类的重心,即各组的均值。距离判别的准则是:对任给的一次观测,若它与第 i 类的重心距离最近,就认为它来自第 i 类。

6.3.1　两总体距离判别

设有两个总体 G_1、G_2,从第一个总体中抽取 n_1 个样品,从第二个总体中抽取 n_2 个样品,对每个样品测量 p 个指标。取任一个样品实测指标为 $X = (x_1, x_2, \cdots, x_p)'$。分别计算样品 X 到总体 G_1、G_2 的距离 $D(X, G_1)$ 和 $D(X, G_2)$,按距离最近准则判别归类,即

$$\begin{cases} \text{当 } D(X, G_1) < D(X, G_2), \text{则 } X \in G_1, \\ \text{当 } D(X, G_1) > D(X, G_2), \text{则 } X \in G_2, \\ \text{当 } D(X, G_1) = D(X, G_2), \text{待判。} \end{cases}$$

具体而言,设 μ_1、μ_2、$\sum_1$、$\sum_2$ 分别为总体 G_1、G_2 的均值向量和协方差阵。通常采用马氏距离进行判别,即

$$D(X, G_i) = (X - \mu_i)'(\textstyle\sum_i)^{-1}(X - \mu_i), i = 1, 2$$

(1)当 $\sum_1 = \sum_2 = \sum$ 时,设

$$\begin{aligned} W(X) &= D(X, G_2) - D(X, G_1) \\ &= (X - \mu_2)'\textstyle\sum^{-1}(X - \mu_2) - (X - \mu_1)'\textstyle\sum^{-1}(X - \mu_1) \\ &= 2X'\textstyle\sum^{-1}(\mu_1 - \mu_2) - (\mu_1 + \mu_2)'\textstyle\sum^{-1}(\mu_1 - \mu_2) \\ &= 2\left[X - \frac{1}{2}(\mu_1 + \mu_2)\right]'\textstyle\sum^{-1}(\mu_1 - \mu_2) \end{aligned}$$

令 $\bar{\mu} = \dfrac{\mu_1 + \mu_2}{2}$，则 $W(X) = b_0 + b_1 x$ 为线性判别函数（省略常数 2），

其中，$b_0 = -\dfrac{1}{2}(\mu_1 + \mu_2)' \sum^{-1}(\mu_1 - \mu_2)$，

$b_1 = \sum^{-1}(\mu_1 - \mu_2)$ ［等价于上节的 $a' = (\bar{X}_1 - \bar{X}_2)' S_P^{-1}$］

于是可根据 $W(X)$ 的正负性判定所取样本的类别：

$$\begin{cases} \text{当 } W(X) > 0, \text{则 } X \in G_1, \\ \text{当 } W(X) < 0, \text{则 } X \in G_2, \\ \text{当 } W(X) = 0, \text{待判}。\end{cases}$$

（2）当 $\sum_1 \neq \sum_2$ 时，仍然用

$$W(X) = D(X, G_2) - D(X, G_1)$$
$$= (X - \mu_2)'(\sum_2)^{-1}(X - \mu_2) - (X - \mu_1)'(\sum_1)^{-1}(X - \mu_1)$$

作为判别函数，不过它是 X 的二次函数，而不是上面那种情况下的线性函数。类似地，可将两个总体的讨论推广到多个总体。

【例 6－2】某地市场上销售的电视机有多种牌子，该地某商场从市场上随机抽取了 20 种牌子的电视机进行调查，其中 13 种畅销，7 种滞销。按电视机的质量评分、功能评分和销售价格（单位：百元）收集资料（见表 6－4），其中销售状态 1 中："1"表示畅销，"2"表示滞销。试根据该资料建立判别函数，并根据判别准则进行回判。假设有一新厂商来推销其产品，其产品的质量评分为 8.0，功能评分为 7.5，销售价格为 65 百元，问该厂产品的销售前景如何？

表 6－4 　　　　　　　　　　　　20 种牌子电视机的销售情况

编号	质量评分 Q	功能评分 C	销售价格 P（百元）	销售状态 1 $G1$	销售状态 2 * $G2$
1	8.3	4.0	29	1	1
2	9.5	7.0	68	1	1
3	8.0	5.0	39	1	1
4	7.4	7.0	50	1	1
5	8.8	6.5	55	1	1
6	9.0	7.5	58	1	2
7	7.0	6.0	75	1	2
8	9.2	8.0	82	1	2
9	8.0	7.0	67	1	2
10	7.6	9.0	90	1	2
11	7.2	8.5	86	1	2
12	6.4	7.0	53	1	2
13	7.3	5.0	48	1	2
14	6.0	2.0	20	2	2
15	6.4	4.0	39	2	3
16	6.8	5.0	48	2	3
17	5.2	3.0	29	2	3
18	5.8	3.5	32	2	3
19	5.5	4.0	34	2	3
20	6.0	4.5	36	2	3

* 销售状态 2 的含义见例 6－3。

```
#在 mvstats4.xls:d6.2 中选取 A1:D21 区域,然后拷贝
d6.2 = read.table("clipboard",header = T)　#读取例 6 - 2 数据
attach(d6.2)　#绑定数据
plot(Q,C);text(Q,C,G1,adj = - 0.8)
```

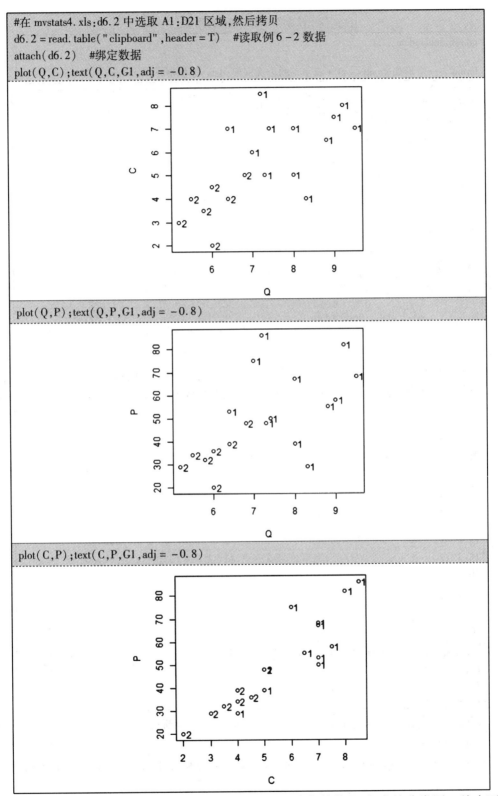

```
plot(Q,P);text(Q,P,G1,adj = - 0.8)
```

```
plot(C,P);text(C,P,G1,adj = - 0.8)
```

　　上图分别是按"质量评分""功能评分"和"销售价格"生成的分类图,从中可以
看到原始数据中每类样品在样本空间的分布情况。

二次判别函数 qda() 的用法

qda(formula,data,…)

formula:一个形如 groups ~ x1 + x2 + …的公式框架;data:数据框

```
library(MASS)
qd = qda(G1 ~ Q + C + P);qd
```

```
Call:qda(G1 ~ Q + C + P)

Prior probabilities of groups:
   1     2
0.65   0.35

Group means:
      Q      C       P
1  7.977  6.731  61.54
2  5.957  3.714  34.00
```

```
predict(qd)
cbind(G1,newG = predict(qd)$class)
```

```
        G1 newG
 [1,]    1   1
 [2,]    1   1
 [3,]    1   1
 [4,]    1   1
 [5,]    1   1
 [6,]    1   1
 [7,]    1   1
 [8,]    1   1
 [9,]    1   1
[10,]    1   1
[11,]    1   1
[12,]    1   1
[13,]    1   1
[14,]    2   2
[15,]    2   2
[16,]    2   2
[17,]    2   2
[18,]    2   2
[19,]    2   2
[20,]    2   2
```

```
predict(qd,data.frame(Q = 8,C = 7.5,P = 65))   #判定
```

```
$class
[1]1
Levels:1    2
```

根据我们建立的二次判别函数,代入预测数据,判断新样品属于第 1 类,即该产品应该比较畅销。

如果假定协方差矩阵相等,就可进行线性判别分析,下面使用线性判别函数进行判别。

```
library(MASS)
ld = lda(G1 ~ Q + C + P);ld
```

```
Call:lda(G1 ~ Q + C + P)

Prior probabilities of groups:
   1      2
0.65   0.35

Group means:
     Q        C       P
1  7.977   6.731   61.54
2  5.957   3.714   34.00

Coefficients of linear discriminants:
      LD1
Q   -0.82211
C   -0.64614
P    0.01495
```

```
W = predict(ld)
cbind(G1,Wx = W$x,newG = W$class)
```

```
     G1      LD1        newG
1    1     -0.1070       1
2    1     -2.4487       1
3    1     -0.3569       1
4    1     -0.9914       1
5    1     -1.7445       1
6    1     -2.5102       1
7    1      0.3574       1
8    1     -2.6388       1
9    1     -1.2305       1
10   1     -1.8499       1
11   1     -1.2579       1
12   1     -0.1244       1
13   1      0.3532       1
14   2      2.9416       2
15   2      1.6046       2
16   2      0.7642       2
17   2      3.0877       2
18   2      2.3163       2
19   2      2.2697       2
20   2      1.5655       2
```

```
predict(ld,data.frame(Q = 8,C = 7.5,P = 65))    #判定
```

```
$class
[1]1
Levels:1    2
```

根据我们建立的线性判别函数，代入预测数据，判断新样品属于第 1 类，即该产品应该比较畅销。

6.3.2　多总体距离判别

1. 协方差矩阵相同

设有 k 个总体 G_1，G_2，$\cdots$，G_k，它们的均值分别为 μ_1，μ_2，$\cdots$，μ_k，有相同的协方差矩阵 Σ，对任一个样品实测指标 $X = (x_1, x_2, \cdots, x_p)'$，计算其到类 i 的马氏距离：

$$
\begin{aligned}
D(X, G_i) &= (X - \mu_i)' \sum{}^{-1} (X - \mu_i) \\
&= X' \sum{}^{-1} X - 2\mu_i' \sum{}^{-1} X + \mu_i' \sum{}^{-1} \mu_i \\
&= X' \sum{}^{-1} X - 2(b_i X + b_0) \\
&= X' \sum{}^{-1} X - 2Z_i
\end{aligned}
$$

于是得线性判别函数 $Z_i = b_0 + b_i X$，$i = 1, 2, \cdots, k$。

其中，$b_0 = -\dfrac{1}{2}\mu_i' \sum{}^{-1} \mu_i$，为常数项，$b_i = \mu_i' \sum{}^{-1}$，为线性判别系数。

相应的判别规则为：

当 $Z_i = \max\limits_{1 \leqslant j \leqslant k} (Z_j)$，则 $X \in G_i$。

当 $\mu_1, \mu_2, \cdots, \mu_k$ 和 Σ 未知时，可用样本均值向量和样本合并方差阵 S_p 估计，其中，

$$
\hat{\Sigma} = S_p = \frac{1}{n-k} \sum_{i=1}^{k} A_i, \quad n = n_1 + n_2 + \cdots + n_k
$$

$$
A_i = \sum_{i=1}^{n} (X_i - \overline{X})(X_i - \overline{X})', \quad i = 1, 2, \cdots, k
$$

2. 协方差矩阵不同

设有 k 个总体 $G_1, G_2, \cdots, G_k$，它们的均值分别为 $\mu_1, \mu_2, \cdots, \mu_k$，且它们的协方差矩阵 Σ_i 不全相同，对任一个样品实测指标 $X = (x_1, x_2, \cdots, x_p)'$，计算其到类 i 的马氏距离为 $D(X, G_i) = (X - \mu_i)' \Sigma_i^{-1} (X - \mu_i)$，$i = 1, 2, \cdots, k$。由于各 Σ_i 不同，所以从该式推导不出线性判别函数，因其本身是一个二次函数。

相应的判别规则为：

当 $D(X, G_i) = \min\limits_{1 \leqslant j \leqslant k} D(X, G_j)$，则 $X \in G_i$。

当 $\mu_1, \mu_2, \cdots, \mu_k$ 和 $\Sigma_1, \Sigma_2, \cdots, \Sigma_k$ 未知时，样本均值向量的估计同前。

【例 6 – 3】（续例 6 – 2）在例 6 – 2 抽取的 20 种牌子的 13 种畅销电视机中，实际只有 5 种真正畅销，8 种是平销，另外 7 种滞销。按电视机的质量评分、功能评分和销售价格（单位：百元）收集资料（见表 6 – 4），其销售状态 G2 分 3 种："1"表示畅销、"2"表示平销、"3"表示滞销。试根据此资料建立判别函数，并根据判别准则进行回判。

```
d6.3 = read. table("clipboard",header = T)    #读取例 6 - 3 数据
attach( d6.3)    #绑定数据
plot( Q,C) ;text( Q,C,G2,adj = - 0. 8,cex = 0. 75)
```

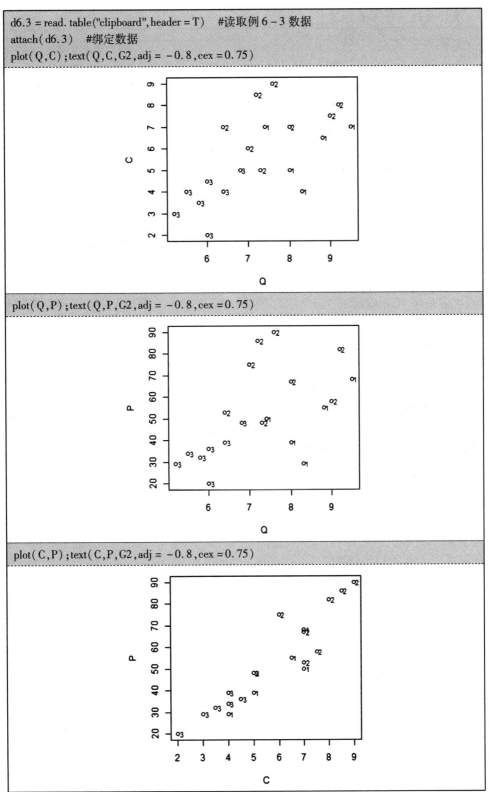

```
plot( Q,P) ;text( Q,P,G2,adj = - 0. 8,cex = 0. 75)
```

```
plot( C,P) ;text( C,P,G2,adj = - 0. 8,cex = 0. 75)
```

上图分别是按"质量评分""功能评分"和"销售价格"生成的分组图，从中可以看出原始数据中每类样品在样本空间的分布情况。

3. 线性判别（等方差）

```
ld = lda( G2 ~ Q + C + P) ;ld
```

Call：

lda(G2 ~ Q + C + P)

Prior probabilities of groups：

1	2	3
0.25	0.40	0.35

Group means：

	Q	C	P
1	8.40	5.90	48.2
2	7.71	7.25	69.9
3	5.96	3.71	34.0

Coefficients of linear discriminants：

	LD1	LD2
Q	−0.8117	0.8841
C	−0.6309	0.2013
P	0.0158	−0.0878

Proportion of trace：

LD1	LD2
0.74	0.26

```
Z = predict( ld)
newG = Z $ class
cbind( G2 ,Z $ x ,newG)
```

	G2	LD1	LD2	newG
1	1	−0.141	2.583	1
2	1	−2.392	0.825	1
3	1	−0.370	1.642	1
4	1	−0.971	0.548	1
5	1	−1.713	1.247	1
6	2	−2.459	1.362	1
7	2	0.379	−2.200	2
8	2	−2.558	−0.467	2
9	2	−1.190	−0.413	2
10	2	−1.764	−2.382	2
11	2	−1.187	−2.486	2
12	2	−0.112	−0.599	2
13	2	0.340	0.233	3
14	3	2.846	0.937	3
15	3	1.559	0.026	3
16	3	0.746	−0.209	3
17	3	3.006	−0.359	3
18	3	2.251	0.009	3
19	3	2.211	−0.331	3
20	3	1.521	0.036	3

```
( tab = table( G2 ,newG ) )
```

```
newG
G2   1   2   3
1    5   0   0
2    1   6   1
3    0   0   7
```

```
diag( prop. table( tab ,1 ) )
```

```
1      2      3
1.00   0.75   1.00
```

```
sum( diag( prop. table( tab ) ) )
```

```
[1]0.9
```

```
plot( Z $ x )
text( Z $ x[ ,1 ] ,Z $ x[ ,2 ] ,G2 ,adj = -0.8 ,cex = 0.75 )
```

只有两个样品判错，判别符合率：（5 + 6 + 7）/20 = 90.00%，判别效果还是可以的。

```
predict( ld ,data. frame( Q = 8 ,C = 7.5 ,P = 65 ) )#判定
```

```
$ class
[1]2
Levels:1   2   3
```

根据我们建立的线性判别函数，代入预测数据，判断新样品属于第 2 类，即该产品实际上属于平销。

4. 二次判别（异方差）

当协方差矩阵不相同时，距离判别函数为非线性形式，一般为二次函数，方程较为复杂，结果未显示。

```
( qd = qda( G2 ~ Q + C + P ) )
```

```
Call:
qda( G2 ~ Q + C + P )

Prior probabilities of groups:
    1      2      3
  0.25   0.40   0.35

Group means:
      Q      C      P
1   8.40   5.90   48.2
2   7.71   7.25   69.9
3   5.96   3.71   34.0
```

```
Z = predict( qd )
newG = Z $ class
cbind( G2 , newG )
```

```
          G2   newG
[1,]      1    1
[2,]      1    1
[3,]      1    1
[4,]      1    1
[5,]      1    1
[6,]      2    2
[7,]      2    2
[8,]      2    2
[9,]      2    2
[10,]     2    2
[11,]     2    2
[12,]     2    2
[13,]     2    3
[14,]     3    3
[15,]     3    3
[16,]     3    3
[17,]     3    3
[18,]     3    3
[19,]     3    3
[20,]     3    3
```

```
( tab = table( G2 , newG ) )
```

```
    newG
G2   1    2    3
 1   5    0    0
 2   0    7    1
 3   0    0    7
```

```
sum( diag( prop. table( tab ) ) )
```

```
[1]0.95
```

判别符合率: $(5 + 7 + 7) / 20 = 95.0\%$

由判别符合率知，应用距离判别（二次判别）法进行判别的效果好于一次判别的。

```
predict( qd , data. frame( Q = 8 , C = 7.5 , P = 65 ) )#判定
```

```
$class
[1]2
Levels:1  2  3
```

根据我们建立的二次判别函数，代入预测数据，判断新样品属于第 2 类，即该产品实际上属于平销。

6.4 Bayes 判别法

6.4.1 Bayes 判别准则

上面讲的几种判别分析方法计算简单、结论明确，比较实用。但也存在两个缺点：一是判别方法与总体各自出现的概率大小完全无关；二是判别方法与错判后造成的损失无关，这是不尽合理的。Bayes 判别则是考虑了这两个因素而提出的一种判别方法。

Bayes 判别对多个总体的判别考虑的不只是建立判别式，还要计算新样品属于各总体的条件概率 $p(j/x), j = 1, 2, \cdots, k$。比较这 k 个概率的大小，然后判定新样品归属于概率最大的总体。Bayes 判别准则是以个体归属于某类的概率（或某类的判别函数值）最大或错判总平均损失最小为标准的。

设有 k 个总体 $G_1, G_2, \cdots, G_k$，它们的先验概率（prior probabilities）分别为 $q_1, q_2, \cdots, q_k$。各总体的密度函数分别为 $p_1(x), p_2(x), \cdots, p_k(x)$，$x$ 为一个观测样品，该样品来自第 k 个总体的后验概率为（Bayes 公式）：

$$p(j/x) = \frac{q_j p_j(x)}{\sum\limits_{i=1}^{k} q_i p_i(x)} \qquad j = 1, 2, \cdots, k$$

当 $p(j/x) = \max\limits_{1 \leqslant j \leqslant k} p(j/x)$ 时，判 x 来自第 j 总体。

有时还可以使用错判损失最小的概念作判别函数，这时把将 x 错判为第 j 总体的平均损失定义为：

$$E(g/x) = \sum\limits_{j \neq i} \frac{q_j p_j(x)}{\sum\limits_{i=1}^{k} q_i p_i(x)} L(g/j)$$

其中，$L(g/j)$ 称为损失函数，它表示将本来是第 j 总体的样品错判为第 g 总体的损失。显然，上式是对损失函数依概率加权平均，或称为错判的平均损失。当 $g = j$ 时，有 $L(g/j) = 0$；当 $g \neq j$ 时，有 $L(g/j) > 0$。建立判别准则为：

当 $E(g/x) = \min\limits_{1 \leqslant j \leqslant k} E(j/x)$ 时，判 x 来自第 g 总体。

从理论上讲，考虑损失函数更为合理，但实际中 $L(g/j)$ 并不容易确定，所以通常假定各种错判的损失皆相同，即

$$L(g/j) = \begin{cases} 0 & g = j \\ 1 & g \neq j \end{cases}$$

于是，寻找 g 使后验概率最大和使错判的平均损失最小是等价的，即

$$p(g/x) \xrightarrow{g} \max \Leftrightarrow E(g/x) \xrightarrow{g} \min$$

6.4.2 正态总体的 Bayes 判别

1. Bayes 判别函数的求解过程

设 k 个总体 $G_1, G_2, \cdots, G_k$ 均服从 p 维正态分布，各总体的密度函数分别为：

$$p_j(x) = (2\pi)^{-p/2} \mid \textstyle\sum_j \mid^{-1/2} \exp\left[-\frac{1}{2}(x-\mu_j)'\textstyle\sum_j^{-1}(x-\mu_j)\right]$$

式中，μ_j 和 $\sum_j$ 分别是第 j 个总体的均值向量和协方差矩阵。为了进行判别，需在 $q_j p_j(x)$ 中找出最大者，为了使判别函数具有简单的形式，取对数得：

$$\ln[q_j p_j(x)] = \ln q_j - \frac{1}{2}\ln(2\pi)^p - \frac{1}{2}\ln\mid\textstyle\sum_j\mid - \frac{1}{2}x'\textstyle\sum_j^{-1}x - \frac{1}{2}\mu_j'\textstyle\sum_j^{-1}\mu_j + x'\textstyle\sum_j^{-1}\mu_j$$

略去等式右边与 j 无关的项，记为：

$$Z(j/x) = \ln q_j - \frac{1}{2}\ln\mid\textstyle\sum_j\mid - \frac{1}{2}x'\textstyle\sum_j^{-1}x - \frac{1}{2}\mu_j'\textstyle\sum_j^{-1}\mu_j + x'\textstyle\sum_j^{-1}\mu_j$$

显然，该函数是一个二次函数，其 Bayes 问题化为：

$$Z(j/x) \xrightarrow{\ j\ } \max$$

根据 Bayes 准则得，当 $Z(j/x) = \max\limits_{1\leqslant j\leqslant k} Z(j/x)$ 时，判 x 来自第 j 总体。

2. 协方差矩阵相等情形

当 k 个总体的协方差矩阵相同，即 $\sum_1 = \sum_2 = \cdots = \sum_k = \sum$ 时，$Z(j/x)$ 中，$-\frac{1}{2}\ln\mid\textstyle\sum_j\mid$ 和 $-\frac{1}{2}x'\textstyle\sum_j^{-1}x$ 与 j 无关，求最大值时可以去掉，这时的判别函数记为：

$$Y(j/x) = \ln q_j - \frac{1}{2}\mu_j'\textstyle\sum^{-1}\mu_j + x'\textstyle\sum_j^{-1}\mu_j$$

该函数是一个线性函数，我们注意到，该函数与前面的线性判别函数只相差一个常数 $\ln q_i$，此时 Bayes 问题化为：

$$Y(j/x) \xrightarrow{\ j\ } \max$$

根据 Bayes 准则得，当 $Y(j/x) = \max\limits_{1\leqslant j\leqslant k} Y(j/x)$ 时，判 x 来自第 j 总体。

上式判别函数也可写成多项式形式：

$$Y(j/x) = \ln q_j + c_{0j} + \sum_{i=1}^{p} c_{ij} x_i$$

其中，$c_{ij} = \sum\limits_{i=1}^{p}\sigma^{il}\mu_{lj} \quad i=1,2,\cdots,p,\ \sum = (\sigma_{il})_{p\times p},\ \sum^{-1} = (\sigma^{il})_{p\times p}$,

$$c_{oj} = -\frac{1}{2}\mu_j'\textstyle\sum^{-1}\mu_j = -\frac{1}{2}\sum_{i=1}^{p}c_{ij}\mu_{ij}$$

至于先验概率 q_j，如果没有更好的办法确定，可用样本频率 n_j/n 来代替，其中，n_j 是第 j 个分类的数目，且 $n_1 + n_2 + \cdots + n_k = n$。若取 $q_1 = q_2 = \cdots = q_k = 1/k$，则此时的 Bayes 判别等价于 Fisher 判别，只是相差一个常数而已。

当对 k 个分类样本，若各类总体都服从多元正态分布，并且各类总体的协方差矩阵相同，上式也可写成显式的线性判别函数：

$$\begin{cases} Y_{(1)} = \ln q_1 + c_{01} + c_{11}x_1 + c_{21}x_2 + \cdots + c_{p1}x_p \\ Y_{(2)} = \ln q_2 + c_{02} + c_{12}x_1 + c_{22}x_2 + \cdots + c_{p2}x_p \\ \qquad\qquad\qquad\vdots \\ Y_{(k)} = \ln q_k + c_{0k} + c_{1k}x_1 + c_{2k}x_2 + \cdots + c_{pk}x_p \end{cases}$$

若有某观察对象，把实际测得的各指标 x 值代入上式，可求得各类的 Y 值，哪个 Y

值最大，就判断其归属于哪一类。

3. 后验概率的计算

作判别分类时，主要是根据判别式 $y(j/x)$ 的大小来分类的，但它并不是后验概率 $p(j/x)$，我们推导 $y(j/x)$ 是省略了 $\ln[q_j p_j(x)]$ 中与 j 无关的项得到的，即 $\ln[q_j p_j(x)] = y(j/x) + \delta(x)$。这里，$\delta(x)$ 是与 j 无关的部分，于是有：

$$p(j/x) = \frac{q_j p_j(x)}{\sum\limits_{i=1}^{k} q_i p_i(x)} = \frac{\exp[y(j/x) + \delta(x)]}{\sum\limits_{i=1}^{k} \exp[y(i/x) + \delta(x)]}$$

$$= \frac{\exp[y(j/x)]\exp[\delta(x)]}{\sum\limits_{i=1}^{k} \exp[y(i/x)]\exp[\delta(x)]} = \frac{\exp[y(j/x)]}{\sum\limits_{i=1}^{k} \exp[y(i/x)]}$$

由于上式使 y 最大的 j，其 $p(j/x)$ 必为最大，因此我们只需把样品代入判别式中进行判别即可。

【例 6-4】（续例 6-3）对例 6-3 数据应用 Bayes 判别法进行判别。

在进行 Bayes 判别时，假定各类协方差矩阵相同，此时判别函数为线性函数。

（1）先验概率相等：取 $q_1 = q_2 = q_3 = 1/3$，此时判别函数等价于 Fisher 线性判别函数。

```
(ld1 = lda(G2 ~ Q + C + P, prior = c(1,1,1)/3))    #先验概率相等的 Bayes 判别模型
Call:
lda(G2 ~ Q + C + P, prior = c(1,1,1)/3)

Prior probabilities of groups:
      1       2       3
  0.333   0.333   0.333

Group means:
      Q      C      P
1  8.40   5.90   48.2
2  7.71   7.25   69.9
3  5.96   3.71   34.0

Coefficients of linear discriminants:
        LD1        LD2
Q   -0.9231    0.7671
C   -0.6522    0.1148
P    0.0274   -0.0848

Proportion of trace:
   LD1     LD2
 0.726   0.274
```

（2）先验概率不等：取 $q_1 = 5/20$，$q_2 = 8/20$，$q_3 = 7/20$，下面为先验概率不相等时的 Bayes 判别函数的系数。

```
( ld2 = lda( G2 ~ Q + C + P, prior = c( 5 ,8 ,7 )/20 ) )    #先验概率不相等的 Bayes 判别模型
```

```
Call：lda( G2 ~ Q + C + P, prior = c( 5 ,8 ,7 )/20 )

Prior probabilities of groups：
    1      2      3
  0.25   0.40   0.35

Group means：
     Q      C      P
1  8.40   5.90   48.2
2  7.71   7.25   69.9
3  5.96   3.71   34.0

Coefficients of linear discriminants：
        LD1       LD2
Q    -0.8117    0.8841
C    -0.6309    0.2013
P     0.0158   -0.0878

Proportion of trace：
LD1      LD2
0.74     0.26
```

下面是两种结果比较：

Z1 = predict(ld1)　　#预测所属类别 cbind(G2 ,Z1 $x ,newG = Z1 $class)#显示结果					Z2 = predict(ld2)　　#预测所属类别 cbind(G2 ,Z2 $x ,newG = Z2 $class)#显示结果				
	G2	LD1	LD2	newG		G2	LD1	LD2	newG
1	1	-0.408	2.378	1	1	1	-0.141	2.583	1
2	1	-2.403	0.334	1	2	1	-2.392	0.825	1
3	1	-0.509	1.414	1	3	1	-0.370	1.642	1
4	1	-0.958	0.250	1	4	1	-0.971	0.548	1
5	1	-1.787	0.843	1	5	1	-1.713	1.247	1
6	2	-2.542	0.856	1	6	2	-2.459	1.362	1
7	2	0.749	-2.292	2	7	2	0.379	-2.200	2
8	2	-2.394	-0.969	2	8	2	-2.558	-0.467	2
9	2	-1.046	-0.732	2	9	2	-1.190	-0.413	2
10	2	-1.350	-2.760	2	10	2	-1.764	-2.382	2
11	2	-0.764	-2.785	2	11	2	-1.187	-2.486	2
12	2	0.047	-0.771	2	12	2	-0.112	-0.599	2
13	2	0.384	0.114	3	13	2	0.340	0.233	3
14	3	2.772	1.148	3	14	3	2.846	0.937	3
15	3	1.620	0.072	3	15	3	1.559	0.026	3
16	3	0.845	-0.270	3	16	3	0.746	-0.209	3
17	3	3.105	-0.115	3	17	3	3.006	-0.359	3
18	3	2.308	0.148	3	18	3	2.251	0.009	3
19	3	2.313	-0.194	3	19	3	2.211	-0.331	3
20	3	1.581	0.077	3	20	3	1.521	0.036	3
table(G2 ,Z1$class)					table(G2 ,Z2$class)				
G	1	2	3		G	1	2	3	
1	5	0	0		1	5	0	0	
2	1	6	1		2	1	6	1	
3	0	0	7		3	0	0	7	

由判别符合率知,应用 Bayes 判别函数进行判别的效果还是不错的。

round(Z1$post,3)　#ld1 模型的后验概率			round(Z2$post,3)　#ld2 模型的后验概率		
1	2	3	1	2	3
1　0.983	0.006	0.012	1　0.975	0.009	0.016
2　0.794	0.206	0.000	2　0.707	0.293	0.000
3　0.937	0.043	0.020	3　0.907	0.067	0.027
4　0.654	0.337	0.009	4　0.542	0.447	0.011
5　0.905	0.094	0.000	5　0.857	0.143	0.001
6　0.928	0.072	0.000	6　0.889	0.111	0.000
7　0.003	0.863	0.133	7　0.002	0.879	0.119
8　0.177	0.822	0.000	8　0.119	0.881	0.000
9　0.185	0.811	0.005	9　0.124	0.871	0.004
10　0.003	0.997	0.000	10　0.002	0.998	0.000
11　0.002	0.997	0.001	11　0.001	0.998	0.001
12　0.111	0.780	0.109	12　0.074	0.825	0.101
13　0.292	0.325	0.383	13　0.216	0.386	0.398
14　0.001	0.000	0.999	14　0.001	0.000	0.999
15　0.012	0.023	0.965	15　0.009	0.026	0.965
16　0.079	0.243	0.678	16　0.056	0.274	0.670
17　0.000	0.000	1.000	17　0.000	0.000	1.000
18　0.001	0.003	0.996	18　0.001	0.003	0.996
19　0.001	0.004	0.995	19　0.001	0.005	0.994
20　0.014	0.025	0.961	20　0.010	0.029	0.961

后验概率给出了样品落在哪个类的概率大小, 这也是 Bayes 判别区别于 Fisher 判别的主要特点。

```
predict(ld1,data.frame(Q=8,C=7.5,P=65))#ld1 模型的判定

$class
[1]2
Levels:1  2  3

$posterior
     1     2      3
1  0.3  0.698  0.0018
```

根据我们建立的 Bayes 判别函数, 代入预测数据, 判断新样品属于第 2 类, 即该产品实际上属于平销, 但属于平销的概率仅为 69.8% 。

```
predict(ld2,data.frame(Q=8,C=7.5,P=65))#ld2 模型的判定

$class
[1]2
Levels:1  2  3

$posterior
       1     2      3
1  0.211  0.787  0.00178
```

根据我们建立的 Bayes 判别函数, 代入预测数据, 判断新样品属于第 2 类, 即该产品实际上属于平销, 但属于平销的概率高于线性判别的 69.8% , 达到 78.7% , 从这也可以看出考虑与不考虑先验概率对模型的判别效果还是有影响的。

4. 判别分析小结

(1) 判别分析方法首先根据已知所属组的样本给出判别函数, 并制定判别规则, 然后再判断每一个新样品应属于哪一组。常用的判别方法有距离判别法、Bayes 判别法、典

型判别法等。

(2) 判别分析中各种误判的后果允许看作是相同的，而在假设检验中，犯两类错误的后果一般是不同的，通常将犯第一类错误的后果看得更严重些。

(3) 距离判别和 Fisher 判别对判别变量的分布类型并无要求，两者只要求各类总体的二阶矩存在，而 Bayes 判别则要求知道判别变量的分布类型。因此，距离判别和 Fisher 判别比 Bayes 判别简单一些。

(4) 当仅有两个总体时，若它们的协方差矩阵相同，则距离判别和 Fisher 判别等价。当判别变量服从正态分布时，它们还和 Bayes 判别等价。而当两类的协方差矩阵不同时，如 Fisher 判别用的是它们的合并协方差阵，这时距离判别和 Bayes 判别是不同的。

案例分析：企业财务状况的判别分析

对 21 个破产的企业收集它们在破产前两年的财务数据，对 25 个财务良好的企业也收集同一时期的数据。数据涉及四个变量：CF_TD（现金流量/总债务）；NI_TA（净收入/总资产）；CA_CL（流动资产/流动债务）；CA_NS（流动资产/净销售额），一个分组变量：企业现状（1：非破产企业，2：破产企业）。数据见下图。

一、数据管理

G	CF_TD	NI_TA	CA_CL	CA_NS
1	0.51	0.1	2.49	0.54
1	0.08	0.02	2.01	0.53
1	0.38	0.11	3.27	0.35
1	0.19	0.05	2.25	0.33
1	0.32	0.07	4.24	0.63
1	0.31	0.05	4.45	0.69
1	0.12	0.05	2.52	0.69
1	-0.02	0.02	2.05	0.35
1	0.22	0.08	2.35	0.4
1	0.17	0.07	1.8	0.52
1	0.15	0.05	2.17	0.55
1	-0.1	-0.01	2.5	0.58
1	0.14	-0.03	0.46	0.26
1	0.14	0.07	2.61	0.52
1	0.15	0.06	2.23	0.56
1	0.16	0.05	2.31	0.2
1	0.29	0.06	1.84	0.38
1	0.54	0.11	2.33	0.48
1	-0.33	-0.09	3.01	0.47
1	0.48	0.09	1.24	0.18
1	0.56	0.11	4.29	0.44
1	0.2	0.08	1.99	0.3
1	0.47	0.14	2.92	0.45
1	0.17	0.04	2.45	0.14
1	0.58	0.04	5.06	0.13
2	-0.45	-0.41	1.09	0.45
2	-0.56	-0.31	1.51	0.16
2	0.06	0.02	1.01	0.4
2	-0.07	-0.09	1.45	0.26

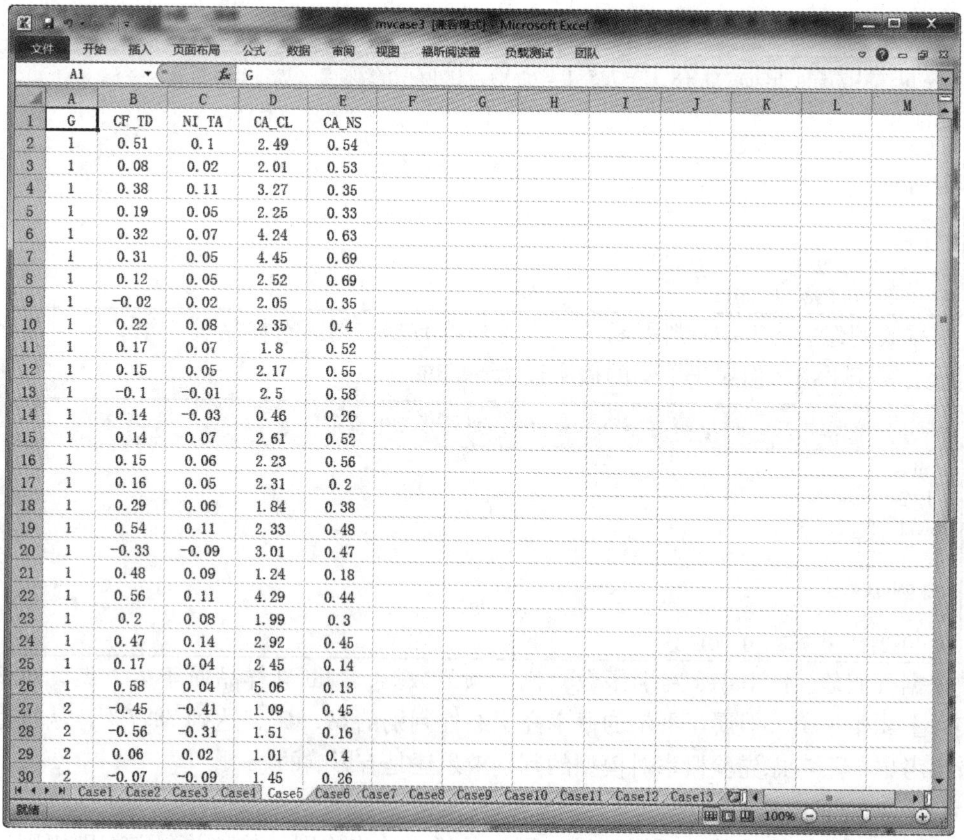

二、R 语言操作

1. 调入数据

将 Case5 中的数据复制，然后在 RStudio 编辑器中执行 Case5 = read. table ("clipboard", header = T)。

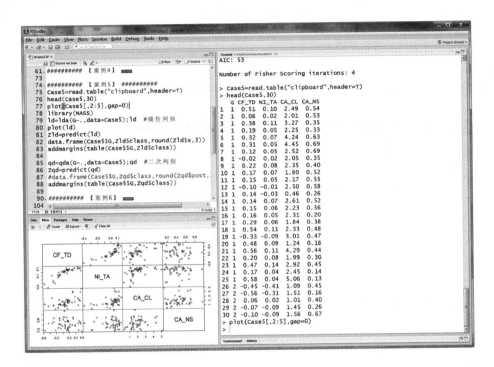

2. Fisher 判别效果（等方差，线性判别 lda）

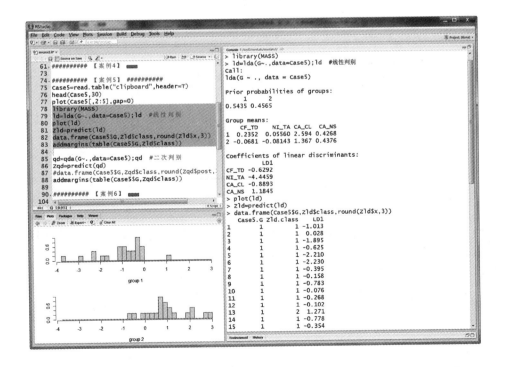

原分类	新分类		
	1	2	合计
1	24	1	25
2	3	18	21
合计	27	19	46

符合率91.30%。

3. Fisher 判别效果（异方差，非线性判别——二次判别 qda）

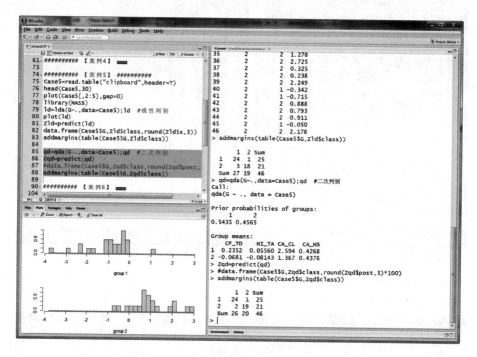

原分类	新分类		
	1	2	合计
1	24	1	25
2	2	19	21
合计	26	20	46

符合率93.5%。

qda（非线性判别——二次判别）的效果比 lda（一次判别）要好。上面我们都采用 Bayes 方式，即先验概率是使用样本例数计算的。该案例程序如下所示：

```
Case5 = read. table("clipboard", header= T); head(Case5, 30)
plot(Case5[, 2:5], gap= 0)
library(MASS)
ld = lda(G ~ ., data= Case5); ld    #线性判别
plot(ld)
Zld = predict(ld)
data. frame(Case5$G, Zld$class, round(Zld$x, 3))
addmargins(table(Case5$G, Zld$class))
qd = qda(G ~ ., data= Case5); qd    #二次判别
Zqd = predict(qd)
#data. frame(Case5$G, Zqd$class, round(Zqd$post, 3))*100)
addmargins(table(Case5$G, Zqd$class))
```

思考练习题

一、思考题（手工解答，上交作业本）

1. 判别分析的基本思想是什么？

2. Fisher 判别的基本思想是什么？

3. 距离判别的基本思想是什么？

4. Bayes 判别的基本思想是什么？

5. 证明：

$$-1/2(x - \mu_1)' \sum{}^{-1}(x - \mu_1) + 1/2(x - \mu_2)' \sum{}^{-1}(x - \mu_2)$$
$$= (\mu_1 - \mu_2)' \sum{}^{-1} x - 1/2(\mu_1 - \mu_2)' \sum{}^{-1}(\mu_1 + \mu_2)$$

二、练习题（计算机分析，发电子邮件）

1. 考虑两个数据集 $x_1 = \begin{bmatrix} 3 & 7 \\ 2 & 4 \\ 4 & 7 \end{bmatrix}$, $x_2 = \begin{bmatrix} 6 & 9 \\ 5 & 7 \\ 4 & 8 \end{bmatrix}$, 其中 $\bar{x}_1 = \begin{bmatrix} 3 \\ 6 \end{bmatrix}$, $\bar{x}_2 = \begin{bmatrix} 5 \\ 8 \end{bmatrix}$, $S_p = \begin{bmatrix} 1 & 1 \\ 1 & 2 \end{bmatrix}$。

（1）计算 Fisher 线性判别函数。

（2）应用 Bayes 法则，在相同先验概率和相同代价下将观测值 $x_0' = (2, 7)$ 分类到总体 G_1 或 G_2。

2. 设 $n_1 = 11$ 个和 $n_2 = 12$ 个观测值分别取自两个随机变量 X_1 和 X_2。假定这两个变量服从二元正态分布，且有相同的协方差矩阵：

$$\bar{x}_1 = \begin{bmatrix} -1 \\ -1 \end{bmatrix}, \bar{x}_2 = \begin{bmatrix} 2 \\ 1 \end{bmatrix}, S_p = \begin{bmatrix} 7.3 & -1.1 \\ -1.1 & 4.8 \end{bmatrix}$$

（1）构造样本的 Fisher 线性判别函数。

（2）将观测值 $x_0' = (0, 1)$ 分配到总体 G_1 或 G_2（假定有等代价和等先验概率）。

3. 以舒张期血压和血浆胆固醇含量预测被检查者是否患冠心病。测得 15 名冠心病患者和 16 名健康人的舒张压 X_1(mmHg) 及血浆胆固醇含量 X_2(mg/dL)，结果见下表。

冠心病组（A组）			正常组（B组）		
编号（Ak）	X_{1A}	X_{2A}	编号（Bk）	X_{1B}	X_{2B}
1	74	200	1	80	80
2	100	144	2	94	172
3	110	150	3	100	118
4	70	274	4	70	152
5	96	212	5	80	172
6	80	158	6	80	190
7	80	172	7	70	142
8	100	140	8	80	107
9	100	230	9	80	124
10	100	220	10	80	194
11	90	239	11	78	152
12	110	155	12	70	190
13	100	155	13	80	104
14	96	140	14	80	94
15	100	230	15	84	132
			16	70	140

（1）对每一组数据用不同的符号作两变量的散点图，观察它们在平面上的散布情况，并判断对该组数据作判别分析是否合适。

（2）分别建立距离判别（等方差阵和不等方差阵）、Fisher 判别和 Bayes 判别分析模型，计算各自的判别符合率，以此确定哪种判别方法最恰当。

（3）绘制线性判别函数图。

4. 对于 A 股市场 2009 年陷入财务困境的上市公司（ST 公司），我们收集了 8 间 ST 公司陷入财务困境前一年（2008 年）的财务数据，同时对于财务良好的公司（非 ST 公司），收集了同一时期 8 间非 ST 公司对应的财务数据。数据涉及四个变量：资产负债率 x_1、流动资产周转率 x_2、总资产报酬率 x_3 和营业收入增长率 x_4。类别变量 G 中 2 代表 ST 公司，1 代表非 ST 公司。

（1）分别建立线性判别、非线性判别和 Bayes 判别分析模型，计算各自的判别符合率，确定哪种判别方法最恰当。

（2）某公司 2008 年财务数据为：$x_1 = 78.3563, x_2 = 0.8895, x_3 = 1.8001, x_4 = 14.1022$。试判定 2009 年该公司是否会陷入财务困境。

证券简称	x_1	x_2	x_3	x_4	G
ST 中源	60.6725	1.0247	11.6705	-26.5390	2
ST 宇航	25.5983	1.9192	-5.8302	26.0492	2
ST 耀华	90.8727	1.9671	-14.1845	-12.9439	2
ST 万杰	90.4619	1.0022	1.8169	65.7273	2
ST 钛白	53.4565	0.7593	-23.8843	-38.3107	2
ST 筑信	92.2256	1.7847	-4.1057	19.2281	2
ST 东航	115.1196	4.6577	-16.2537	-3.9017	2
洪城股份	38.9856	0.6036	2.3791	-2.5461	1

（续上表）

证券简称	x_1	x_2	x_3	x_4	G
工大首创	28.919 7	2.528 1	2.356 4	−0.228 9	1
交大南洋	56.744 3	1.530 7	−0.180 0	3.728 2	1
九鼎新材	52.120 3	1.346 4	5.090 8	10.786 8	1
恩华药业	52.873 1	2.104 9	9.086 6	18.348 6	1
东百集团	54.438 9	5.607 8	13.784 6	22.311 8	1
广东明珠	46.379 3	0.997 4	9.480 6	15.351 7	1
中国国航	79.486 3	5.919 0	−9.473 9	7.031 6	1

数据来源：WIND 资讯。

5. 植物分类之判别分析：费歇（Fisher）于 1936 年发表的鸢尾花（Iris）数据被广泛地作为判别分析的经典例子。数据是对 3 种鸢尾花（g）：刚毛鸢尾花（第 1 组）、变色鸢尾花（第 2 组）和弗吉尼亚鸢尾花（第 3 组）各抽取一个容量为 50 的样本，测量其花萼长（sepallen，x_1）、花萼宽（sepalwid，x_2）、花瓣长（petallen，x_3）、花瓣宽（petalwid，x_4），单位为 mm，数据见下表。

	第 1 组					第 2 组					第 3 组			
i	x_1	x_2	x_3	x_4	i	x_1	x_2	x_3	x_4	i	x_1	x_2	x_3	x_4
1	5.1	3.5	1.4	0.2	51	7	3.2	4.7	1.4	101	6.3	3.3	6	2.5
2	4.9	3	1.4	0.2	52	6.4	3.2	4.5	1.5	102	5.8	2.7	5.1	1.9
3	4.7	3.2	1.3	0.2	53	6.9	3.1	4.9	1.5	103	7.1	3	5.9	2.1
4	4.6	3.1	1.5	0.2	54	5.5	2.3	4	1.3	104	6.3	2.9	5.6	1.8
5	5	3.6	1.4	0.2	55	6.5	2.8	4.6	1.5	105	6.5	3	5.8	2.2
6	5.4	3.9	1.7	0.4	56	5.7	2.8	4.5	1.3	106	7.6	3	6.6	2.1
7	4.6	3.4	1.4	0.3	57	6.3	3.3	4.7	1.6	107	4.9	2.5	4.5	1.7
8	5	3.4	1.5	0.2	58	4.9	2.4	3.3	1	108	7.3	2.9	6.3	1.8
9	4.4	2.9	1.4	0.2	59	6.6	2.9	4.6	1.3	109	6.7	2.5	5.8	1.8
10	4.9	3.1	1.5	0.1	60	5.2	2.7	3.9	1.4	110	7.2	3.6	6.1	2.5
11	5.4	3.7	1.5	0.2	61	5	2	3.5	1	111	6.5	3.2	5.1	2
12	4.8	3.4	1.6	0.2	62	5.9	3	4.2	1.5	112	6.4	2.7	5.3	1.9
13	4.8	3	1.4	0.1	63	6	2.2	4	1	113	6.8	3	5.5	2.1
14	4.3	3	1.1	0.1	64	6.1	2.9	4.7	1.4	114	5.7	2.5	5	2
15	5.8	4	1.2	0.2	65	5.6	2.9	3.6	1.3	115	5.8	2.8	5.1	2.4
16	5.7	4.4	1.5	0.4	66	6.7	3.1	4.4	1.4	116	6.4	3.2	5.3	2.3
17	5.4	3.9	1.3	0.4	67	5.6	3	4.5	1.5	117	6.5	3	5.5	1.8
18	5.1	3.5	1.4	0.3	68	5.8	2.7	4.1	1	118	7.7	3.8	6.7	2.2
19	5.7	3.8	1.7	0.3	69	6.2	2.2	4.5	1.5	119	7.7	2.6	6.9	2.3
20	5.1	3.8	1.5	0.3	70	5.6	2.5	3.9	1.1	120	6	2.2	5	1.5
21	5.4	3.4	1.7	0.2	71	5.9	3.2	4.8	1.8	121	6.9	3.2	5.7	2.3
22	5.1	3.7	1.5	0.4	72	6.1	2.8	4	1.3	122	5.6	2.8	4.9	2
23	4.6	3.6	1	0.2	73	6.3	2.5	4.9	1.5	123	7.7	2.8	6.7	2

（续上表）

第1组					第2组					第3组				
i	x_1	x_2	x_3	x_4	i	x_1	x_2	x_3	x_4	i	x_1	x_2	x_3	x_4
24	5.1	3.3	1.7	0.5	74	6.1	2.8	4.7	1.2	124	6.3	2.7	4.9	1.8
25	4.8	3.4	1.9	0.2	75	6.4	2.9	4.3	1.3	125	6.7	3.3	5.7	2.1
26	5	3	1.6	0.2	76	6.6	3	4.4	1.4	126	7.2	3.2	6	1.8
27	5	3.4	1.6	0.4	77	6.8	2.8	4.8	1.4	127	6.2	2.8	4.8	1.8
28	5.2	3.5	1.5	0.2	78	6.7	3	5	1.7	128	6.1	3	4.9	1.8
29	5.2	3.4	1.4	0.2	79	6	2.9	4.5	1.5	129	6.4	2.8	5.6	2.1
30	4.7	3.2	1.6	0.2	80	5.7	2.6	3.5	1	130	7.2	3	5.8	1.6
31	4.8	3.1	1.6	0.2	81	5.5	2.4	3.8	1.1	131	7.4	2.8	6.1	1.9
32	5.4	3.4	1.5	0.4	82	5.5	2.4	3.7	1	132	7.9	3.8	6.4	2
33	5.2	4.1	1.5	0.1	83	5.8	2.7	3.9	1.2	133	6.4	2.8	5.6	2.2
34	5.5	4.2	1.4	0.2	84	6	2.7	5.1	1.6	134	6.3	2.8	5.1	1.5
35	4.9	3.1	1.5	0.2	85	5.4	3	4.5	1.5	135	6.1	2.6	5.6	1.4
36	5	3.2	1.2	0.2	86	6	3.4	4.5	1.6	136	7.7	3	6.1	2.3
37	5.5	3.5	1.3	0.2	87	6.7	3.1	4.7	1.5	137	6.3	3.4	5.6	2.4
38	4.9	3.6	1.4	0.1	88	6.3	2.3	4.4	1.3	138	6.4	3.1	5.5	1.8
39	4.4	3	1.3	0.2	89	5.6	3	4.1	1.3	139	6	3	4.8	1.8
40	5.1	3.4	1.5	0.2	90	5.5	2.5	4	1.3	140	6.9	3.1	5.4	2.1
41	5	3.5	1.3	0.3	91	5.5	2.6	4.4	1.2	141	6.7	3.1	5.6	2.4
42	4.5	2.3	1.3	0.3	92	6.1	3	4.6	1.4	142	6.9	3.1	5.1	2.3
43	4.4	3.2	1.3	0.2	93	5.8	2.6	4	1.2	143	5.8	2.7	5.1	1.9
44	5	3.5	1.6	0.6	94	5	2.3	3.3	1	144	6.8	3.2	5.9	2.3
45	5.1	3.8	1.9	0.4	95	5.6	2.7	4.2	1.3	145	6.7	3.3	5.7	2.5
46	4.8	3	1.4	0.3	96	5.7	3	4.2	1.2	146	6.7	3	5.2	2.3
47	5.1	3.8	1.6	0.2	97	5.7	2.9	4.2	1.3	147	6.3	2.5	5	1.9
48	4.6	3.2	1.4	0.2	98	6.2	2.9	4.3	1.3	148	6.5	3	5.2	2
49	5.3	3.7	1.5	0.2	99	5.1	2.5	3	1.1	149	6.2	3.4	5.4	2.3
50	5	3.3	1.4	0.2	100	5.7	2.8	4.1	1.3	150	5.9	3	5.1	1.8

案例分析题

从给定的题目出发，按内容提要、指标选取、数据搜集、R语言计算过程、结果分析与评价等方面进行案例分析。

1. 根据各种经济指标判断当前宏观经济运行是正常、过热还是过冷。

2. 根据各国人均的各项经济指标判定一个国家经济发展程度的所属类型。

3. 对某工业行业市场竞争力的判别分析。

4. 根据某种产品各品牌的评分情况判别其销售趋向。

5. 运用判别分析对各国人口状况进行研究。

6. 依据八项指标对31个省、市、自治区的城镇居民作判别分析。

7. 判别分析在我国行业经济效益分析中的应用。

8. 根据业绩良好企业和破产企业的各项财务指标建立判别模型，分析企业的未来发展。

9. 试用Logistic回归模型进行判别分析，说明它和线性判别分析有何不同，并举例说明。

7 聚类分析及 R 使用

【目的要求】 要求学生理解聚类分析的目的和意义及其统计思想，了解变量类型的几种尺度定义；熟悉 Q 型和 R 型聚类分析常用的距离和相似系数的定义，特别是 Minkowski 距离；了解教材中介绍的六种系统聚类方法以及它们的统一公式；熟悉软件中最长（短）距离法、重心法和离差平方和（Ward）法的具体使用步骤。

【教学内容】 聚类分析的目的和意义；聚类分析中所使用的几种尺度的定义；六种系统聚类方法的定义及其基本性质；计算程序中有关聚类分析的算法基础；在理解系统聚类方法基本性质的基础上，初步掌握在实际问题中选用聚类方法与对应的测量距离的原则。

7.1 聚类分析的概念和类型

1. 聚类分析法的概念

聚类分析法（cluster analysis）是研究"物以类聚"的一种现代统计分析方法，在社会生活的众多领域中，都需要采用聚类分析作分类研究。过去人们主要靠经验和专业知识作定性分类处理，很少利用数学方法，致使许多分类都带有主观性和任意性，不能很好地揭示客观事物内在的本质差别和联系，特别是对于多因素、多指标的分类问题，定性分类更难以实现准确分类。为了克服定性分类的不足，多元统计分析逐渐被引入数值分类学，形成了聚类分析这个分支。

聚类分析方法近十年来发展很快，并且在经济、管理、地质勘探、天气预报、生物分类、考古学、医学、心理学以及制定国家标准和区域标准等许多方面的应用都卓有成效，因而成为目前国外较为流行的多变量统计分析方法之一。

聚类分析的目的是把分类对象按一定规则分成若干类，这些类不是事先设定的，而是根据数据的特征确定的。在同一类中这些对象在某种意义上趋向于彼此相似，而在不同类中的对象趋向于不相似。

$$聚类分析方法\begin{cases}系统聚类法\\快速聚类法\end{cases}$$

2. 聚类分析法的类型

在实际问题中，经常要对一些东西进行分类。例如，在古生物研究中，通过挖掘出来的一些骨骼的形状和大小对它们进行科学的分类；在地质勘探中，通过矿石标本的物探、化探指标对标本进行分类；在经济区域的划分中，根据各主要经济指标将全国各省划分成几个区域。这里，骨骼的形状和大小，标本的物探、化探指标以及经济指标是我们用来分类的依据，称为指标（或变量），用 X_1，X_2，X_3，$\cdots$，X_p 表示，p 是变量的个数；需要进行分类的骨骼、矿石和地区称为样品，用 1，2，3，$\cdots$，n 表示，n 是样品的个数。聚类分析的数据结构见表 7-1。

表 7 – 1　聚类分析数据结构表

样品	变量			
	X_1	X_2	$\cdots$	X_p
1	x_{11}	x_{12}	$\cdots$	x_{1p}
2	x_{21}	x_{22}	$\cdots$	x_{2p}
3	x_{31}	x_{32}	$\cdots$	x_{3p}
$\cdots$	$\cdots$	$\cdots$	$\cdots$	$\cdots$
n	x_{n1}	x_{n2}	$\cdots$	x_{np}

在聚类分析中，基本的思想是认为所研究的样品或指标（变量）之间存在着程度不同的相似性（亲疏关系）。于是根据一批样品的多个观测指标，具体找出一些能够度量样品（或指标）之间相似程度的统计量，以这些统计量为划分类型的依据，把一些相似程度较大的样品（或指标）聚合为一类，把另外一些彼此之间相似程度较大的样品（或指标）又聚合为另一类，关系密切的聚合到一个小的分类单位，关系疏远的聚合到一个大的分类单位，直到把所有样品（或指标）都聚合完毕，把不同的类型一一划分出来，形成一个由小到大的分类系统。最后把整个分类系统画成一张聚类图，用它把所有样品（或指标）间的亲疏关系表示出来。

通常根据分类对象的不同可将聚类分析分为两类：一类是对样品进行分类处理，叫 Q 型；另一类是对变量进行分类处理，叫 R 型。Q 型聚类又叫样品分类，就是对观测对象进行聚类，是根据被观测对象的各种特征进行分类。

$$聚类分析的类型\begin{cases} \text{Q 型聚类：对样品的聚类} \\ \text{R 型聚类：对变量的聚类} \end{cases}$$

在经济管理中多用 Q 型聚类方法。反映同一事物特点的变量有很多，我们往往根据所研究的问题选择部分变量对事物的某一方面进行研究。由于人类对客观事物的认识是有限的，往往难以找出彼此独立的、有代表性的变量，而影响对问题的进一步认识和研究。因此通常先进行变量聚类，这样既能找出彼此独立且有代表性的自变量，而又不丢失大部分信息。

7.2　聚类统计量

聚类分析的基本原则是将有较大相似性的对象归为同一类，而将差异较大的个体归入不同的类。为了将样品聚类，就需要研究样品之间的关系。一种方法是将每一个样品看作 p 维空间的一个点，并在空间定义距离，距离较近的点归为一类，距离较远的点则归于不同的类。对变量通常计算它们的相似系数，性质越接近的变量的相似系数越接近 1 （或 –1），彼此无关的变量的相似系数越接近 0，以此将比较相似的变量归为一类，不怎么相似的变量归于不同的类。

可进行聚类的统计量有距离和相似系数：

$$
聚类统计量
\begin{cases}
距离
\begin{cases}
欧氏距离 \\
马氏距离 \\
兰氏距离
\end{cases} \\[2ex]
相似系数
\begin{cases}
夹角余弦 \\
相关系数
\end{cases}
\end{cases}
$$

对样品进行聚类时，我们将样品间的"靠近"程度用某种距离来刻画；对指标的聚类，往往用某种相似系数来刻画。

当选用 n 个样品、p 个指标时（数据格式见表 7 – 1），就可以得到一个 $n \times p$ 的数据矩阵 $X = (x_{ij}) n \times p$，该矩阵的元素 x_{ij} 表示第 i 个样品的第 j 个变量值。

对样品或变量进行分类时，我们常用距离和相似系数对样品或变量之间的相似性进行度量。距离常用来度量样品之间的相似性，而相似系数常用来度量变量间的相关性。

常见的数据类型有：

（1）间隔尺度：指变量用连续的量来表示。

（2）有序尺度：指变量度量时没有明确的数量表示，而是划分一些有次序关系的等级。

（3）名义尺度：指变量度量时既没有数量表示，也没有次序关系。

这里用得最多的还是对间隔尺度数据的聚类。

1. 距离

距离多用于样品的分类，令 d_{ij} 表示样品 x_i 和 x_j 的距离，一般要求 d_{ij} 满足以下四个条件：

（1）$d_{ij} = 0$　　　　　　　$\Leftrightarrow x_i = x_j$

（2）$d_{ij} \geq 0$　　　　　　　$\Leftrightarrow$ 对一切 x_i，x_j

（3）$d_{ij} = d_{ji}$　　　　　　　$\Leftrightarrow$ 对一切 x_i，x_j

（4）$d_{ij} \leq d_{ik} + d_{jk}$　　　$\Leftrightarrow$ 对一切 x_i，x_j，x_k

在聚类分析中，并不严格要求定义的距离都满足这四条，一般来说大部分是能满足前三条的，有一些不能满足（4），但是在广义的角度上也称其为距离。

设 $x_{ij}(i = 1, 2, \cdots, n; j = 1, 2, \cdots, p)$ 为第 i 个样品的第 j 个指标的观测数据。即若每个样品有 p 个变量，则每个样品都可以看成 p 维空间中的一个点，n 个样品就是 p 维空间中的 n 个点，定义 d_{ij} 为样品 x_i 与 x_j 的距离。于是得到一个 $n \times n$ 的距离矩阵 $D = (d_{ij})_{n \times n}$。

$$
D = (d_{ij})_{n \times n} =
\begin{bmatrix}
d_{11} & d_{12} & \cdots & d_{1n} \\
d_{21} & d_{22} & \cdots & d_{2n} \\
\vdots & \vdots & \vdots & \vdots \\
d_{n1} & d_{n2} & \cdots & d_{nn}
\end{bmatrix}
$$

样品聚类都是基于此距离矩阵进行的。为了叙述方便，我们举一个简单的例子。

【例7-1】以下列举五个观察值、两个变量数据的平面散点图。

	x_1	x_2
1	5	7
2	7	1
3	3	2
4	6	5
5	6	6

由于只有两个变量，所以从散点图上就可以直观地将这五个样品分为几类，但当变量较多时，这种方法显然是不行的。

为了计算平面上各点之间的距离 d_{ij}，在聚类分析中对连续变量常用的距离有：

（1）明氏距离（Minkowski）：

$$d_{ij}(q) = [\sum_{k=1}^{p}(x_{ik} - x_{jk})^q]^{\frac{1}{q}}$$

当 $q = 1$ 时，$d_{ij}(1) = \sum_{k=1}^{p}|x_{ik} - x_{jk}|$，称为绝对值距离（Manhattan）；

当 $q = 2$ 时，$d_{ij}(2) = [\sum_{k=1}^{p}(x_{ik} - x_{jk})^2]^{\frac{1}{2}}$，称为欧氏距离（Euclidean）；

当 $q = \infty$ 时，$d_{ij}(\infty) = \max_{1 \leq k \leq p}|x_{ik} - x_{jk}|$，称为切比雪夫距离（Maximun）。

（2）马氏距离（Mahalanobis）：

$$d_{ij}(M) = (x_i - x_j)'\sum^{-1}(x_i - x_j)$$

其中，x_i 为样品 i 的 p 个指标组成的行向量，$\sum$ 为协方差矩阵。

优点：马氏距离既排除了各指标间的相关性干扰，又消除了各指标的量纲。

缺点：样品协方差矩阵在聚类过程中不变，这点不合理。

（3）兰氏距离（Canberra）：

$$d_{ij}(LW) = \frac{1}{p}\sum_{k=1}^{p}\frac{|x_{ik} - x_{jk}|}{x_{ik} + x_{jk}} \qquad (x_{ij} > 0)$$

下面是欧氏和马氏距离算出的距离相似的矩阵。

距离矩阵计算函数 dist() 的用法
dist(x , method = "euclidean" , diag = FALSE , upper = FALSE , p = 2)   x：为数据矩阵，数据框架   method：为计算方法，包括" euclidean" ," maximum" ," manhattan" ," canberra" ," binary" or " minkowski"   diag：为是否包含对角线元素，upper：为是否需要上三角，p：为 Minkowski 距离的幂次

欧氏距离阵					
d_{ij}	G_1	G_2	G_3	G_4	G_5
G_1	0.000	6.325	5.385	2.236	1.414
G_2	6.325	0.000	4.123	4.123	5.099
G_3	5.385	4.123	0.000	4.243	5.000
G_4	2.236	4.123	4.243	0.000	1.000
G_5	1.414	5.099	5.000	1.000	0.000

马氏距离阵					
d_{ij}	G_1	G_2	G_3	G_4	G_5
G_1	0	8	7	3	2
G_2	8	0	5	5	6
G_3	7	5	0	6	7
G_4	3	5	6	0	1
G_5	2	6	7	1	0

这里 G_i 表示第 i 个样品。

```
x1 = c(5,7,3,6,6); x2 = c(7,1,2,5,6)
X = cbind(x1,x2)
dist(X)    #默认为 euclidean 距离
    1      2      3      4
2 6.325
3 5.385  4.123
4 2.236  4.123  4.243
5 1.414  5.099  5.000  1.000
```

```
dist(X,method = "manhattan")
#manhattan 距离
  1 2 3 4
2 8
3 7 5
4 3 5 6
5 2 6 7 1
```

```
dist(X,diag = TRUE)    #添加主对角线距离
    1      2      3      4      5
1 0.000
2 6.325  0.000
3 5.385  4.123  0.000
4 2.236  4.123  4.243  0.000
5 1.414  5.099  5.000  1.000  0.000
```

```
dist(X,method = "minkowski",p = 1)
#manhattan 距离
  1 2 3 4
2 8
3 7 5
4 3 5 6
5 2 6 7 1
```

```
dist(X,upper = TRUE)    #添加上三角距离
    1      2      3      4      5
1        6.325  5.385  2.236  1.414
2 6.325         4.123  4.123  5.099
3 5.385  4.123         4.243  5.000
4 2.236  4.123  4.243         1.000
5 1.414  5.099  5.000  1.000
```

```
dist(X,method = "minkowski",p = 2)
#euclidean 距离
    1      2      3      4
2 6.325
3 5.385  4.123
4 2.236  4.123  4.243
5 1.414  5.099  5.000  1.000
```

2. 相似系数

对两个变量之间的相似程度可用相似系数来刻画，用 C_{ij} 表示第 i 个变量与第 j 个变量之间的相似系数。C_{ij} 的绝对值越接近 1，表示指标 i 与指标 j 的关系越密切；C_{ij} 的绝对值越接近 0，表示指标 i 与指标 j 的关系越疏远。常用的相似系数有：

（1）夹角余弦：

$$C_{ij}(1) = \frac{\sum\limits_{k=1}^{n} x_{ki} x_{kj}}{\left[\left(\sum\limits_{k=1}^{n} x_{ki}^2 \right) \left(\sum\limits_{k=1}^{n} x_{kj}^2 \right) \right]^{\frac{1}{2}}}$$

（2）相关系数：

$$C_{ij}(2) = \frac{\sum\limits_{k=1}^{n} (x_{ki} - \bar{x}_i)(x_{kj} - \bar{x}_j)}{\sqrt{\sum\limits_{k=1}^{n} (x_{ki} - \bar{x}_i)^2 \sum\limits_{k=1}^{n} (x_{kj} - \bar{x}_j)^2}}$$

3. 距离和相似系数之间的转换

一般来说，距离越小，两样品之间关系越密切；而相似系数越大，两变量之间关系越密切。为了聚类分析方便起见，可以用下面的通用公式得到变量间的距离：

$$d_{ij}^2 = 1 - C_{ij}^2$$

7.3 系统聚类法

7.3.1 系统聚类法的基本思想

确定了距离和相似系数后就要进行分类。分类有许多种方法，最常用的一种方法是在样品距离的基础上定义类与类之间的距离。首先将 n 个样品分成 n 类，每个样品自成一类，然后每次将具有最小距离的两类合并，合并后重新计算类与类之间的距离，这个过程一直持续到将所有的样品归为一类为止，并把这个过程画成一张聚类图，参照聚类图可方便地进行分类。因为聚类图很像一张系统图，所以这种方法就叫系统聚类法（hierachical clustering method）。系统聚类法是目前在实际中使用最多的一种方法。从上面的分析可以看出，虽然我们已给出了计算样品之间距离的方法，但在实际计算过程中还要定义类与类之间的距离。定义类与类之间的距离也有许多方法，不同的方法就产生了不同的系统聚类方法，常用的有如下六种：

（1）最短距离法：类与类之间的距离等于两类最近样品之间的距离。

（2）最长距离法：类与类之间的距离等于两类最远样品之间的距离。

（3）类平均法：类与类之间的距离等于各类元素两两之间的平方距离的平均。

（4）重心法：类与类之间的距离定义为对应这两类重心之间的距离。对样品分类来说，每一类的类重心就是该类样品的均值。

（5）中间距离法：最长距离法夸大了类间距离，最短距离法低估了类间距离。介于两者间的距离法即为中间距离法，类与类之间的距离既不采用两类之间最近距离，也不采用最远距离，而是采用介于最远和最近之间的距离。

（6）离差平方和法（Ward法）：基于方差分析的思想，如果分类正确，同类样品之间的离差平方和应当较小，类与类之间的离差平方和应当较大。

结合R语言，本书只给出常用的六种方法。

7.3.2 系统聚类法的计算公式

1. 最短距离法

该法用 $D_k(p,q) = \min\{d_{ij} \mid i \in G_p, j \in G_q\}$ 来刻画类 G_p 与类 G_q 中最临近的两个样品的距离。

若类 G_p 与类 G_q 合并为 G_r，则 G_r 与其他类 G_s 的距离为：

$$D_k(r,s) = \min\{D_k(p,s), D_k(q,s)\}$$

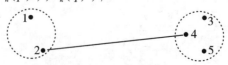

2. 最长距离法

该法用 $D_k(p,q) = \max\{d_{ij} \mid i \in G_p, j \in G_q\}$ 来刻画类 G_p 与类 G_q 中最远的两个样品的距离。

若类 G_p 与类 G_q 合并为 G_r，则 G_r 与其他类 G_s 的距离为：

$$D_k(r,s) = \max\{D_k(p,s), D_k(q,s)\}$$

3. 类平均法

将两类之间的距离平方定义为这两类元素两两之间的平方距离的平均来计算距离，即

$$D^2(k,r) = \frac{1}{n_k n_r} \sum_{i \in G_k} \sum_{j \in G_r} d_{ij}^2 = \frac{1}{n_k n_r}(\sum_{i \in G_k} \sum_{j \in G_p} d_{ij}^2 + \sum_{i \in G_k} \sum_{j \in G_q} d_{ij}^2)$$

其递推公式为：

$$D^2(k,r) = \frac{n_p}{n_r} D^2(k,p) + \frac{n_q}{n_r} D^2(k,q)$$

4. 重心法

在样本空间中，一个类用它的重心（即该类样品的均值）作为代表较为合理，类与类之间的距离就用重心之间的距离来表示。

设样品之间的距离用欧氏距离，若类 G_p 与类 G_q 合并为 G_r 后，它们各有 n_p、n_q、$n_r(n_r = n_p + n_q)$ 个样品，它们的重心用 $\bar{x}_p$、$\bar{x}_q$ 和 $\bar{x}_r$ 表示，显然，$\bar{x}_r = \frac{1}{n_r}(n_p \bar{x}_p + n_q \bar{x}_q)$，某一类 G_k 的重心为 $\bar{x}_k$，它与新类 G_r 的距离是：

$$D^2(k,r) = (\bar{x}_k - \bar{x}_r)'(\bar{x}_k - \bar{x}_r)$$

其递推公式为：

$$D^2(k,r) = \frac{n_p}{n_r}D^2(k,p) + \frac{n_q}{n_r}D^2(k,q) - \frac{n_p}{n_r} \cdot \frac{n_q}{n_r}D^2(p,q)$$

5. 中间距离法

该方法是对最短距离法和最长距离法的折中，即类间距离的递推公式为：

$$(当 G_r = \{G_p, G_q\}) D_{kr}^2 = \frac{1}{2}D_{kp}^2 + \frac{1}{2}D_{kq}^2 - \frac{1}{4}D_{pq}^2$$

6. 离差平方和法（Ward 法）

该方法是 Ward 提出来的，所以又称为 Ward 法。该方法的基本思想来自方差分析，如果分类正确，同类样品的离差平方和应当较小，类与类的离差平方和应当较大。具体做法是先将 n 个样品各自成一类，然后每次缩小一类，每缩小一类，离差平方和就会增大，选择使方差增加最小的两类合并，直到所有的样品归为一类为止。

设将 n 个样品分成 k 类 G_1，G_2，$\cdots$，G_k，用 X_{it} 表示 G_t 中的第 i 个样品，n_t 为 G_t 中样品的个数，$\bar{X}_t$ 是 G_t 的重心，则 G_t 的样品离差平方和为：

$$S_t = \sum_{i=1}^{n_t} (X_{it} - \bar{X}_t)'(X_{it} - \bar{X}_t)$$

如果 G_p 和 G_q 合并为新类 G_r，类内离差平方和分别为：

$$S_p = \sum_{i=1}^{n_p} (X_{ip} - \overline{X}_p)'(X_{ip} - \overline{X}_p)$$

$$S_q = \sum_{i=1}^{n_q} (X_{iq} - \overline{X}_q)'(X_{iq} - \overline{X}_q)$$

$$S_r = \sum_{i=1}^{n_r} (X_{ir} - \overline{X}_r)'(X_{ir} - \overline{X}_r)$$

它们反映了各自类内样品的分散程度，如果 G_p 和 G_q 这两类相距较近，则合并后所增加的离差平方和 $S_r - S_p - S_q$ 应较小；否则，应较大。于是定义 G_p 和 G_q 之间的平方距离为：

$$D_{pq}^2 = S_r - S_p - S_q$$

其中，$G_r = G_p \cup G_q$，可以证明类间距离的递增公式为：

$$D_{kr}^2 = \frac{n_k + n_p}{n_r + n_k} D_{kp}^2 + \frac{n_k + n_q}{n_r + n_k} D_{kq}^2 - \frac{n_k}{n_r + n_k} D_{pq}^2$$

这六种系统聚类法的并类原则和过程完全相同，不同之处在于类与类之间的距离定义。当采用欧氏距离时，Lance 和 Williams 于 1967 年将这些方法统一成如下的递推公式：

$$D_{pq}^2 = \alpha_r D_{rq}^2 + \alpha_s D_{sq}^2 + \beta D_{rs}^2 + \gamma \left| D_{rq}^2 - D_{sq}^2 \right|$$

表 7-2　　　　　　　　　　　　递推公式的参数表

方法	α_r	α_s	β	γ
（1）最短距离法（single）	1/2	1/2	0	-1/2
（2）最长距离法（complete）	1/2	1/2	0	1/2
（3）类平均法（average）	$\dfrac{n_r}{n_p}$	$\dfrac{n_s}{n_p}$	0	0
（4）中间距离法（median）	1/2	1/2	-1/4	0
（5）重心法（centroid）	$\dfrac{n_r}{n_p}$	$\dfrac{n_s}{n_p}$	$-\alpha_r\alpha_s$	0
（6）离差平方和法（ward）	$\dfrac{n_q + n_r}{n_q + n_p}$	$\dfrac{n_q + n_s}{n_q + n_p}$	$-\dfrac{n_q}{n_q + n_p}$	0

7.3.3　系统聚类法的基本步骤

（1）计算 n 个样品两两间的距离 $\{d_{ij}\}$，记作 D。

（2）构造 n 个类，每个类只包含一个样品。

（3）合并距离最近的两类为一个新类。

（4）计算新类与当前各类的距离，若类个数为 1，转到步骤（5），否则回到步骤（3）。

（5）画聚类图。

（6）决定类的个数和类。

系统聚类函数 hclust() 的用法

hclust(D, method = "complete", ...)

D 为相似矩阵

method 为系统聚类方法,包括" ward", " single", " complete", " average", " mcquitty", " median"
or" centroid", " ward. D", " ward. D2",默认为" complete"。

下面应用例 7 - 1 的数据进行系统聚类。

1. 最短距离法（采用欧氏距离）

开始有五类，即每个样品自成一类 $\{G_1, G_2, G_3, G_4, G_5\}$，这五类之间的距离就等于 5 个样品之间的距离，距离阵记为 D_0，其最小元素是 $D_0(4,5) = 1.00$，故将类 G_4 和 G_5 合并成一新类 $G_6 = \{G_4, G_5\}$，然后计算 G_6 与 G_1、G_2、G_3 之间的距离。

应用公式 $D_1(6, i) = \min\{D_0(4, i), D_0(5, i)\}$，求其最近相邻的距离是:

$$D_1(6, 1) = \min\{D_0(4, 1), D_0(5, 1)\} = \{2.23, 1.41\} = 1.41$$
$$D_1(6, 2) = \min\{D_0(4, 2), D_0(5, 2)\} = \{4.12, 5.09\} = 4.12$$
$$D_1(6, 3) = \min\{D_0(4, 3), D_0(5, 3)\} = \{4.24, 5.00\} = 4.24$$

$D_0 =$

	G_1	G_2	G_3	G_4	G_5
G_1	0	6.32	5.38	2.23	1.41
G_2		0	4.12	4.12	5.09
G_3			0	4.24	5.00
G_4				0	1.00
G_5					0

$D_1 =$

	G_1	G_2	G_3	G_6
G_1	0	6.32	5.38	1.41
G_2		0	4.12	4.12
G_3			0	4.24
G_6				0

$G_6 = \{G_4, G_5\}$

同理可得其他类与类之间的距离:

$D_2 =$

	G_7	G_2	G_3
G_7	0	4.12	4.24
G_2		0	4.12
G_3			0

$G_7 = \{G_1, G_4, G_5\}$

$D_3 =$

	G_8	G_3
G_8	0	4.12
G_3		0

$G_8 = \{G_1, G_2, G_4, G_5\}$

最后将其绘成系统图。

```
hc < - hclust( dist( X) , " single" )    #最短距离法
cbind( hc$merge , hc$height )           #分类过程
```

```
plot( hc)    #聚类图
```

```
      [ ,1]  [ ,2]  [ ,3]
[1, ]  -4    -5    1.000
[2, ]  -1     1    1.414
[3, ]  -2     2    4.123
[4, ]  -3     3    4.123
```

Cluster Dendrogram

2. Ward 法（采用欧氏距离）

hc < - hclust(dist(X) ," ward")　　#ward 距离法 cbind(hc$merge,hc$height)　　#分类过程	plot(hc)　　#聚类图
 　　　　　[,1]　[,2]　[,3] [1,]　　 -4　　 -5　　1.000 [2,]　　 -1　　　1　　2.100 [3,]　　 -2　　 -3　　4.123 [4,]　　　2　　　3　　8.356	Cluster Dendrogram

【例 7 - 2】（续例 3 - 1）为了研究我国 31 个省、市、自治区 2007 年的城镇居民生活消费的分布规律，根据调查资料作区域消费类型划分。指标及原始数据见表 3 - 1。

为了对系统聚类法有一个全面的了解，我们将各种聚类方法进行对比分析，从中确定最好的聚类结果。

用 R 语言把我国 31 个省、市、自治区消费类型进行分类，下列图是采用欧氏距离，分别用最短距离法、最长距离法、类平均法、中间距离法、重心法和 Ward 法得出的有关数据和系统图。

由下列图可以看到，不同方法的分类不完全一样。这也说明目前聚类方法还不够成熟。为了便于对照，将六种方法的分类结果综合列于表 7 - 3。

从直观上看，最短距离法分类效果较差，最长距离法和 Ward 法分类效果较好。总的可以分为三类：北京、上海、广东、浙江为一类，视为高消费地区；其余 26 个省份（不包括西藏，西藏情况比较特殊，自成一类）归为一大类，视为中低消费地区——可将该类进一步分类，分为中等消费地区和低消费地区。除此，最长距离法和类平均法的分析结果基本上是相同的。

由于 R 语言的系统聚类函数选项较多，所以我们编制了一个方便的函数进行快速聚类分析，下面建立一个系统聚类分析的函数来进行各种距离（distance）和方法（method）的聚类。

自编系统聚类函数 H. clust( ) 的用法
H. clust < - function(X,d = " euc" ,m = " comp" ,proc = F,plot = T) 　X:数值矩阵或数据框，　　d:距离计算方法(见上)，　　m:系统聚类方法(见上) 　proc:是否输出聚类过程，　　plot:是否输出聚类图

```
#在 mvstats4. xls:d7.2 中选取 A1:I32 区域,然后拷贝
d7.2 = read. table( "clipboard" ,header = T)
plot(d7.2)
```

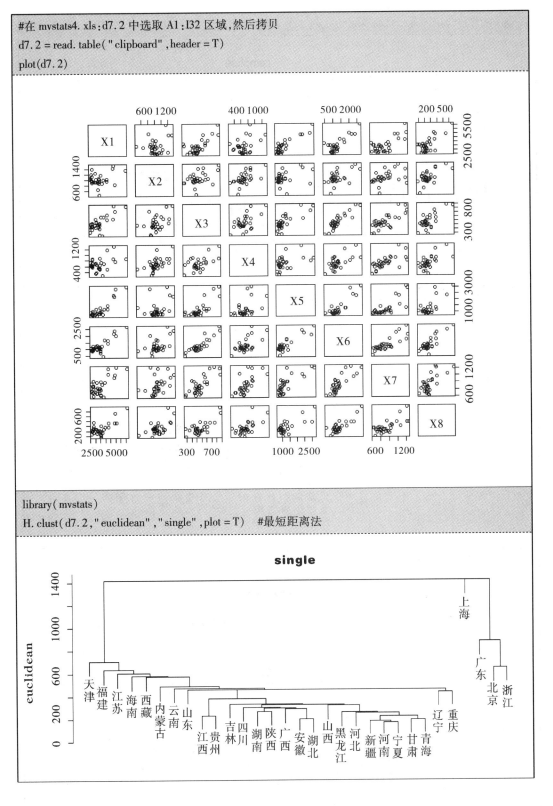

```
library( mvstats)
H. clust( d7.2 ,"euclidean" ,"single" ,plot = T)    #最短距离法
```

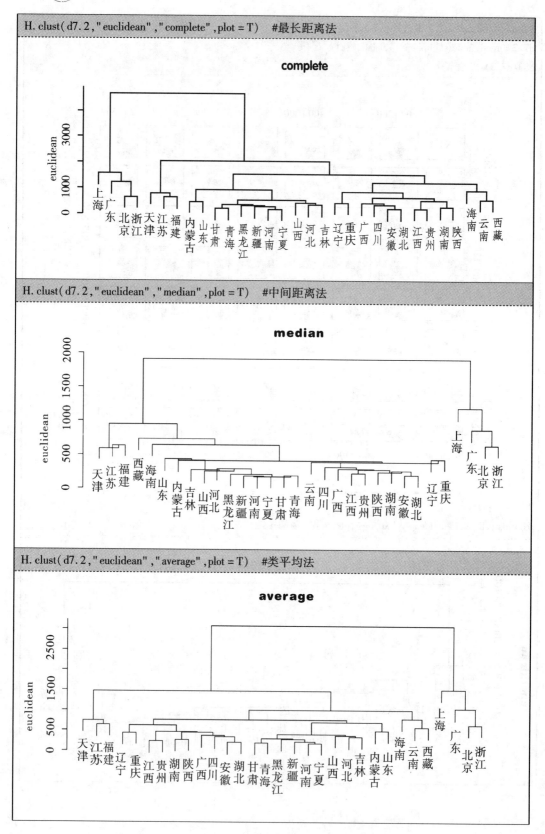

H. clust(d7.2 , " euclidean" , " complete" , plot = T)   #最长距离法

H. clust(d7.2 , " euclidean" , " median" , plot = T)   #中间距离法

H. clust(d7.2 , " euclidean" , " average" , plot = T)   #类平均法

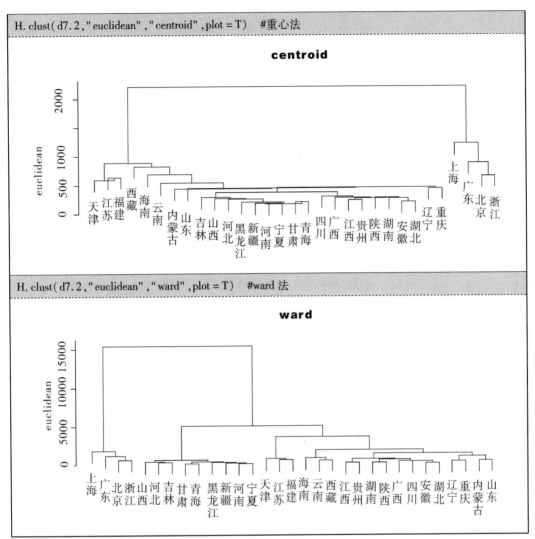

H. clust(d7.2, "euclidean", "centroid", plot = T)　#重心法

centroid

H. clust(d7.2, "euclidean", "ward", plot = T)　#ward 法

ward

综合考虑以上的分析结果，笔者认为，从我国各省、市、自治区的消费情况来看，分为四类较为合适。

表 7 – 3　　　　　　　　　　　　　按类整理聚类图结果

	第一类	第二类
分两类	1：北京； 9：上海；11：浙江； 19：广东	2：天津；10：江苏；15：山东；3：河北；4：山西；5：内蒙古；6：辽宁；7：吉林；8：黑龙江；12：安徽；13：福建；14：江西；16：河南；17：湖北；18：湖南；20：广西；21：海南；22：重庆；23：四川；24：贵州；25：云南；26：西藏；27：陕西；28：甘肃；29：青海；30：宁夏；31：新疆

（续上表）

	第一类	第二类	第三类
分三类	1：北京； 9：上海； 11：浙江； 19：广东	3：河北；4：山西； 7：吉林；8：黑龙江； 16：河南；28：甘肃； 29：青海；30：宁夏； 31：新疆	2：天津；5：内蒙古；6：辽宁；10：江苏； 12：安徽；13：福建；14：江西；15：山东； 17：湖北；18：湖南；20：广西；21：海南； 22：重庆；23：四川；24：贵州；25：云南； 26：西藏；27：陕西

	第一类	第二类	第三类	第四类
分四类	1：北京； 9：上海； 11：浙江； 19：广东	2：天津； 10：江苏； 13：福建	3：河北；4：山西； 7：吉林；8：黑龙江； 16：河南；28：甘肃； 29：青海；30：宁夏； 31：新疆	5：内蒙古；6：辽宁； 12：安徽；14：江西； 15：山东；17：湖北； 18：湖南；20：广西； 21：海南；22：重庆； 23：四川；24：贵州； 25：云南；26：西藏； 27：陕西

从表7-3可以看出，北京、上海、浙江、广东、天津、江苏、福建七个省、市的消费水平与其他省、市、自治区有较显著的差异，这是符合实际情况的。

关于系统聚类分析方法详细分析见本章案例代码。

7.4 kmeans 聚类法

7.4.1 kmeans 聚类的概念

系统聚类法需要计算出不同样品或变量的距离，还要在聚类的每一步都计算"类间距离"，相应的计算量自然比较大。特别是当样本的容量很大时，需要占据非常大的计算机内存空间，这给应用带来一定的困难。而 kmeans 法是一种快速聚类法，采用该方法得到的结果比较简单易懂，对计算机的性能要求不高，因此应用也比较广泛。

kmeans 法（K 均值法）是麦奎因（MacQueen，1967）提出的，这种算法的基本思想是将每一个样品分配给最靠近中心（均值）的类中，具体的算法至少包括以下三个步骤：

（1）将所有的样品分成 k 个初始类。

（2）通过欧氏距离将某个样品划入离中心最近的类中，并对获得样品与失去样品的类重新计算中心坐标。

（3）重复步骤（2），直到所有的样品都不能再分类为止。

kmeans 法和系统聚类法一样，都是以距离的远近亲疏为标准进行聚类的。但是两者的不同之处也很明显：系统聚类对不同的类数产生一系列的聚类结果，而 K 均值法只能产生指定类数的聚类结果。具体类数的确定，离不开实践经验的积累。有时也可借助系统聚类法，以一部分样本为对象进行聚类，其结果作为 K 均值法确定类数的参考。

7.4.2 kmeans 聚类的原理与计算

kmeans 算法以 k 为参数，把 n 个对象分为 k 个聚类，以使聚类内具有较高的相似度，而聚类间的相似度较低。相似度的计算是根据一个聚类中对象的均值来进行的。kmeans 算法的处理流程如下：随机地选择 k 个对象，每个对象初始地代表了一个簇的平均值或中心；对剩余的每个对象，根据其与各个聚类中心的距离将其赋给最近的簇；重新计算每个簇的平均值作为聚类中心进行聚类。这个过程不断重复，直到准则函数收敛。通常采用平方误差准则，其定义如下：

$$E = \sum_{i=1}^{k} \sum_{p=C_i} (p - m_i)^2$$

其中，E 为数据中所有对象与相应聚类中心的均方差之和，p 代表对象空间中的一个点，m_i 为类 C_i 的均值（p 和 m_i 均是多维的）。

该式所示的聚类标准旨在使所有获得的聚类有以下特点：各类本身尽可能地紧凑，而各类之间尽可能地分开。kmeans 迭代图如下所示：

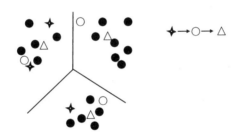

根据聚类中的均值进行聚类划分的 kmeans 算法如下：

（1）从 n 个数据对象中取任意 k 个对象作为初始簇中心。

（2）循环下述流程（3）到（4），直到每个聚类不再发生变化为止。

（3）根据每个簇中对象的均值（中心对象），计算每个对象与这些中心对象的距离，并根据最小距离重新对相应对象进行划分。

（4）重新计算每个（有变化）簇的均值。

快速聚类函数 kmeans() **的用法**
kmeans(x, centers,…)
x：数据矩阵或数据框；centers：聚类数或初始聚类中心

【例 7 – 3】 kmeans 算法的 R 语言实现及模拟分析。

本例模拟正态随机变量 $x \sim N(\mu, \sigma^2)$。

（1）首先，用 R 模拟 1 000 个均值为 0、标准差为 0.3 的正态分布随机数，再把这些随机数转化为 10 个变量、100 个对象的矩阵；其次，用同样的方法模拟 1 000 个均值为 1、标准差为 0.3 的正态分布随机数，再转化为 10 个变量、100 个对象的矩阵；再次，把这两个矩阵合并为 10 个变量、200 个样本的数据矩阵；最后，利用 kmeans 聚类法将其聚成两类，观察其聚类效果如何。R 程序如下：

x1 = matrix(rnorm(1000, mean = 0, sd = 0.3), ncol=10)
#均值为1,标准差为0.3的100×10的正态随机数矩阵
x2 = matrix(rnorm(1000, mean = 1, sd = 0.3), ncol=10)
x = rbind(x1, x2)
H. clust(x, "euclidean", "complete")

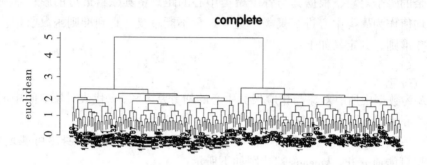

cl = kmeans(x, 2)   #kmeans 聚类

K – means clustering with 2 clusters of sizes 100, 100

Cluster means:

	[,1]	[,2]	[,3]	[,4]	[,5]	[,6]
1	0.92509363	0.979628438	1.013173661	0.98166417	1.00774076	1.01366905
2	-0.01438657	0.002553707	0.007182876	0.02216878	-0.01795538	0.02148843

	[,7]	[,8]	[,9]	[,10]
1	0.958660594	0.953604039	0.98721019	1.00988537
2	-0.003497503	-0.002056875	-0.03691529	0.02797555

Clustering vector:
[1] 2 2 2 2 2 2 2 2 2 2 2 2 2 2 2 2 2 2 2 2 2 2 2 2 2 2 2 2 2 2 2 2 2 2 2 2 2
[38] 2 2 2 2 2 2 2 2 2 2 2 2 2 2 2 2 2 2 2 2 2 2 2 2 2 2 2 2 2 2 2 2 2 2 2 2 2
[75] 2 2 2 2 2 2 2 2 2 2 2 2 2 2 2 2 2 2 2 2 2 2 2 2 2 1 1 1 1 1 1 1 1 1 1 1 1
[112] 1 1 1 1 1 1 1 1 1 1 1 1 1 1 1 1 1 1 1 1 1 1 1 1 1 1 1 1 1 1 1 1 1 1 1 1 1
[149] 1 1 1 1 1 1 1 1 1 1 1 1 1 1 1 1 1 1 1 1 1 1 1 1 1 1 1 1 1 1 1 1 1 1 1 1 1
[186] 1 1 1 1 1 1 1 1 1 1 1 1 1 1 1

Within cluster sum of squares by cluster:
[1] 94.29468 88.84025
(between_SS/total_SS = 72.5%)

Available components:

[1] "cluster"   "centers"   "totss"   "withinss"   "tot. withinss"
[6] "betweenss"   "size"

```
pch1 = rep("1",100)
pch2 = rep("2",100)
plot(x,col = cl$cluster,pch = c(pch1,pch2),cex = 0.7)
points(cl$centers,col = 3,pch = "*",cex = 3)
```

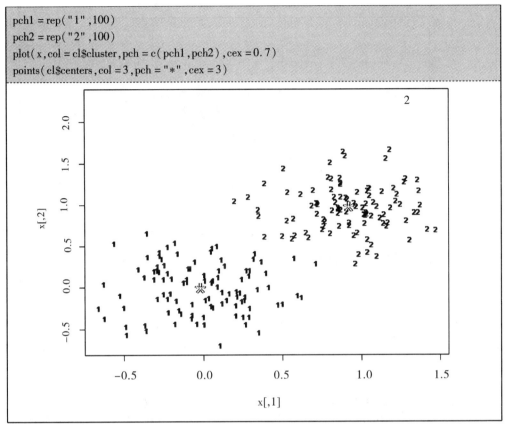

从聚类结果来看，kmeans 聚类方法可以准确地把均值为 0 和均值为 1 的两类数据分类。图中的" * "分别是两类的聚类中心。

（2）为了显示 kmeans 方法对大样本数据的优势，我们再模拟 10 000 个均值为 0、标准差为 0.3 的正态分布随机数，把这些随机数转化为 10 个变量、1 000 个对象的矩阵；然后再用同样的方法模拟 10 000 个均值为 1、标准差为 0.3 的正态分布随机数，转化为 10 个变量、1 000 个对象的矩阵；接着把这两个矩阵合并为 10 个变量、2 000 个样本的数据矩阵，再利用 kmeans 聚类方法聚成两类，观察其聚类效果如何。

```
x1 = matrix(rnorm(10000,mean = 0,sd = 0.3),ncol = 10)
#均值为 1,标准差为 0.3 的 1000×10 的正态随机数矩阵
x2 = matrix(rnorm(10000,mean = 1,sd = 0.3),ncol = 10)
x = rbind(x1,x2)
cl = kmeans(x,2)    #kmeans 聚类
pch1 = rep("1",1000)
pch2 = rep("2",1000)
plot(x,col = cl$cluster,pch = c(pch1,pch2),cex = 0.7)
points(cl$centers,col = 3,pch = "*",cex = 3)
```

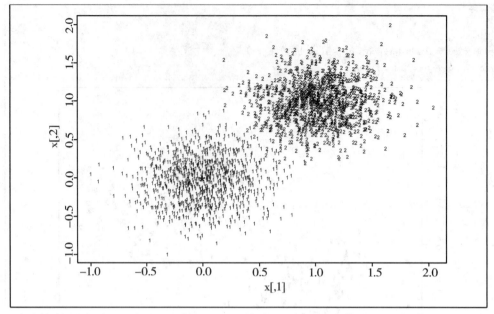

从聚类结果来看，kmeans 聚类方法可以完全准确地把均值为 0 和均值为 1 的两类数据分类。图中的"＊"分别是两类的聚类中心。这里请不要使用系统聚类法，因为有可能造成电脑死机。

7.5 聚类分析的一些问题

1. 系统聚类分析的一些特点

系统聚类分析方法与传统的统计分组方法相比具有如下特点：

（1）综合性：聚类分析可以利用多个变量的信息对样品进行分类，克服单一指标分类的弊端。

（2）形象性：聚类分析可以利用聚类图直观地表现其分类形态以及类与类之间的内在关系。

（3）客观性：聚类分析的结果克服了主观因素，比传统分类方法更客观、细致、全面和合理。

2. 关于 kmeans 算法

kmeans 算法只有在类的平均值被定义的情况下才能使用，这可能不适用于某些应用。例如，涉及有分类属性的数据，要求用户必须事先给出 k（要生成的类的数目）。这可以算是该方法的一个缺点。另外，kmeans 算法不适合分析非凸面形状的类或者大小差别很大的类。而且，它对于"噪声"和孤立点数据是敏感的，少量的该类数据能够对均值产生极大的影响。

kmeans 算法有很多变种。它们可能在初始 k 个平均值的选择、相异度的计算和计算聚类平均值的策略上有所不同。经常会产生较好的聚类结果的一个有趣策略是：首先采用层次的凝聚算法，决定结果类的数目，并找到一个初始的聚类，然后用迭代重新定位来改进聚类结果。

3. 关于变量变换

在实际问题中，不同的变量一般取的量纲不同，为了使不同的量纲也能放在一起比较，通常需要对数据作一些变换，有时即使变量用的是同一量纲，为了使数据更适用某种数学模型，也需要对数据进行变换，常用的变换有：

（1）平移变换：将某一个指标的数据同减去一个数，一般是减去均值。

（2）极差变换：将某一个指标的数据同除以该指标的极差。

（3）标准差变换：将某一个指标的数据同除以该指标的标准差。

（4）主成分变换：将数据用它们的主成分代替，有时为了简化，只取前几个主成分，或舍去次要的主成分。

（5）对数变换：将数据取对数，当数据之间数量级相差较大时常采用这一变换。

以上的变换有时同时采用，例如将数据标准化，就是先作变换（1），后作变换（3）。

4. 聚类分析总结

（1）聚类分析根据分类对象不同分为 Q 型和 R 型聚类分析。

（2）通常测量变量有三种尺度：间隔尺度、有序尺度和名义尺度，其中，间隔尺度使用得最多，本章主要讨论这种尺度。

（3）距离和相似系数这两个概念反映了样品（或变量）之间的相似程度。相似程度越高，一般两个样品（或变量）间的距离就越小或相似系数的绝对值就越大；反之，相似程度越低，一般两个样品（或变量）间的距离就越大或相似系数的绝对值就越小。

（4）系统聚类法是最常用的一种聚类方法，常用的系统聚类方法有最短距离法、最长距离法、中间距离法、类平均法、重心法、离差平方和法等。

案例分析：全国区域经济的聚类分析

一、数据管理

为了对全国区域经济进行分析评价，今收集 1998 年 16 个反映国民经济发展的指标：

X_1——人均 GDP（元）；

X_2——第三产业占 GDP 比重（%）；

X_3——商品出口依存度（%）；

X_4——研究与开发经费占 GDP 比重（%）；

X_5——工业化进程；

X_6——人均财政教育经费（元）；

X_7——人口自然增长率（%）；

X_8——城镇人口比重（%）；

X_9——信息化综合指数（%）；

X_{10}——城镇居民恩格尔系数（%）；

X_{11}——城镇人均房屋使用面积（平方米）；

X_{12}——平均每名医生服务人口（人）；

X_{13}——"三废"处理治理达标率（%）；

X_{14}——耕地垦殖指数（%）；

X_{15}——城市人均公共绿地面积（平方米）；

X_{16}——污染治理项目投资占 GDP 比重（%）。

应用系统聚类法对区域经济进行综合分析。下表是 1998 年全国区域经济综合评价指标。

	A	X1	X2	X3	X4	X5	X6	X7	X8	X9	X10	X11	X12	X13	X14	X15
2	北京	18482	56.6	43.3	8.39	0.8918	335	0.7	58.9	68.3	0.41	14.83	240	89.2	23.8	8
3	天津	14808	45.1	34.1	1	0.9089	234	3.4	54.5	54.9	0.44	12.58	309	89.5	38.7	4.06
4	河北	6525	32.5	6.1	0.16	0.4786	83	6.83	18.6	32.9	0.4	12.86	632	79.4	34.7	5.61
5	山西	5040	33.6	4.6	0.39	0.5962	91	9.92	74.1	30.1	0.43	11.97	441	61.5	24.3	3.83
6	内蒙古	5068	31.1	3.7	0.25	0.41	104	8.23	33.8	29	0.41	12.07	451	76.2	4.6	5.9
7	辽宁	9333	38.5	17.2	0.59	0.6797	119	4.58	44.8	39.4	0.45	11.68	424	81.4	22.6	5.88
8	吉林	5916	34.1	4	0.64	0.3945	106	6.05	42.5	33.3	0.46	11.72	448	79.7	21.1	5.74
9	黑龙江	7544	30.5	2.7	0.24	0.699	97	6.36	43.7	32.9	0.44	11.45	496	84.1	19.8	6.45
10	上海	28253	47.8	35.8	1.47	1.1922	487	-1.8	65.2	68.1	0.51	13.91	293	92.4	50	2.84
11	江苏	10021	35.3	18	0.42	0.6603	125	4.13	26.9	37	0.45	14.72	619	86.8	43.4	7.7
12	浙江	11247	33	18	0.19	0.7365	121	4.82	20.4	43.4	0.43	19.86	637	81.9	16.2	6.93
13	安徽	4576	29	4.4	0.23	0.4109	64	9.2	18.9	25.4	0.5	11.44	909	85.1	30.7	6.68
14	福建	10369	38.3	24.8	0.11	0.6772	141	5.33	19.6	40.8	0.52	16.96	785	77.7	9.9	6.5
15	江西	4484	35.7	4.6	0.21	0.4045	67	9.8	21.2	25.8	0.49	13.31	791	78.2	13.8	5.65
16	山东	8120	34.8	12	0.21	0.5828	101	5.46	26	31.4	0.4	14.69	665	83.7	44.6	6.55
17	河南	4712	29.2	2.3	0.32	0.3873	62	7.8	17.6	27.8	0.43	12.13	871	85.4	42.5	5.41
18	湖北	6300	32.5	3.8	0.7	0.5716	73	5.88	27.5	28.8	0.44	14.29	585	79.1	18.1	7.86
19	湖南	4953	33.9	3.3	0.37	0.4095	61	5.21	19.2	26.1	0.44	13.73	699	69.2	15.5	4.78
20	广东	11143	36.9	79.1	0.31	0.7674	154	10.9	31.1	52.4	0.44	17.68	680	77.4	13	8.33
21	广西	4076	34.2	7.8	0.23	0.3789	74	9.01	17.2	25.8	0.46	14.24	779	72.3	11	7.08
22	海南	6022	42	14.4	0.29	0.3504	105	12.92	24.7	31	0.55	15.17	579	81.8	12.7	11.26
23	重庆	4684	38.1	3	0.37	0.4165	58	5.51	20.1	29.5	0.45	12.17	712	71.1	19.4	2.29
24	四川	4339	31.1	2.7	1.04	0.3957	58	7.48	17.2	26.7	0.45	13.61	669	66.6	9.3	4.16
25	贵州	2342	29.8	3.8	0.29	0.3104	63	14.26	14.1	23.4	0.48	11.09	831	52.5	10.8	7.63
26	云南	4355	31.1	5.2	0.42	0.5916	121	12.1	14.6	28.6	0.44	13.36	702	60.3	7.6	7.54
27	西藏	3716	43.5	4.4	0.31	0.3855	208	15.9	13.5	13.8	0.53	18.97	504	34.1	0.2	29.54
28	陕西	3834	38.4	7.1	2.37	0.3745	73	7.13	21.8	30	0.41	10.63	571	78.6	16.5	3.74
29	甘肃	3456	32.8	3.3	0.97	0.3376	77	10.04	18.7	28.3	0.46	11.24	663	76.4	7.7	3.5
30	青海	4367	40.9	3.9	0.45	0.4552	119	14.48	26.4	26.8	0.45	8.72	503	79.5	0.8	3.02
31	宁夏	4270	37.3	7.6	0.47	0.3858	111	13.08	28.3	35.6	0.42	11.24	489	72.5	12.2	3.85
32	新疆	6229	35.4	5.5	0.24	0.5737	137	12.81	35.3	30.8	0.45	12.46	406	70.3	2	5.79

Case1　Case2　Case3　Case4　Case5　Case6　Case7　Case8　Case9　Case10　Case11　Case12　Case13

二、R 语言操作

1. 调入数据

将 Case6 中的数据复制，然后在 RStudio 编辑器中执行 Case6 = read. table("clipboard", header = T)。

2. 系统聚类

在该系统聚类过程中，采用的是欧氏度量，选择的方法是 Ward 法，考虑到各个指标的度量单位不同，对数据进行了标准化。

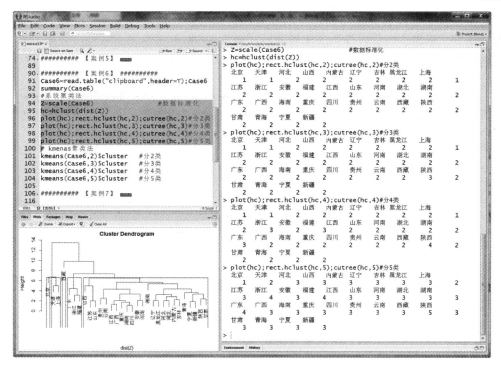

按五类整理聚类图结果*

	第一类	第二类								
分两类	北京 天津 上海	西藏　广东　海南　浙江　福建　安徽　河南　江西　广西　重庆 湖南　四川　贵州　云南　江苏　山东　青海　宁夏　新疆　陕西 甘肃　山西　辽宁　黑龙江　河北　湖北　内蒙古　吉林								

	第一类	第二类	第三类							
分三类	北京 天津 上海	广东 海南 浙江 福建	安徽　河南　江西　广西　重庆　湖南　四川　贵州 云南　江苏　山东　青海　宁夏　新疆　陕西　甘肃 山西　辽宁　黑龙江　河北　湖北　内蒙古　吉林							

	第一类	第二类	第三类	第四类
分四类	北京 天津 上海	广东 海南 浙江 福建	安徽　河南　江西 广西　重庆　湖南 四川　贵州　云南	江苏　山东　青海　宁夏　新疆 陕西　甘肃　山西　辽宁 黑龙江　河北　湖北　内蒙古 吉林

* 西藏情况特殊，可单独分为一类。

　　从上面的聚类图和聚类结果表可以看到，在 1998 年以前我国的经济发展是不平衡的，综合经济实力最强的地区是北京、天津和上海。其次是沿海经济开放地区：广东、海南、浙江、福建。其中西藏自治区的情况比较特殊，如果将其进一步归类，它可以和沿海经济开放地区接近，主要原因是虽然它的人均 GDP 不是很高，但它在如城市人均公共绿地面积（平方米）、污染治理项目投资占 GDP 比重（％）等方面远大于其他省份。靠近上述地区的一些省市，如安徽、河南、江西、广西、重庆、湖南、四川、云南等经济发展也较快。而西部、北部和一些内陆省份，如青海、甘肃、宁夏、陕西、黑龙江、吉林、辽宁、新疆、内蒙古等经济比较落后。而在 1998 年江苏和山东经济才刚刚起步，但后来的发展速度很快。

该案例程序如下所示：

```
Case6 = read. table( "clipboard" , header = T) ;Case6
Z = scale( Case6)                    #数据标准化
hc = hclust( dist( Z) )
plot( hc) ;rect. hclust( hc,2) ;cutree( hc,2)    #分 2 类
plot( hc) ;rect. hclust( hc,3) ;cutree( hc,3)    #分 3 类
plot( hc) ;rect. hclust( hc,4) ;cutree( hc,4)    #分 4 类
plot( hc) ;rect. hclust( hc,5) ;cutree( hc,5)    #分 5 类
```

下面是 kmeans 聚类的结果，请对照研究。

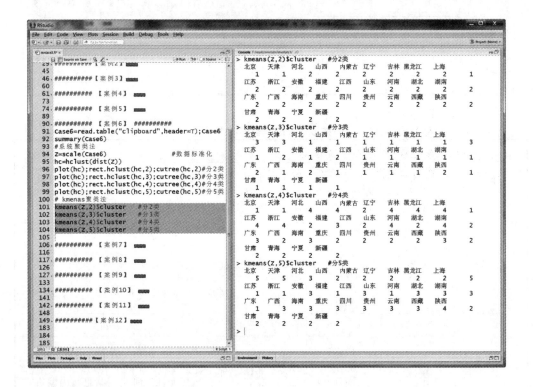

思考练习题

一、思考题（手工解答，上交作业本）

1. 聚类分析的基本思想是什么？

2. 聚类分析中为什么还提出马氏距离？

3. 聚类分析有哪几种类型，哪几种方法，聚类分析中相似性度量的统计指标有哪些？

4. 试述系统聚类的基本思想、系统聚类中常用的基本方法。

5. 下面给出五个元素两两之间的距离，试用最短距离法对其进行聚类分析，画出聚类图，并按两类、三类进行分类。

$$
\begin{array}{c}
\quad\ 1\quad 2\quad 3\quad 4\quad 5 \\
\begin{array}{c}
1 \\
2 \\
3 \\
4 \\
5
\end{array}
\left(
\begin{array}{ccccc}
0 & & & & \\
10 & 0 & & & \\
13 & 25 & 0 & & \\
12 & 24 & 1 & 0 & \\
11 & 23 & 3 & 2 & 0
\end{array}
\right)
\end{array}
$$

二、练习题（计算机分析，发电子邮件）

1. 下面给出五个元素两两之间的距离，试利用最短距离法、最长距离法和类平均法作出五个元素的谱系聚类，画谱系图并作出比较。

$$
\begin{array}{c}
\quad\ 1\quad 2\quad\ 3\quad\ 4\quad 5 \\
\begin{array}{c}
1 \\
2 \\
3 \\
4 \\
5
\end{array}
\left(
\begin{array}{ccccc}
0 & & & & \\
4 & 0 & & & \\
6 & 9 & 0 & & \\
1 & 7 & 10 & 0 & \\
6 & 3 & 5 & 8 & 0
\end{array}
\right)
\end{array}
$$

2. 为了比较我国 31 个省、市、自治区 2013 年和 2007 年城镇居民生活消费的分布规律，根据调查资料作区域消费类型划分，并将 2013 年和 2007 年的数据进行对比分析。今收集了八个反映城镇居民生活消费结构的指标（2013 年数据）：

X_1——人均食品支出（元/人）；

X_2——人均衣着商品支出（元/人）；

X_3——人均家庭设备用品及服务支出（元/人）；

X_4——人均医疗保健支出（元/人）；

X_5——人均交通和通信支出（元/人）；

X_6——人均娱乐教育文化服务支出（元/人）；

X_7——人均居住支出（元/人）；

X_8——人均杂项商品和服务支出（元/人）。

	X_1	X_2	X_3	X_4	X_5	X_6	X_7	X_8
北京	8 170.22	2 794.87	1 974.25	1 717.58	4 106.04	3 984.86	2 125.99	1 401.08
天津	7 943.06	1 950.68	1 205.62	1 694.29	3 468.86	2 353.43	2 088.62	1 007.31
河北	4 404.93	1 488.11	977.46	1 117.30	2 149.57	1 550.63	1 526.28	426.29
山西	3 676.65	1 627.53	870.91	1 020.61	1 775.85	2 065.44	1 612.36	516.84
内蒙古	6 117.93	2 777.25	1 233.39	1 394.80	2 719.92	2 111.00	1 951.05	943.72
辽宁	5 803.90	2 100.71	1 145.57	1 343.05	2 589.18	2 258.46	1 936.10	852.69
吉林	4 658.13	1 961.20	908.43	1 692.11	2 217.87	1 935.04	1 932.24	627.30
黑龙江	5 069.89	1 803.45	796.38	1 334.80	1 661.35	1 396.38	1 543.29	556.16
上海	9 822.88	2 032.28	1 705.47	1 350.28	4 736.36	4 122.07	2 847.88	1 537.78
江苏	7 074.11	2 013.00	1 378.85	1 122.00	3 135.00	3 290.00	1 564.30	794.00
浙江	8 008.16	2 235.21	1 400.57	1 244.37	4 568.32	2 848.75	2 004.69	947.13

（续上表）

	X_1	X_2	X_3	X_4	X_5	X_6	X_7	X_8
安徽	6 370.23	1 687.49	898.55	869.89	2 411.16	1 904.15	1 663.55	480.16
福建	7 424.67	1 685.07	1 416.94	935.50	3 219.46	2 448.36	2 013.53	949.19
江西	5 221.10	1 566.49	1 004.15	672.50	1 812.78	1 671.24	1 414.89	471.58
山东	5 625.94	2 277.03	1 269.65	1 109.37	2 474.83	1 909.84	1 780.07	665.52
河南	4 913.87	1 916.99	1 281.06	1 054.54	1 768.28	1 911.16	1 315.28	660.81
湖北	6 259.22	1 881.85	1 059.22	1 033.46	1 745.05	1 922.83	1 456.30	391.57
湖南	5 583.99	1 520.35	1 146.65	1 078.82	2 409.83	2 080.46	1 529.50	537.51
广东	8 856.91	1 614.87	1 539.09	1 122.71	4 544.21	3 222.40	2 339.12	893.95
广西	5 841.16	1 015.88	1 086.46	776.26	2 564.92	2 083.99	1 662.50	386.46
海南	6 979.22	932.63	1 030.79	734.28	2 005.73	1 923.48	1 578.65	408.26
重庆	7 245.12	2 333.81	1 325.91	1 245.33	1 976.19	1 722.66	1 376.15	588.70
四川	6 471.84	1 727.92	1 196.65	1 019.04	2 185.94	1 877.55	1 321.54	542.99
贵州	4 915.02	1 401.85	1 083.77	633.72	1 870.08	1 950.28	1 496.49	351.66
云南	5 741.01	1 356.40	987.24	1 085.46	2 197.73	2 045.29	1 384.91	357.61
西藏	5 889.48	1 528.14	541.46	617.97	500.60	1 551.34	963.99	638.89
陕西	6 075.58	1 915.33	1 060.49	1 310.19	2 019.08	2 208.06	1 465.81	626.16
甘肃	5 162.87	1 747.32	939.48	1 117.42	1 503.61	1 547.65	1 596.00	406.37
青海	4 777.10	1 675.06	890.08	813.13	1 742.96	1 471.98	1 684.78	484.41
宁夏	4 895.20	1 737.21	1 001.82	1 158.83	2 503.65	1 868.42	1 497.98	657.99
新疆	5 323.50	2 036.94	977.80	1 179.77	2 210.25	1 597.99	1 275.35	604.55

数据来源：《中国统计年鉴 2014》。

试对该数据进行聚类分析。

3. 按例 7-3 模拟方法对 $n=20,50,100,1\,000,10\,000$ 分别进行 kmeans 法聚类分析。

案例分析题

从给定的题目出发，按内容提要、指标选取、数据搜集、R 语言计算过程、结果分析与评价等方面进行案例分析。

1. 研究世界上部分发达国家经济和社会发展水平。

2. 对 2005 年和 2015 年中国房地产经济分区作初步探讨。

3. 按照城乡居民消费水平，将 2015 年我国 31 个省、市、自治区分类。

4. 横向比较 31 个省、市、自治区 2015 年工业的经济效益和科技水平。

5. 对我国 31 个省、市、自治区根据农林牧副渔各生产值的大小进行分类。

6. 从科技研究与发展状况角度对全国 31 个省、市、自治区进行分类。

7. 探讨聚类分析在研究各国国际竞争力中的应用。

8. 对 2015 年全国区域科技创新能力进行综合分析。

9. 研究中国 35 个核心城市的综合竞争力。

8 主成分分析及 R 使用

【**目的要求**】了解主成分分析的统计思想和实际意义，以及它的数学模型和在二维空间上的几何解释；掌握主成分的推导步骤及其重要的基本性质；能够利用计算软件，自己编程解决实际问题并给出分析报告。

【**教学内容**】主成分分析的目的和意义；主成分分析的数学模型及几何解释；主成分的推导及基本性质；计算程序中有关主成分分析的算法基础；主成分分析的基本步骤以及实证分析。

主成分分析（principal component analysis，简记 PCA）是将多指标化为少数几个综合指标的一种统计分析方法，是由 Pearson（1901）提出，后来被 Hotelling（1933）发展起来的。主成分分析是通过降维技术把多个变量化为少数几个主成分的方法，这些主成分保留原始变量的绝大部分信息，它们通常表示为原始变量的线性组合。通过主成分分析，可以从事物错综复杂的关系中找出一些主要成分，从而能有效利用大量统计数据进行定量分析，揭示变量之间的内在关系，得到一些对事物特征及其发展规律的深层次的启发，把研究工作引向深入。

每当学年要结束时，学校老师总是要对学生的成绩作一番评估。如何评估呢？以小学为例，一般学校的科目有语文、数学、自然、历史等。每个学生的成绩是各科成绩分别加起来的，如将语文、数学、自然和历史分数加起来作为总成绩。由于各门课程在总分中占的比重不全相同，单纯地把它们相加一般是不行的。依照各科考试的内容，各科目应当以加权比例来计算分数，怎么做呢？可以用 a_1、a_2、a_3、a_4 等系数（权数）大小来作为加权的依据。例如，$a_1 \times$ 语文 $+ a_2 \times$ 数学 $+ a_3 \times$ 自然 $+ a_4 \times$ 历史，即等于加权过后的总成绩。这种方法实际上也是主成分分析的一种。

假定你是一个公司的财务经理，掌握了公司的所有数据，比如固定资产、流动资金、每一笔借贷的数额和期限、各种税费、工资支出、原料消耗、产值、利润、折旧情况、职工人数、职工的分工和教育程度等等。如果让你向上级介绍公司状况，你能够把这些指标和数字都原封不动地摆出去吗？当然不能。你必须对各个方面进行高度概括，用一两个指标简单明了地把情况说清楚。其实，每个人都会遇到有很多变量的数据，比如，全国或各个地区带有许多经济和管理变量的数据；各个学校的研究、教学等带有各种变量的数据等。这些数据的共同特点是变量很多，在如此多的变量之中，有很多是相关的。人们希望能够找出其中的少数"代表"来对它们进行描述。本章就是研究把变量维数降低以便于描述、理解和分析的方法——主成分分析法。

8.1 主成分分析的直观解释

主成分分析就是一种通过降维技术把多个指标化为少数几个综合指标的统计分析方法。其基本思想是：设法将原来众多具有一定相关性的指标，重新组合成一组新的相互无关的综合指标，并代替原来的指标。数学上的处理就是对原来的 p 个指标作线性组合，作为新的指标。第一个线性组合，即第一个综合指标记为 y_1，为了使该线性组合具有唯一性，要求在所有的线性组合中，y_1 的方差最大，即 var（y_1）最大，它所包含的信息最多。如果第一个主成分不足以代表原来 p 个指标的所有信息，再考虑选取第二个主成分 y_2，并要求 y_1 已有的信息不出现在 y_2 中，即 $cov(y_1,y_2)=0$。

上面所述的成绩数据是四维的，也就是说，每个观测值是四维空间中的一个点。每一维代表了一个变量。用少数综合变量表示原先的变量，就是一个降维的过程。为了直观地描述这个降维的过程，先假定数据只是两个变量的观测值，即二维数据。

主成分分析在变量降维方面扮演着很重要的角色，是进行多变量综合评价的有力工具。从图 8 - 1 可见，图中变量和成分间的关系 x_1 和 x_2 是沿着一定轨迹分布的数据，单独选择 x_1 或 x_2 都会丧失较多的原始信息。作正交（垂直）旋转，得到新的坐标轴 y_1 和 y_2。旋转后数据主要是沿 y_1 方向散布，在 y_2 方向的离散程度很低，另外，y_1 和 y_2 是互相垂直的，表明它们互不相关。即使只是单独提取变量 y_1 而放弃变量 y_2，丧失的信息也是很微小的。通常把 y_1 称为第一主成分，y_2 称为第二主成分。主成分分析的关键是要寻找一组相互正交的向量，原变量乘上该组正交的向量后能得到新变量组。

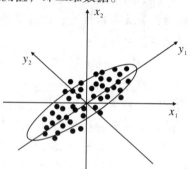

图 8 - 1　变量与主成分的关系图

如果这两个变量分别由横轴和纵轴表示，每个观测值都有相应于这两个坐标轴的两个坐标值，也就是这个二维坐标系中的一个点。如果这些数据点形成一个有椭圆形轮廓的点阵，那么这个椭圆就有一个长轴和一个短轴。在短轴方向上，数据变化较小。如果两个坐标轴和椭圆的长短轴平行，那么代表长轴的变量就描述了数据的主要变化，而代表短轴的变量就描述了数据的次要变化。

但是，坐标轴通常并不和椭圆的长短轴平行。因此，需要寻找椭圆的长短轴，并进行变换，使得新变量和椭圆的长短轴平行。如果长轴变量代表了数据包含的大部分信息，就用该变量代替原先的两个变量（舍去次要的短轴变量），降维就完成了。在极端的情况下，即短轴如果退化成一点，那么只有长轴变量才能够解释这些点的变化，这样，由二维到一维的降维就自然完成了。图 8 - 1 就是一个这样的椭圆的示意图。椭圆的长短轴相差得越大，降维也就越有道理。

以 x_1 和 x_2 表示图中的横轴和纵轴，将 x_1 和 x_2 同时按逆时针方向旋转 θ 度，得到新的坐标轴 y_1 和 y_2，y_1 和 y_2 是两个新变量，其旋转公式为：

$$\begin{cases} y_1 = \cos\theta x_1 + \sin\theta x_2 \\ y_2 = -\sin\theta x_1 + \cos\theta x_2 \end{cases}$$

新变量 y_1 和 y_2 是旧变量 x_1 和 x_2 的线性组合，其矩阵形式为：

$$\begin{bmatrix} y_1 \\ y_2 \end{bmatrix} = \begin{bmatrix} \cos\theta & \sin\theta \\ -\sin\theta & \cos\theta \end{bmatrix} \begin{bmatrix} x_1 \\ x_2 \end{bmatrix} = Ux$$

其中，U 为旋转变换矩阵，它是正交矩阵，即 $UU'=I$。

多维变量的情况和二维类似，也有高维的椭球，只不过无法直观地看见罢了。首先把高维椭球的各个主轴找出来，再用代表大多数数据信息的最长的几个轴作为新变量，这样，主成分分析就基本完成了。注意：和二维情况类似，高维椭球的主轴也是互相垂直的。这些互相正交的新变量是原先变量的线性组合，叫主成分。

【例8-1】续例2-2，根据12名学生的生长发育指标数据作变量与主成分的关系图。

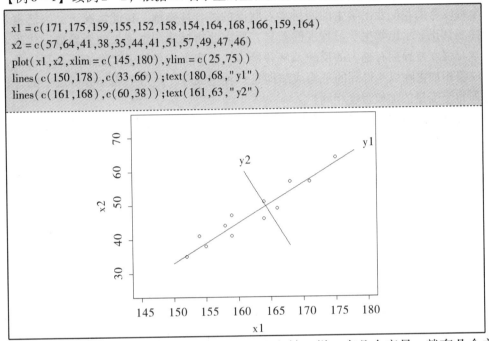

```
x1 = c(171,175,159,155,152,158,154,164,168,166,159,164)
x2 = c(57,64,41,38,35,44,41,51,57,49,47,46)
plot(x1,x2,xlim = c(145,180),ylim = c(25,75))
lines(c(150,178),c(33,66));text(180,68,"y1")
lines(c(161,168),c(60,38));text(161,63,"y2")
```

正如二维椭圆有两个主轴、三维椭球有三个主轴一样，有几个变量，就有几个主成分。当然，选择越少的主成分，降维就越容易。而其标准就是这些被选中的主成分所代表的主轴的长度之和占了主轴长度总和的大部分。有些文献建议，所选主轴的总长度占所有主轴长度之和的大约85%即可，其实，这只是一个大体的说法，具体选几个，要看实际情况而定。但如果所有涉及的变量都不那么相关，就很难降维，这些不相关的变量就只有自己代表自己了。

8.2　主成分分析的性质

1. 主成分的一些说明

简而言之，对于某一问题可以同时考虑好几个变量时，我们并不对这些变量个别处理，而是将它们综合起来处理，这就是主成分分析。

实际上，主成分分析的主要目的是用较少的变量去解释原来资料中的大部分变异，亦即期望能将手中许多相关性很高的变量转化成彼此互相独立的变量，能由其中选取比原始变量个数少且能解释大部分资料之变异的几个新变量，也就是所谓的主成分，而这几个主成分也就成为我们用来解释资料的综合性指标。

那为什么要用解释变异的能力来寻找主成分呢？以考试为例，考试的目的是评估学生的学习程度及能力，当我们只想知道学生的学习程度如何时，可借由一份良好的试卷来测验出学生的学习程度分布状况。可是，怎样才是一份良好的试卷呢？当然是学习程度好的学生所考的成绩较高，而学习程度差的学生成绩就较低，亦即试卷能真正反映出学生学习程度差异的真实分布状况。就统计上而言，即是此份考卷的分数能产生越大的变异数（方差），就越能够反映学生彼此程度之差异。而在上例中，当我们不想个别处理四科成绩所反映的各科能力状况，却想作一个总体性学习状况比较时，便要用所谓的主成分分析来找出主成分，这里的主成分即由原来四科成绩线性组合而成的新变量，亦即一个可以帮助我们看出学生的四科学习状况的综合性指标。在此情况下，当然也希望此指标能真正显示出学生学习程度的差异，所以此指标能产生越大的变异数，代表对学生之学习程度差异拥有越大的反映及解释能力。事实上，我们平常用的算术平均法，将四科成绩相加再除以 4 得到的平均成绩即是一种主成分，此乃主成分分析法中的一种特例（即每个变量的加权程度相同）。

主成分分析的成分 y_i 和原来变量 x_i 之间的关系（假定原先有 p 个变量）：

$$\begin{cases} y_1 = u_{11}x_1 + u_{12}x_2 + \cdots + u_{1p}x_p = u'_1 x \\ y_2 = u_{21}x_1 + u_{22}x_2 + \cdots + u_{2p}x_p = u'_2 x \\ \qquad\qquad\qquad\qquad \vdots \\ y_p = u_{p1}x_1 + u_{p2}x_2 + \cdots + u_{pp}x_p = u'_p x \end{cases}$$

这里，u_{ij} 为第 i 个成分 y_i 和第 j 个原先的变量 x_j 之间的线性相关系数。

y_1，y_2，$\cdots$，y_p 分别叫第一主成分，第二主成分，$\cdots$，第 p 主成分，而总和的特性也就是用这些线性关系式的系数 u_{i1}，u_{i2}，$\cdots$，u_{ip} 来表示的。其中，在选择加权数 u_{i1}，u_{i2}，$\cdots$，u_{ip} 时要使 y_1 能得到最大解释变异的能力，即要使 y_1 能得到最大的变异数，而 y_2 则能对原始资料中尚未被 y_1 解释的变异部分拥有最大解释能力，若依此类推，我们可以找出 m 个 $y(m \leqslant p)$，通常原始数据有 p 个 x 变量时，经过转换后，仍可找出 p 个 y。然而我们最多只选择 m 个 $y_i(i = 1,2,\cdots,m, \ m \leqslant p)$，希望此 m 越小越好，但解释能力却能达到80%以上。除此之外，m 个 y_i 与原来的 p 个变量 x_j 的最大差别是：原始变量中多为彼此相关的变量，经过线性转换后所产生的 m 个 y_i 则为彼此不相关的新变量。

2. 主成分的推导

设 $y = a_1 x_1 + a_2 x_2 + \cdots + a_p x_p = a' x$

其中，$a = (a_1, a_2, \cdots, a_p)'$，$x = (x_1, x_2, \cdots, x_p)'$，求主成分就是寻找 x 的线性函数 $a'x$，使相应的方差达到最大，即 $\text{var}(a'x) = a' \sum a$ 达到最大，且 $a'a = 1$（目的是使 a 唯一）。此处，$\sum$ 为 x 的协方差阵。

定理8.1 设 $A \geqslant 0$ 为对称阵，λ_i、λ_j 是它的两个不相同的特征根，相应的特征向量 l_i 和 l_j 互相正交，则 A 可表示为 $A = T\Lambda T' = \sum\limits_{i=1}^{p} \lambda_i l_i l_i'$，称为 A 的谱分解。即存在一个正交阵 T，使 $T'AT = \text{diag}(\lambda_1, \lambda_2, \cdots, \lambda_p) = \Lambda$。$T$ 的列向量为相应的特征向量。

设 $\sum$ 的特征根为 $\lambda_1 \geqslant \lambda_2 \geqslant \cdots \geqslant \lambda_p > 0$，相应的单位特征向量为 u_1，u_2，$\cdots$，u_p，令 $U = (u_1, u_2, \cdots, u_p)$，则 $U'U = UU' = I$，即 U 为正交阵，且：

$$\sum = U\Lambda U' = U\text{diag}(\lambda_1, \lambda_2, \cdots, \lambda_p) U' = \sum_{i=1}^{p} \lambda_i u_i u_i'$$

因此，$a' \sum a = \sum\limits_{i=1}^{p} \lambda_i a' u_i u_i' a = \sum\limits_{i=1}^{p} \lambda_i (a' u_i)(a' u_i)' = \sum\limits_{i=1}^{p} \lambda_i (a' u_i)^2$。

于是，$a' \sum a \leqslant \lambda_1 \sum\limits_{i=1}^{p} (a' u_i)^2 = \lambda_1 (a' U)(a' U)' = \lambda_1 a' UU' a = \lambda_1 a' a = \lambda_1$。

当取 $a = u_1$ 时，$u_1' \sum u_1 = u_1' \lambda_1 u_1 = \lambda_1$。于是 $y_1 = u_1' x$ 就是第一主成分，它的方差最大，为 $\mathrm{var}(y_1) = \mathrm{var}(u_1' x) = \lambda_1$。

同理，$\mathrm{var}(y_i) = \mathrm{var}(u_i' x) = \lambda_i$。

另外，$\mathrm{cov}(y_i, y_j) = \mathrm{cov}(u_i' x, u_j' x) = u_i' \sum u_j = u_i' \lambda_j u_j = \lambda_j u_i' u_j = 0, i \neq j$。

上述推导表明：变量 x 的主成分 y 是以 $\sum$ 的特征向量为系数的线性组合，它们是互不相关、方差为 $\sum$ 的特征根。而 $\sum$ 的特征根 $\lambda_1 \geq \lambda_2 \geq \cdots \geq \lambda_p > 0$，所以有：$\mathrm{var}(y_1) \geq \mathrm{var}(y_2) \geq \cdots \geq \mathrm{var}(y_p) > 0$。

3. 主成分的性质

根据以上分析，我们可得出主成分的如下一些性质：

（1）$y = U' x$，$U' U = I$，这里，U 为 x 的协方差阵的特征向量组成的正交阵。

（2）y 的各分量之间是互不相关的。

（3）y 的 p 个分量是按方差大小由大到小排列的。

（4）y 的协方差阵为对角阵。

（5）$\sum\limits_{i=1}^{p} \sigma_{ii} = \sum\limits_{i=1}^{p} \lambda_i$，这里，$\sum = (\sigma_{ii})_{p \times p}$。

由（5）知，$\sum\limits_{i=1}^{p} \mathrm{var}(y_i) = \sum\limits_{i=1}^{p} \mathrm{var}(x_i)$，也就是说，主成分把 p 个原始变量的总方差分解成 p 个不相关的新变量的方差之和。主成分分析的目的就是减少变量的个数，忽略一些较小方差的主成分不会给总方差带来大的影响。

定义 $\lambda_k / \sum\limits_{i=1}^{p} \lambda_i$ 为第 k 个主成分 y_k 的方差贡献率，第一个主成分的贡献率最大，表明 y_1 综合原始变量 x_1，x_2，$\cdots$，x_p 的能力最强，而 y_2，y_3，$\cdots$，y_p 的综合能力依次递减。若只取 $m\,(< p)$ 个主成分，则称 $\sum\limits_{i=1}^{m} \lambda_i / \sum\limits_{i=1}^{p} \lambda_i$ 为主成分 y_1，y_2，$\cdots$，y_m 的累积方差贡献率，它表明 y_1，y_2，$\cdots$，y_m 的综合 x_1，x_2，$\cdots$，x_p 的能力，通常取 m 使得累积贡献率不低于 80% 即可（一些文献也认为只要特征根 λ_i 大于 1 即可）。

（6）$a(y_i, x_j) = \sqrt{\lambda_i} u_{ij} / \sqrt{\sigma_{jj}}$，这里 i，$j = 1$，2，$\cdots$，p。

这里，$a(y_i, x_j)$ 表示第 i 个主成分 y_i 与原来变量 x_j 的相关系数，也称为主成分负荷（loadings，在因子分析中称为因子载荷），矩阵 $A = (a_{ij})$ 称为因子载荷矩阵。在实际中，通常用 a_{ij} 代替 u_{ij} 作为主成分系数，因为它是标准化系数，能反映变量影响的大小。

8.3　主成分分析的步骤

1. 主成分的计算步骤

（1）设有 n 个样品，p 个指标，将原始数据标准化，得标准化数据矩阵：

$$X = \begin{bmatrix} x_{11} & x_{12} & \cdots & x_{1p} \\ x_{21} & x_{22} & \cdots & x_{2p} \\ \vdots & \vdots & \vdots & \vdots \\ x_{n1} & x_{n2} & \cdots & x_{np} \end{bmatrix}$$

（2）建立变量的相关系数阵：$R = (r_{ij})_{p \times p} = X' X$。

（3）求 R 的特征值 $\lambda_1 \geq \lambda_2 \geq \cdots \geq \lambda_p > 0$ 及相应的单位特征向量：

$$u_1 = \begin{bmatrix} u_{11} \\ u_{21} \\ \vdots \\ u_{p1} \end{bmatrix}, u_2 = \begin{bmatrix} u_{12} \\ u_{22} \\ \vdots \\ u_{p2} \end{bmatrix}, \cdots, u_p = \begin{bmatrix} u_{1p} \\ u_{2p} \\ \vdots \\ u_{pp} \end{bmatrix}$$

（4）写出主成分：$y_i = u_{i1}x_1 + u_{i2}x_2 + \cdots + u_{ip}x_p$，这里 $i = 1, 2, \cdots, p$。

2. 主成分的分析过程

（1）将原始数据标准化，以消除变量间在数量级和量纲上的不同。

（2）求标准化数据的相关矩阵。

（3）求相关矩阵的特征值和特征向量。

（4）计算方差贡献率与累积方差贡献率：每个主成分的贡献率代表了原数据总信息量的百分比。

（5）确定主成分：设 $C_1, C_2, \cdots, C_p$ 为 p 个主成分，其中前 m 个主成分包含的数据信息总量（即其累积方差贡献率）不低于80%时，可取前 m 个主成分来反映原评价对象。

（6）用原指标的线性组合来计算各主成分得分：以各主成分对原指标的相关系数（即载荷系数）为权，将各主成分表示为原指标的线性组合，而主成分的经济意义则由各线性组合中权数较大的指标的综合意义来确定，即

$$C_j = a_{j1}x_1 + a_{j2}x_2 + \cdots + a_{jp}x_p，\text{这里 } j = 1, 2, \cdots, m$$

（7）综合得分：以各主成分的方差贡献率为权，将其线性组合得到综合评价函数。

$$C = \frac{\lambda_1 C_1 + \lambda_2 C_2 + \cdots + \lambda_m C_m}{\lambda_1 + \lambda_2 + \cdots + \lambda_m} = \sum_{i=1}^{m} \omega_i C_i$$

（8）得分排序：利用总得分可以得到得分名次。

下面是用 R 语言进行主成分分析的主要命令。

主成分分析函数 princomp() **的用法**

princomp(x, cor = FALSE, scores = TRUE, ...)

x：数据矩阵或数据框 cor：是否用相关阵，默认为协差阵；scores：是否输出成分得分

碎石图函数 screeplot() **的用法**

screeplot(obj, type = c("barplot", "lines"), ...)

obj：主成分分析对象；type：图形类型

碎石图是一种可以帮助我们确定主成分合适个数的有用的视觉工具，将特征值从大到小排列，选取一个拐弯点对应的序号，此序号后的特征值全部较小且彼此大小差不多，这样选出的号码作为主成分的个数。

自编综合得分排名函数 princomp. rank() **的用法**

princomp. rank < - function(PCA, m = 2, plot = F)   # library(mvstats)

PCA：主成分对象；m：主成分个数；plot：是否画成分图

注：该函数用来进行综合得分排名，建议读者使用下章的主因子综合评分函数 factpc，其效果更好些！

【例8-2】（续例7-2）对例7-2数据应用主成分分析方法进行综合评价。

下面应用主成分分析方法,以例 7-2 的八个指标作为原始变量,使用 R 语言,对我国 31 个省、市、自治区的人均消费水平作分析评价,并根据因子得分和综合得分对各省、市、自治区的人均消费水平进行综合分析。

(1)计算相关矩阵。

```
#在 mvstats4. xls:d7.2 中选取 A1:I32 区域,然后拷贝
X = read. table(" clipboard" ,header = T)
cor(X)
```

	食品	衣着	设备	医疗	交通	教育	居住	杂项
食品	1.0000	0.2570	0.7253	0.3854	0.8990	0.8285	0.7145	0.7219
衣着	0.2570	1.0000	0.4538	0.5765	0.3575	0.5420	0.4045	0.6278
设备	0.7253	0.4538	1.0000	0.5831	0.7823	0.8925	0.7744	0.7221
医疗	0.3854	0.5765	0.5831	1.0000	0.4666	0.6291	0.6911	0.6254
交通	0.8990	0.3575	0.7823	0.4666	1.0000	0.8795	0.7854	0.7518
教育	0.8285	0.5420	0.8925	0.6291	0.8795	1.0000	0.8133	0.8435
居住	0.7145	0.4045	0.7744	0.6911	0.7854	0.8133	1.0000	0.7183
杂项	0.7219	0.6278	0.7221	0.6254	0.7518	0.8435	0.7183	1.0000

(2)求相关矩阵的特征值和主成分负荷。

```
PCA = princomp(X,cor = T)   #主成分分析
PCA   #特征值开根号结果
```

Call:
princomp(x = X,cor = T)

Standard deviations:
Comp. 1	Comp. 2	Comp. 3	Comp. 4	Comp. 5	Comp. 6	Comp. 7	Comp. 8
2.388	1.014	0.710	0.522	0.431	0.402	0.296	0.242

8 variables and 31 observations.

```
summary( PCA)
```

Importance of components:
	Comp. 1	Comp. 2	Comp. 3	Comp. 4	Comp. 5	Comp. 6	Comp. 7	Comp. 8
Standard deviation	2.388	1.014	0.710	0.5223	0.4314	0.4016	0.2955	0.24155
Proportion of Variance	0.713	0.129	0.063	0.0341	0.0233	0.0202	0.0109	0.00729
Cumulative Proportion	0.713	0.841	0.904	0.9384	0.9616	0.9818	0.9927	1.00000

```
PCA $loadings   #主成分载荷
```

Loadings:
	Comp. 1	Comp. 2	Comp. 3	Comp. 4	Comp. 5	Comp. 6	Comp. 7	Comp. 8
X1	-0.353	0.429	0.175	0.299		-0.377	0.651	
X2	-0.249	-0.677	0.521		-0.399	-0.129	0.134	
X3	-0.374			-0.789	0.261		0.116	0.372
X4	-0.302	-0.472	-0.628	0.225	0.249	-0.416		
X5	-0.376	0.324	0.123	0.127	-0.281	-0.267	-0.695	0.298
X6	-0.404		-0.200	0.132	-0.156	-0.857		
X7	-0.371		-0.442		-0.584	0.535	0.166	
X8	-0.374	-0.118	0.282	0.409	0.522	0.546		0.141

	Comp. 1	Comp. 2	Comp. 3	Comp. 4	Comp. 5	Comp. 6	Comp. 7	Comp. 8
SS loadings	1.000	1.000	1.000	1.000	1.000	1.000	1.000	1.000
Proportion Var	0.125	0.125	0.125	0.125	0.125	0.125	0.125	0.125
Cumulative Var	0.125	0.250	0.375	0.500	0.625	0.750	0.875	1.000

（3）确定主成分。

按照累积方差贡献率大于 80% 原则，选定了两个主成分，其累积方差贡献率为 80.7%，本例取 $m = 2$。从碎石图上也可以看出 m 取 2 比较合适。

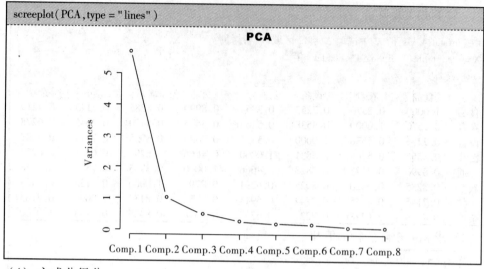

（4）主成分得分。

PCA$scores[,1:2]	#主成分得分	
	Comp. 1	Comp. 2
北京	-6.1223	-1.523
天津	-3.0101	-0.537
河北	0.8875	-0.692
山西	1.1037	-0.601
内蒙古	-0.5333	-1.848
辽宁	-0.0944	-0.655
吉林	0.3271	-1.425
黑龙江	1.6886	-0.996
上海	-7.0847	1.069
江苏	-1.1413	0.454
浙江	-3.8211	-0.172
安徽	1.1234	0.352
福建	-1.1717	1.378
江西	1.6694	0.548
山东	-0.4811	-0.808
河南	1.2772	-0.648
湖北	1.0095	0.117
湖南	0.3651	-0.201
广东	-4.0320	2.480
广西	1.6274	1.231
海南	1.8731	2.353
重庆	-0.3940	-0.462
四川	1.1538	0.518
贵州	2.0140	0.659
云南	2.4295	0.418
西藏	2.7204	1.011
陕西	0.8880	-0.117
甘肃	1.3245	-0.144
青海	1.7685	-0.209
宁夏	1.3173	-0.496
新疆	1.3181	-1.053

结果分析：由主成分载荷矩阵可以看出，主成分 Comp. 1 在 X_3（人均家庭设备用品及服务支出）、X_5（人均交通和通信支出）、X_6（人均娱乐教育文化服务支出）、X_7（人均居住支出）、X_8（人均杂项商品和服务支出）上的载荷值都很大，可视为非必需消费主成分；Comp. 2 在 X_1（人均食品支出）、X_2（人均衣着商品支出）、X_4（人均医疗保健支出）上有较大的载荷，可视为反映日常必需消费的主成分。有了各个主成分的解释，结合各个省、市、自治区在两个主成分上的得分和综合得分，就可以对各省、市、自治区的综合人均消费水平进行评价了。

最后，由加权法估计出综合得分，以各主成分的方差贡献率占两个主成分总方差贡献率的比重作为权重进行加权汇总，得出各省、市、自治区的综合得分，即

$$PC = (2.388 \char`\^ 2 \times Comp.\ 1 + 1.014 \char`\^ 2 \times Comp.\ 2) / (2.388 \char`\^ 2 + 1.014 \char`\^ 2)$$

各省、市、自治区的主成分得分及排名如下。

```
library(mvstats)
princomp.rank(PCA, m = 2)    #主成分排名
```

	Comp. 1	Comp. 2	PC	rank
北京	− 6.1223	− 1.523	− 5.4192	2
天津	− 3.0101	− 0.537	− 2.6321	5
河北	0.8875	− 0.692	0.6460	14
山西	1.1037	− 0.601	0.8431	16
内蒙古	− 0.5333	− 1.848	− 0.7343	8
辽宁	− 0.0944	− 0.655	− 0.1801	11
吉林	0.3271	− 1.425	0.0593	12
黑龙江	1.6886	− 0.996	1.2783	24
上海	− 7.0847	1.069	− 5.8383	1
江苏	− 1.1413	0.454	− 0.8975	6
浙江	− 3.8211	− 0.172	− 3.2634	3
安徽	1.1234	0.352	1.0054	20
福建	− 1.1717	1.378	− 0.7820	7
江西	1.6694	0.548	1.4981	26
山东	− 0.4811	− 0.808	− 0.5311	9
河南	1.2772	− 0.648	0.9830	19
湖北	1.0095	0.117	0.8730	17
湖南	0.3651	− 0.201	0.2786	13
广东	− 4.0320	2.480	− 3.0365	4
广西	1.6274	1.231	1.5667	27
海南	1.8731	2.353	1.9464	29
重庆	− 0.3940	− 0.462	− 0.4045	10
四川	1.1538	0.518	1.0566	22
贵州	2.0140	0.659	1.8070	28
云南	2.4295	0.418	2.1220	30
西藏	2.7204	1.011	2.4590	31
陕西	0.8880	− 0.117	0.7344	15
甘肃	1.3245	− 0.144	1.1000	23
青海	1.7685	− 0.209	1.4662	25
宁夏	1.3173	− 0.496	1.0402	21
新疆	1.3181	− 1.053	0.9558	18

以第一主成分为横轴，第二主成分为纵轴，绘制各省、市、区的成分图，见下图。

```
princomp. rank( PCA , m = 2 , plot = T )    #主成分作图
```

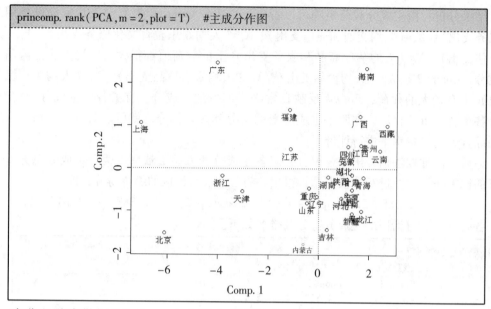

在非必需消费主成分 Comp. 1 上得分最高的前五个省、市、自治区依次是上海、北京、广东、浙江和天津，且上海、北京绝对值明显高于其他省、市、自治区，这就是说以设备、交通、教育、居住、杂项等为主的非日常必需消费而言，上海、北京的消费水平远远高于其他省、市、自治区；而西藏和云南在这方面的消费相对较低些。北京、内蒙古和吉林在主成分 Comp. 2 上的得分较高，可见这些地自治区人们用于衣着和医疗方面的消费支出不小。就该因子而言，得分较低的是广东和海南。衣着受气候的影响较大，北部、西北部省、市、自治区的人们为了御寒，在这方面的支出较多。广东、海南、福建、广西、上海和西藏在主成分 Comp. 2 上为正值且相对较高，表明这些地区食品支出较多。就综合得分来看，上海、北京、广东、浙江、天津这 5 个省、市的得分最高，江西、贵州、黑龙江省得分位于全国之末，故可知北京、上海、广东、浙江、天津这 5 个省、市的综合人均消费水平居于全国前列，江西、贵州、黑龙江省的综合人均消费水平居于全国之末。由于北京、上海、广东、浙江、天津这 5 个省、市是我国经济发展水平较高的 5 个省、市，而西藏、云南、海南和贵州省是我国较为贫困的省份，可见我国各地区城镇的人均消费水平主要是由经济发展水平决定的，经济发展水平较高的省、市、自治区，其城镇人均消费水平也相对较高，经济较落后的地区，其城镇人均消费水平也相对较低。

8.4　应用主成分分析的注意事项

主成分分析是首先由 K . Pearson 于 1901 年提出，再由 Hotelling（1933）加以发展的一种多变量统计方法。其主要目的是将许多变量减少，使其变为少数几个互相独立的线性组合变量（主成分），而经由线性组合而得到的成分的变异数会变为最大，使得受试者在这些成分上显出最大的个体差异来。

主成分分析除了用来概述变量间的关系外，亦可用来削减回归分析或聚类分析中变量的数目。此外，为了达到最大变异的目的，我们可用主成分分析将原来的变量转变为

成分，在抽出成分之后，可将各变量的原始分数转换为成分分数，以供进一步深入地统计分析。通常，在进行主成分分析时，应注意下列五点：

（1）主成分分析，可使用样本协方差矩阵或相关系数矩阵为出发点来进行分析，但大都以相关系数矩阵为主。

（2）为使方差达到最大，通常主成分分析是不加以转轴的。

（3）成分的保留：Kaiser（1960）主张放弃特征值小于 1 的成分，而只保留特征值大于 1 的成分（成分保留的其他标准，可参考书中的内容）。

（4）在实际研究里，研究者如果用不超过三或五个成分就能解释变异的 80%，就算令人满意。

（5）使用成分得分后，会使各变量的方差为最大，而且各变量之间会彼此独立正交。

案例分析：地区电信业发展情况的主成分分析

党的十三届四中全会以来，我国的电信业始终保持高速发展的态势。目前，电信业务已经完成了从人工向自动、由模拟技术向数字技术、由小容量到大容量、由单一业务向多种业务的转变，已经成为我国国民经济的增长点和重要支柱产业之一。2003 年，我国的电信业仍然保持很高的增长速度，广东电信业务发展也加快，主要电信业务量稳居全国首位。

2003 年，广东电信各运营公司在不断加剧的市场竞争中，纷纷采取有力措施拼抢市场份额，使电信用户获得更多实惠，电信业务保持高速发展，综合实力再上新台阶。然而，广东省各市之间发展却进一步分化，表现出不平衡性。本例目的是探索广东省 2003 年各地区电信业发展的差异性，探求引起差异的主要原因，找出解决问题的方法，实现各地区的共同发展，避免因个别落后地区导致整体水平的下降。

本案例通过主成分分析和聚类分析的综合应用来研究各城市 2003 年在电信业发展方面的相似性和差异性，并加以分析，以寻找取得进展的方法。

本例选取了广东省 21 个地级市 2003 年度电信业发展数据。这些城市分别是：广州市、珠海市、汕头市、深圳市、佛山市、韶关市、河源市、梅州市、惠州市、汕尾市、东莞市、中山市、江门市、阳江市、湛江市、茂名市、肇庆市、清远市、潮州市、揭阳市、云浮市。共选取了电信业的如下七个主要指标：

X_1：电信业务总量（万元）；

X_2：每百人拥有固定电话数（个）；

X_3：每百人拥有移动电话数（个）；

X_4：国际互联网用户（万户）；

X_5：互联网用户使用时长（万分钟）；

X_6：长途电话通话量（万次）；

X_7：长途电话通话时长（万分钟）。

一、数据管理

	X1	X2	X3	X4	X5	X6	X7
广州市	2504685	0.76	1.38	315.95	360697.5	224645.3	850957
珠海市	336312.9	0.77	1.56	24.57	51261.21	28622.46	118923.3
汕头市	459623.2	1.03	1.39	67.76	90426.76	39189.25	140527.6
深圳市	2407800	2.54	5.38	255.09	260939.5	244179.3	1003601
佛山市	872521	0.62	1.15	95.03	99551.34	95465.15	349089.6
韶关市	146567.8	1.28	1.23	13.97	19184.27	9921.97	39182.47
河源市	105169.6	1.46	1.51	6.33	11927.68	7523.68	28804.3
梅州市	163800.8	2.74	2.45	10.84	28824.38	10664.08	40965
惠州市	407695.3	2.64	3.91	47.32	39881.16	40954.59	160412.8
汕尾市	124567.6	1.11	1.02	6.14	12402.01	9817.33	36103.81
东莞市	1521224	1.29	3.05	57.28	132547.8	179611.4	710268.9
中山市	463105.7	0.64	1.17	71.38	49292.22	46733.02	178235.4
江门市	391794.7	0.94	1.31	19.74	31922.63	31839.73	120902.5
阳江市	129929.7	0.87	0.82	24.88	12496.82	8751.72	33261.07
湛江市	268156.9	0.67	0.7	13.49	32280.37	16984.95	66716.39
茂名市	194854.9	0.78	0.64	8.99	41158.33	13163.95	50628.09
肇庆市	190803.3	1.63	1.82	19.26	26969.57	14207.31	53703.97
清远市	151625.2	0.92	1.24	19.43	20661.24	11381.77	43122.04
潮州市	168024.5	1.73	2.11	9.72	35179.34	13768.05	49586.07
揭阳市	249834.6	1.29	1.32	10.4	28149.39	20449.77	73266.4
云浮市	89079.83	1.52	1.36	8.81	12218.77	6563.5	24170.14

二、R 语言操作

1. 调入数据

将 Case7 中的数据复制，然后在 RStudio 编辑器中执行 Case7 = read. table("clipboard", header = T)。

2. 聚类分析（宏观分析，区域划分）

2003 年里，广东省各地区电信业发展除了差异性外，还有集中发展的趋势。我们可以利用聚类分析将广东省的各市分成几类。各类代表了不同的发展水平，同时每类所包含的城市具有类似的发展水平。经过分析，我们也得到一点启示：各市在发展电信业时，不能只片面强调通信总量，同时也要注意人均量的发展，注意在全地区范围内的普及。只有人均水平提升了，才真正具有意义，也才能说该城市的电信水平真正提高了。一个城市的电信业只有全面发展了，才能经受住 WTO 的冲击，才能保持良好的竞争力。同时，就广东省而言，尽管它的电信业总量 2003 年排到了全国之首，但是各地区间存在严重的差异。珠三角地区发展迅猛，电信业务总量大，市场份额高，而经济欠发达地区特别是山区和农村则发展较慢，总量小、份额低。对此，广东省政府应加快经济欠发达地区的电信建设，大力扩展山区电信市场，并采取扶持措施加强农村市场建设，促进广东省各地区电信业的协调发展。作为落后城市，也应该积极采取措施加速自身发展，提高竞争力，从而避免成为"拖油瓶"。

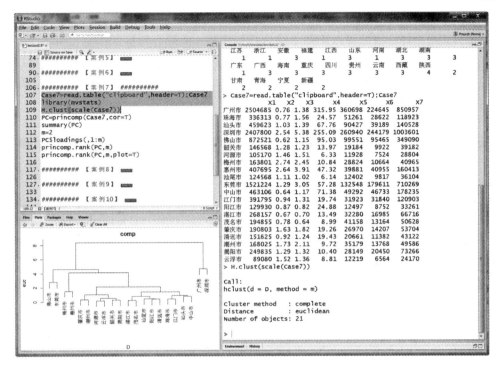

广东省各城市按电信业发展水平应该分成四类

	第一类	第二类		
分两类	广州、深圳	佛山、东莞、珠海、中山、汕头、江门、惠州、阳江、茂名、潮州、梅州、肇庆、湛江、韶关、揭阳、清远、云浮、河源、汕尾		
	第一类	第二类	第三类	
分三类	广州、深圳	佛山、东莞	梅州、惠州、珠海、中山、江门、汕头、阳江、茂名、潮州、肇庆、湛江、韶关、揭阳、清远、云浮、河源、汕尾	
	第一类	第二类	第三类	第四类
分四类	广州、深圳	佛山、东莞	梅州、惠州	珠海、江门、中山、汕头、汕尾、阳江、清远、茂名、湛江、潮州、肇庆、韶关、揭阳、云浮、河源

3. 主成分分析（微观分析，综合排名）

由于指标多，不便于综合分析，先采用主成分分析法提取主要成分，然后进行相应的分析。用 R 软件运行后我们发现可以提取两个主要成分，这两个成分占全部的 96.14%，可以说是基本代表了全部指标的信息量。

经过主成分分析，我们发现可以提取两个主成分 Comp.1、Comp.2。

第一个主成分 Comp.1 主要由 X_1（电信业务总量）、X_4（国际互联网用户）、X_5（互联网用户使用时长）、X_6（长途电话通话量）、X_7（长途电话通话时长）决定，这 5 个指标是总量因素，说明一个城市的电信业规模和电信通信业务发展水平。

第二个主成分 Comp.2 主要由 X_2（每百人拥有固定电话数）、X_3（每百人拥有移动电话数）决定。这两个指标是平均量成分，反映了电信行业中的电话人均普及情况。

由于我们在主成分分析后选取的两个主成分 PC_1、PC_2 就代表了 96.14% 的信息，可以说基本表征了我们全部的指标。所以我们用提取的主成分进行各城市的综合分析。

我们发现七个经济指标可以用两个综合指标代替，而综合指标的信息没有损失多少。在此基础上，我们不仅可以算出各城市的成分得分，而且可以利用线性加权方法，以各主成分的贡献率为权数，即按公式 $(0.738 \times PC_1 + 0.223 \times PC_2) / (0.738 + 0.223)$ 计算各城市电信业发展水平的综合得分并据此排名。其主成分得分和排名见下图。

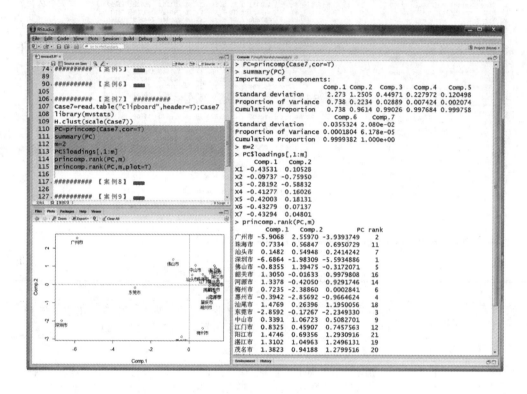

通过对各城市进行排名后，我们发现，排名比较靠前的地区有深圳、广州、东莞、惠州和佛山。比较靠后的地区有汕尾、湛江、茂名和阳江。

我们也可以从主成分得分图上清楚地看到，第一主成分 Comp.1 和第二主成分 Comp.2 得分最高的均为深圳，而广东省各城市排名中稍有争议的是惠州、中山和茂名。我们回过去看前面的数据，发现尽管惠州市的第一主成分 Comp.1 水平，即通信发展水平低于中山市，但其第二主成分 Comp.2 因子，即电话普及水平是远远超过中山的，而第二主成分 Comp.2 所占的比重为全部变量的22.34%，这也是不容忽视的。而茂名市由于其互联网用户不够多而且人均电话普及量不够，其他两个主成分的得分都不高，而第二主成分尤其偏低，从而它的排名比较靠后。从主成分得分图上看到：

（1）广州在第二象限，远离 Comp.1 和 Comp.2 轴。这说明广州的第一主成分 Comp.1 得分比较高，仅次于深圳；但是第二主成分 Comp.2 得分较低。我们知道 Comp.1 代表了电信业通信业务发展的总量水平，而 Comp.2 代表了电信业发展的平均量水平。结合 Comp.1、Comp.2 的意义来分析，广州是广东的省会城市，经济、文化等各项总量发展水平都不错，电信业发展总量也不错，故而 Comp.1 得分比较高，仅次于深圳，但是由于广州也是一个大型开放性城市，人口也很多，人口增长的速度明显比电信业发展快，这样计算下来的人均量就不如深圳高了。

（2）梅州和惠州的情况和广州有点相反，它们在电信总量方面不如广州，但由于其人口比较少，人均量高，从而尽管 Comp.1 得分比较低，但 Comp.2 有着很高的得分。这表现在主成分图上就是离 Comp.2 轴很近，离 Comp.1 轴很远。由于其特殊性，我们将它们单独分成一类。

（3）从图上我们看到深圳的位置在图中离原点比较远，同时它到 Comp.1 轴和到 Comp.2 轴的距离都比较远。这说明深圳 Comp.1 和 Comp.2 的得分都比较高。深圳作为一个经济特区，自改革开放以来，各方面发展速度很快，是个发达城市，其移动电话用户比较多。近年来移动电话的发展在电信业发展中异军突起，也占据了重要地位。而与广州有所不同，深圳的人口总数不算太多，从而其电话普及率可以达到很高。正因为如此，它的 Comp.2 得分较高。同时由于其发达性，电话和互联网用户很多，电信业发展总量也不错，从而 Comp.1 有着很高的得分，在广东所有城市中排名第一。很高的 Comp.1 得分和比较高的 Comp.2 得分就决定了深圳在排名时可以领先于广州而居于第一位。

（4）东莞的情形有点类似于广州和深圳。它的 Comp.1 和 Comp.2 的得分都不低，且为负数，所以具有比较高的排名。

（5）佛山从主成分图上看比较接近 Comp.2 轴，离 Comp.1 轴稍远。这表明佛山电信业在总量方面取得的成绩还是很显著的。但是人均普及量不够高，从而主成分 Comp.2 得分为正。又由于其与 Comp.1 的得分相当，故排在第 5 名。

（6）汕头等六个城市集中在 Comp.2 轴附近，但由于其有正有负，且得分比较低，从而它们的排名相对比较靠后。而中山和汕头有着正的 Comp.1 和 Comp.2 得分，从而也使其排名靠后。江门等其余城市也集中在原点右上方，这表明它们的两个主成分得分都比较低，这就解释了为什么它们的排名比较靠后。

该案例程序如下所示：

```
Case7 = read.table("clipboard", header = T); Case7
library(mvstats)
H.clust(scale(Case7))
PC = princomp(Case7, cor = T)
summary(PC)
m = 2
PC$loadings[, 1:m]
princomp.rank(PC, m)
princomp.rank(PC, m, plot = T)
```

思考练习题

一、思考题（手工解答，上交作业本）

1. 试述主成分分析的基本思想。

2. 总结主成分分析的计算步骤。

3. 试述主成分分析在多指标统计分析应用中的注意事项。

4. 简要分析主成分分析如何解决多指标综合评价中的权重问题。

5. 设协方差矩阵为：

$$\Sigma = \begin{bmatrix} \sigma^2 & \sigma^2\rho & 0 \\ \sigma^2\rho & \sigma^2 & \sigma^2\rho \\ 0 & \sigma^2\rho & \sigma^2 \end{bmatrix}, \quad -\frac{1}{\sqrt{2}} < \rho < \frac{1}{\sqrt{2}}$$

试求主成分及每个主成分所能解释的总体方差的比例。

6. 设 $x = (x_1, x_2, \cdots, x_p)'$ 是协方差矩阵为

$$\Sigma = \begin{bmatrix} 1 & \rho & \cdots & \rho \\ \rho & 1 & \cdots & \rho \\ \vdots & \vdots & \vdots & \vdots \\ \rho & \rho & \cdots & \rho \end{bmatrix}, \quad 0 < \rho \leqslant 1 \text{ 的 } p \text{ 维随机向量,}$$

证明:Σ 的最大特征根为 $\lambda_1 = \sigma^2[1 - \rho(1-\rho)]$,$x$ 的第一主成分是 $y_1 = \frac{1}{\sqrt{p}} \sum_{i=1}^{p} x_i$。

二、练习题(计算机分析,网上交流或发电子邮件)

1. 编写计算思考题 5 的 R 语言计算程序。

2. 基于主成分分析原理,编写求解主成分的 R 语言程序。

3. 假定 2002 年我国 35 个核心城市综合竞争力评价指标为:

X_1:国内生产总值(亿元);

X_2:一般预算收入(亿元);

X_3:固定资产投资(亿元);

X_4:外贸进出口(亿美元);

X_5:城市居民人均可支配收入(元);

X_6:人均国内生产总值(元);

X_7:人均贷款余额(元)。

城市	X_1	X_2	X_3	X_4	X_5	X_6	X_7
上海	5 408.8	717.8	2 158.4	726.6	13 250	36 206	52 645
北京	3 130	534	1 814.3	872.3	12 464	24 077	61 369
广州	3 001.7	245.9	1 001.5	525.1	13 381	38 568	67 116
深圳	2 239.4	303.3	478.3	279.3	24 940	136 071	187 300
天津	2 022.6	171.8	811.6	228.3	9 338	20 443	25 784
重庆	1 971.1	157.9	995.7	17.9	7 238	9 038	10 113
杭州	1 780	118.3	769.4	131.1	11 778	38 247	73 948
成都	1 663.2	78.3	702.1	20.8	8 972	20 111	35 764
青岛	1 518.2	100.7	367.8	169.3	8 721	26 961	32 722
宁波	1 500.3	111.8	747.2	122.7	12 970	35 446	42 341
武汉	1 493.1	85.8	570.4	22	7 820	16 206	18 033
大连	1 406	98.7	601.3	146	8 200	29 706	38 514
沈阳	1 400	92.5	402	28.6	7 050	19 407	26 598
南京	1 295	144.1	602.9	10.1	9 157	27 128	55 325
哈尔滨	1 232.1	67.7	361.1	17.1	7 004	18 244	25 825
济南	1 200	66.3	404.7	14.9	8 982	25 192	36 975
石家庄	1 184	44.5	412.3	11.4	7 230	25 476	42 322
福州	1 160.2	60.2	284	61	9 191	31 582	49 941
长春	1 150	37.8	320.5	28.9	6 900	21 336	35 233

（续上表）

城市	X_1	X_2	X_3	X_4	X_5	X_6	X_7
郑州	926.8	54.2	340	10.4	7 772	16 028	32 598
西安	823.5	60.1	338.2	18.7	7 184	15 493	23 596
长沙	810.9	46.1	362.6	16.6	9 021	23 942	29 313
昆明	730	54.7	290	13.4	7 381	24 109	33 445
厦门	648.3	64.3	211.7	151.9	11 768	38 567	34 799
南昌	552	25.7	137	9.1	7 021	18 388	22 288
太原	432.2	26.8	147.6	15.1	7 376	12 821	26 118
合肥	412.4	29.1	168.6	23	7 144	17 770	40 956
兰州	386.8	21.1	194.5	5.1	6 555	15 051	31 075
南宁	356	26.2	122.9	5.5	8 796	16 121	31 689
乌鲁木齐	354	37.3	147.9	6.4	8 653	17 655	3 772
贵阳	336.4	33	187.4	5.7	7 306	11 728	20 768
呼和浩特	300	16.6	131.3	3.4	6 996	11 789	23 439
海口	157.9	8.5	82.6	11.3	8 004	23 920	69 733
银川	133	11.1	73	2.3	6 848	11 975	28 367
西宁	121.3	7.2	77.4	1	6 444	6 676	17 114

数据来源：《中国统计年鉴 2003》。

（1）求样本相关阵 R 及特征根和特征向量。

（2）确定前两个主成分所解释的总样本方差的比例，并解释这些主成分。

（3）对这 35 个核心城市的综合竞争力进行排名。

4. 广东邮政和通信事业发展状况分析。

为了适应市场经济发展的要求，我国邮电部门几经改革和调整，从邮电合一到邮电分营，再到电信重组。一个地区现代化发展程度的一项重要衡量标准就是它的邮政和通信事业发展情况。当今世界上的主要现代化国家和地区也是邮政和通信事业相当发达的地区。广东省作为我国现代化进程最快的地区之一，肩负着率先走向现代化的历史使命，所以研究该省邮电事业的发展情况就显得十分必要。此外，邮政和通信是重要的国民经济部门，与人民大众密切相关，关系到人民群众切身利益的问题，可见，研究邮电事业的发展无论何时都是一项重大的课题。

这里主要作区域分析，研究的是广东 21 个地级市的邮政和通信事业发展情况。影响邮政和通信事业发展情况的指标很多，综合考虑指标的性质和影响程度以及指标数据获取的难度后，这里选取了以下指标：

X_1：邮政业务收入（亿元）；

X_2：函信件（万件）；

X_3：特快专递（万件）；

X_4：电信业务收入（亿元）；

X_5：固定电话用户数（万户）；

X_6：年末移动电话用户数（万户）；

X_7：国际互联网用户数（万户）。

各指标数据如下表所示：

城市	X_1	X_2	X_3	X_4	X_5	X_6	X_7
广州	11.85	26 633.42	835.49	236.43	482.39	1 017.62	234.16
深圳	10.10	16 029.35	590.54	255.91	387.27	986.00	231.31
珠海	1.66	3 176.54	113.26	23.27	68.34	180.90	19.55
汕头	1.60	3 047.58	52.64	35.85	146.22	191.31	15.24
佛山	4.04	9 556.49	275.09	69.52	227.21	566.43	48.48
韶关	0.59	2 243.63	26.52	7.29	44.20	14.05	3.07
河源	0.20	580.25	16.18	1.23	12.09	20.21	3.37
梅州	0.30	920.78	27.15	5.70	15.08	20.47	3.37
惠州	0.89	1 613.35	57.24	5.70	79.09	129.50	8.96
汕尾	0.15	463.49	13.85	17.85	12.32	18.04	0.47
东莞	5.31	10 205.26	235.01	44.83	274.37	841.05	50.42
中山	2.00	9 327.77	130.42	32.05	119.52	243.45	31.81
江门	1.09	9 395.34	108.88	6.76	98.65	39.88	11.08
阳江	0.35	1 053.69	17.35	6.02	22.22	39.88	1.27
湛江	0.65	2 861.76	43.20	10.86	55.32	73.56	12.25
茂名	0.43	3 584.10	44.15	9.78	30.53	39.88	2.68
肇庆	0.30	1 722.02	35.82	8.71	27.71	51.08	9.75
清远	0.18	996.56	17.68	7.91	18.24	32.88	3.07
潮州	7.41	1 175.69	15.69	16.69	14.09	10.55	4.23
揭阳	0.33	1 558.04	20.41	1.67	26.57	70.44	2.06
云浮	0.23	568.83	12.84	2.10	13.50	12.72	2.68

数据来源:《广东统计年鉴2005》。

案例分析题

从给定的题目出发,按内容提要、指标选取、数据搜集、R 语言计算过程、结果分析与评价等方面进行案例分析。

1. 对世界主要国家综合竞争力进行分析与评价。

2. 主成分分析法在股票投资价值评价中的应用。

3. 房地产指标的主成分分析。

4. 评价 2015 年 31 个省、市、自治区的经济效益。

5. 对我国 2015 年城市居民生活费支出的主成分分析。

6. 对我国 31 个省、市、自治区工业企业经济效益作综合评价(以 2010 年以后的数据为据)。

7. 对我国 31 个省、市、自治区农业发展状况作综合评价(以 2010 年以后的数据为据)。

8. 考察我国各省市社会发展综合状况(以 2010 年以后的数据为据)。

9. 城镇化水平测度方法探讨及对中国"三农"问题的思考。

10. 运用主成分分析对我国农村居民生活消费现金支出倾向进行分析。

9　因子分析及 R 使用

【**目的要求**】要求学生了解因子分析的目的和实际意义，特别是因子分析模型的统计思想；要熟悉因子分析数学模型建模的假设条件和各个分量的实际统计意义；掌握由主因子方法估计因子载荷矩阵的推导步骤以及重要的基本性质；能够利用计算机软件，自己编程解决实际问题中的因子分析问题，同时能给出初步的统计分析报告。

【**教学内容**】因子分析模型的基本思想，因子分析模型与主成分分析模型在本质上的区别；因子分析的数学模型、基本假定，因子载荷矩阵的估计方法，因子旋转，因子得分；因子旋转（主要是方差最大正交旋转方法）与因子得分的实际统计意义和它们的数学表达式；计算程序中有关因子分析的算法基础。

9.1　因子分析的思想

主成分分析通过线性组合将原变量综合成几个主成分，用较少的综合指标来代替原来较多的指标（变量）。在多变量分析中，某些变量间往往存在相关性。是什么原因使变量间有关联呢？是否存在不能直接观测到的、但会影响可观测变量变化的公共因子呢？因子分析（factor analysis）就是寻找这些公共因子的模型分析方法，它是在主成分的基础上构筑若干意义较为明确的公因子，以它们为框架分解原变量，以此考察原变量间的联系与区别。

例如，随着年龄的增长，儿童的身高、体重会跟着变化，它们具有一定的相关性。身高和体重之间为何会有相关性呢？因为存在着一个同时支配或影响身高与体重的生长因子。那么，我们能否通过对多个变量的相关系数矩阵的研究，找出同时支配或影响所有变量的共性因子呢？因子分析就是从大量的数据中"由表及里""去粗取精"，寻找影响或支配变量的多变量统计方法。

又如，假设我们要研究影响人们对生活满意度的潜在因子，为此对有关项目进行问卷调查，包括三项工作方面和三项家庭方面的满意度调查。由于三项工作满意度调查项目之间具有较高的相关性，三项家庭满意度调查项目之间也具有较高的相关性，因此工作满意度调查项目与家庭满意度调查项目之间的相关性较低。假定可以用变量间的相关性将它们分组，即假设在一个特定组内的所有变量之间是高度相关的，而与不同组内的变量却有较小的相关性。可想而知，各组变量可以找到潜在的单一因子对观察到的相关指标负责。因而，一组变量存在一个潜在的因子——工作满意度，另一组变量对应另一个潜在因子——家庭满意度，且两个因子相对独立。对于问卷的回答显然有赖于所找到的两个潜在因子。而且，每一调查项目线性依赖于这两个潜在的因子和每一调查项目独有的特殊因子。

可以说，因子分析是主成分分析的推广，也是一种把多个变量化为少数几个综合变量的多变量分析方法，其目的是用有限个不可观测的隐变量来解释原始变量之间的相关关系。

因子分析的主要用途在于：①减少分析变量个数；②通过对变量间相关关系的探测，将原始变量进行分类。即将相关性高的变量分为一组，用共性因子代替该组变量。

就统计上而言，主成分分析所侧重的是如何"转换"原始变量，使之成为一些综合性的新指标，其关键在于"变异数"问题。与主成分分析不同，因子分析重视的是如何解决变量之间的"共变异数"问题。因为每一反应变量均为一些"共同因子变量"和"特殊性变量"的线性函数。其中"共同因子变量"可反映变量之间的共变量，而特殊性变量部分则只对其所属的变量之变异数有所贡献，所以主成分分析是"变异数"导向的方法，因子分析则是"共变异数"导向的方法。

因子分析也是数据缩减的一种多变量分析方法，它是基于信息损失最小化而提出的一种非常有效的方法。它把众多的指标综合成较少的几个公共指标，这些指标即因子。因子的特点是：第一，因子变量的数量远远少于原始变量的个数；第二，因子变量并非原始变量的简单取舍，而是一种新的综合；第三，因子变量之间没有线性关系；第四，因子变量具有明确的解释性，可以最大限度地发挥专业分析的作用。因子分析就是以最小的信息损失，将众多的原始变量浓缩成少数几个因子变量，使得变量具有更高的可解释性的一种数据缩减方法，是多变量分析的主干技术之一。

9.2　因子分析模型

1. 模型的提出

因子分析法是从研究变量内部相关的依赖关系出发，把一些具有错综复杂关系的变量归结为少数几个综合因子的一种多变量统计分析方法。它的基本思想是将观测变量进行分类，将相关性较高，即联系比较紧密的分在同一类中，而不同类变量之间的相关性则较低，那么每一类变量实际上就代表了一个基本结构，即公共因子。对于所研究的问题，试图用最少个数的不可测的公共因子的线性函数与特殊因子之和来描述原来观测的每一分量。

可以把因子分析看成是主成分分析的推广，即可从研究相关矩阵内部的依赖关系出发，把一些具有错综复杂关系的变量归结为少数几个综合因子，还可用于对变量或样本进行分类处理。根据因子得分值，在因子轴所构成的空间中把变量或样本点画出来，达到形象直观的分类目的。研究样本间的相互关系的因子分析称为 Q 型因子分析，而研究变量间相互关系的因子分析称为 R 型因子分析，下面主要讨论并运用的是 R 型因子分析。

2. 因子分析模型

（1）$X = (x_1, x_2, \cdots, x_p)'$ 是可观测随机向量，均值向量 $E(X) = 0$，协方差阵 $\mathrm{cov}(X) = \Sigma$，且协方差阵 Σ 与相关矩阵 R 相等（只要将变量标准化即可实现）。

（2）$F = (F_1, F_2, \cdots, F_m)'$ $(m < p)$ 是不可测的向量，其均值向量 $E(F) = 0$，协方差阵 $\mathrm{cov}(F) = I$，即向量的各分量是相互独立的。

（3）$\varepsilon = (\varepsilon_1, \varepsilon_2, \cdots, \varepsilon_p)'$ 与 F 相互独立，且 $E(\varepsilon) = 0$，ε 的协方差阵 Σ 是对角阵，即各分量 ε 之间是相互独立的，则模型如下：

$$
\begin{cases}
x_1 = a_{11}F_1 + a_{12}F_2 + \cdots + a_{1m}F_m + \varepsilon_1 \\
x_2 = a_{21}F_1 + a_{22}F_2 + \cdots + a_{2m}F_m + \varepsilon_2 \\
\qquad\qquad\qquad\vdots \\
x_p = a_{p1}F_1 + a_{p2}F_2 + \cdots + a_{pm}F_m + \varepsilon_p
\end{cases}
$$

此为因子分析模型，由于该模型是针对变量进行的，各因子又是正交的，所以也称为 R 型正交因子模型。

其矩阵形式为：$X = AF + \varepsilon$

其中：

$$
X = \begin{bmatrix} x_1 \\ x_2 \\ \vdots \\ x_p \end{bmatrix}, \quad
A = \begin{bmatrix} a_{11} & a_{12} & \cdots & a_{1m} \\ a_{21} & a_{22} & \cdots & a_{2m} \\ \vdots & \vdots & \vdots & \vdots \\ a_{p1} & a_{p2} & \cdots & a_{pm} \end{bmatrix}, \quad
F = \begin{bmatrix} F_1 \\ F_2 \\ \vdots \\ F_m \end{bmatrix}, \quad
\varepsilon = \begin{bmatrix} \varepsilon_1 \\ \varepsilon_2 \\ \vdots \\ \varepsilon_p \end{bmatrix}
$$

这里，

（1）$m \leqslant p$。

（2）$\mathrm{cov}(F, \varepsilon) = 0$，即 F 和 ε 是不相关的。

（3）$\mathrm{var}(F) = I_m$，即 F_1，F_2，$\cdots$，F_m 不相关，且方差均为 1。

$$
D(\varepsilon) = \mathrm{var}(\varepsilon) = \begin{bmatrix} \sigma_1^2 & & & 0 \\ & \sigma_2^2 & & \\ & & \ddots & \\ 0 & & & \sigma_p^2 \end{bmatrix}, \quad 即\ \varepsilon_1，\varepsilon_2，\cdots，\varepsilon_p\ 不相关，且方差不同。
$$

我们把 F 称为 X 的公共因子或潜在因子，矩阵 A 称为因子载荷矩阵，ε 称为 X 的特殊因子。$A = (a_{ij})$，a_{ij} 为因子载荷。数学上可以证明，因子载荷 a_{ij} 就是第 i 个变量与第 j 个因子的相关系数，反映了第 i 个变量在第 j 个因子上的重要性。

9.3 因子载荷的估计及解释

9.3.1 主因子估计法

要建立实际问题的因子模型，关键是要根据样本数据估计因子的载荷矩阵，其中最为普遍的方法是主因子法（也称主成分法）。

设随机向量 X 的协方差阵为 Σ，$\lambda_1 \geqslant \lambda_2 \geqslant \cdots \geqslant \lambda_p > 0$ 为 Σ 的特征根，u_1，u_2，$\cdots$，u_p 为对应的标准正交化特征向量，则根据线性代数知识，Σ 的谱分解为：

$$
\Sigma = \sum_{i=1}^{p} \lambda_i u_i u_i' = (\sqrt{\lambda_1}u_1, \sqrt{\lambda_2}u_2, \cdots, \sqrt{\lambda_p}u_p) \begin{bmatrix} \sqrt{\lambda_1}u_1' \\ \sqrt{\lambda_2}u_2' \\ \vdots \\ \sqrt{\lambda_p}u_p' \end{bmatrix}
$$

上面的分解式是当因子个数与变量个数一样多，特殊因子方差为 0 时，因子模型中协方差阵的结构。

此时因子模型为 $X = AF$，其中 F 的方差 $\mathrm{var}(F) = I_p$，于是 $\mathrm{var}(X) = \mathrm{var}(AF) = A\mathrm{var}(F)A' = AA'$，即 $\Sigma = AA'$。对照 Σ 的分解式，则因子载荷阵 A 的第 j 列应该是 $\sqrt{\lambda_j}u_j$，也就是说除常数 $\sqrt{\lambda_j}$ 外，第 j 列因子载荷恰好是第 j 个主成分的系数，故该估计方法称为主成分法。

上边给出的是 Σ 的精确表达式，但实际中总是希望公共因子数 m 小于变量个数 p，当最后 $(p-m)$ 个特征根较小时，可省略，即

$$\Sigma \approx (\sqrt{\lambda_1}u_1, \sqrt{\lambda_2}u_2, \cdots, \sqrt{\lambda_m}u_m)\begin{bmatrix} \sqrt{\lambda_1}u_1' \\ \sqrt{\lambda_2}u_2' \\ \vdots \\ \sqrt{\lambda_m}u_m' \end{bmatrix} = AA'$$

上式也表示了在因子分析模型中特殊因子是不重要的，在计算中可将其忽略掉。

如果需要考虑特殊因子的作用，此时协方差阵可分解为：

$$\Sigma = AA' + D = (\sqrt{\lambda_1}u_1, \sqrt{\lambda_2}u_2, \cdots, \sqrt{\lambda_m}u_m)\begin{bmatrix} \sqrt{\lambda_1}u_1' \\ \sqrt{\lambda_2}u_2' \\ \vdots \\ \sqrt{\lambda_m}u_m' \end{bmatrix} + \begin{bmatrix} \sigma_1^2 & & & 0 \\ & \sigma_2^2 & & \\ & & \ddots & \\ 0 & & & \sigma_m^2 \end{bmatrix}$$

通常 D 是未知的，需事先估计，这样主因子法的使用就比主成分法困难些。

当 Σ 未知时，可用样本协方差阵去代替，如果数据已经标准化，则此时协方差阵与相关阵 $R(=X'X)$ 相同，仍可作上面类似的表示。

于是可得因子载荷阵的估计 $A = (a_{ij})$，即

$$A = (a_1, a_2, \cdots, a_m) = (\sqrt{\lambda_1}u_1, \sqrt{\lambda_2}u_2, \cdots, \sqrt{\lambda_m}u_m)$$

从以上分析可知：①主成分分析的数学模型实质上是一种变换，而因子分析模型是描述原变量 X 的协方差阵 Σ 结构的一种模型；②主成分分析中每个主成分相应的系数 a_{ij} 是唯一确定的，而在因子分析中每个因子的相应系数不是唯一的，即因子载荷阵不是唯一的。

9.3.2 极大似然估计法

如果假定公共因子 F 和特殊因子 ε 服从正态分布，则可以得到因子载荷的极大似然估计。设 $x_1, x_2, \cdots, x_m$ 为来自正态总体 $N_p(\mu, \Sigma)$ 的随机样本，其中 $\Sigma = AA' + D$。

从似然函数理论知：

$$l(\mu, \Sigma) = (2\pi)^{-np/2}\left|\Sigma\right|^{-n/2}\mathrm{e}^{-1/2\mathrm{tr}[\sum\limits_{j=1}^{n}(x_j-\bar{x})(x_j-\bar{x})' + n(\bar{x}-\mu)(\bar{x}-\mu)']}$$

它通过 Σ 依赖于 A 和 D，但上面的似然函数并不能唯一确定 A，为此，需添加如下条件：$A'D^{-1}A = \Lambda$，其中 Λ 是一个对角阵。

通过数值极大化的方法可以得到 A 和 D 的极大似然估计 $\hat{A}$、$\hat{D}$，现在已有许多现成的计算机程序可以得到这些估计。

9.3.3　因子载荷的统计意义

因子分析模型中 F_1，F_2，$\cdots$，F_m 叫主因子或公共因子，它们是在各个原观测变量的表达式中都出现的因子，是相互独立的不可观测的理论变量。公共因子的含义，必须结合具体问题的实际意义而定。ε_1，ε_2，$\cdots$，ε_p 叫特殊因子，是向量 x 的分量 $x_i(i=1$，$2,\cdots,p)$ 所特有的因子，各特殊因子之间以及特殊因子与所有公共因子之间都是相互独立的。

一、因子载荷 a_{ij} 的统计意义

在因子分析模型中，载荷矩阵 A 中的元素 (a_{ij}) 为因子载荷。因子载荷 a_{ij} 是 x_i 与 F_j 的协方差，也是 x_i 与 F_j 的相关系数，它表示 x_i 依赖于 F_j 的程度。可将 a_{ij} 看作第 i 个变量在第 j 个公共因子上的权数，a_{ij} 的绝对值越大($|a_{ij}|\le 1$)，表明 x_i 与 F_j 的相依程度越大，或称公共因子 F_j 对于 x_i 的载荷量越大。其关系证明如下：

$$\begin{aligned}
\mathrm{cov}(x_i, F_j) &= \mathrm{cov}\Big[\sum_{k=1}^{m} a_{ik}F_k + \varepsilon_j, F_j\Big] \\
&= \mathrm{cov}\Big[\sum_{k=1}^{m} a_{ik}F_k, F_j\Big] + \mathrm{cov}(\varepsilon_j, F_j) \\
&= a_{ij}
\end{aligned}$$

如果对 x_i 作了标准化处理，则 x_i 的标准差为 1，且 F_j 的标准差为 1，于是

$$r_{x_i, F_j} = \frac{\mathrm{cov}(x_i, F_j)}{\sqrt{D(x_i)D(F_j)}} = \mathrm{cov}(x_i, F_j) = a_{ij}$$

二、共同度和方差贡献

为了得到因子分析结果的经济解释，因子载荷矩阵 A 中有两个统计量十分重要，即变量共同度和公共因子的方差贡献。

由因子分析模型，当仅有一个公共因子 F 时，x_i 的方差也可分解为两部分：

$$\mathrm{var}(x_i) = \mathrm{var}(a_i F) + \mathrm{var}(\varepsilon_i)$$

由于数据已标准化，所以上式左端等于 1，右端两项分别记为共性方差和个性方差。

$$h_i^2 = \mathrm{var}(a_i F) = a_i^2 \mathrm{var}(F) = a_i^2$$

$$\sigma_i^2 = \mathrm{var}(\varepsilon_i)$$

从而有 $h_i^2 + \sigma_i^2 = 1$，共性方差越大，说明共性因子的作用越大。选择模型后，接下来关心的是共性因子 F 的实际含义，这可以通过各变量在共性因子上载荷的符号与绝对值的大小来描述。

因子载荷矩阵 A 中第 i 行元素之平方和记为 h_i^2，称为变量 x_i 的共同度。

$$\begin{cases}
h_1^2 = a_{11}^2 + a_{12}^2 + \cdots + a_{1m}^2 \\
h_2^2 = a_{21}^2 + a_{22}^2 + \cdots + a_{2m}^2 \\
\quad\vdots \\
h_p^2 = a_{p1}^2 + a_{p2}^2 + \cdots + a_{pm}^2
\end{cases}$$

它是全部公共因子对 x_i 的方差所作出的贡献，反映了全部公共因子对变量 x_i 的影响。h_i^2 越大表明 x 的第 i 个分量 x_i 对于 F 的每一分量 F_1，F_2，$\cdots$，F_m 的共同依赖程度越大。

将因子载荷矩阵 A 的第 j 列 $(j=1,2,\cdots,m)$ 的各元素的平方和记为 g_j^2，称为公共因

子 F_j 对 x 的方差贡献。

$$\begin{cases} g_1^2 = a_{11}^2 + a_{21}^2 + \cdots + a_{p1}^2 \\ g_2^2 = a_{12}^2 + a_{22}^2 + \cdots + a_{p2}^2 \\ \quad\quad\quad\quad\vdots \\ g_m^2 = a_{1m}^2 + a_{2m}^2 + \cdots + a_{pm}^2 \end{cases}$$

g_j^2 就表示第 j 个公共因子 F_j 对于 x 的每一分量 $x_i(i=1,2,\cdots,p)$ 所提供方差的总和，它是衡量公共因子相对重要性的指标。g_j^2 越大，表明公共因子 F_j 对 x 的贡献越大，或者说对 x 的影响就越大。如果将因子载荷矩阵 A 的所有 $g_j^2(j=1,2,\cdots,m)$ 都计算出来，将其按照大小排序，就可以依此提炼出最有影响力的公共因子。

因子分析函数 factanal() 的用法

factanal(X,factors,scores = c("none" ,"regression" ,"Bartlett") ,rotation = " varimax" ,…)

X:数值矩阵或数据框,factors:因子个数

scores:因子得分的计算方法,包括" regression" ,"Bartlett" ,rotation:因子旋转方法

注：该函数是基于极大似然方法来求解的。

自编因子分析函数 factpc() 的用法

factpc < − function(X,m = 2,scores = c("none" ,"regression") ,rotation = " varimax")

X:数值矩阵或数据框;m:因子个数

scores:因子得分的计算方法;rotation:因子旋转方法

注：该函数是基于主因子方法来求解的。

【例 9 - 1】水泥行业上市公司经营业绩因子模型实证分析。

如何客观、准确地评价企业经营业绩是多年来一直未能很好解决的问题，由于企业的经营业绩是多种因素共同作用的结果，其众多的财务指标为分析上市公司经营业绩提供了丰富的信息，但同时也增加了问题分析的复杂性。由于各指标之间存在着一定的相关关系，因此可以用因子分析方法将较少的综合指标分别综合存在于各单独指标的信息中，而综合指标之间彼此不相关，即各综合指标代表的信息不重叠，代表各类信息的综合指标即为因子。本例以上市公司中的水泥行业为例，研究因子分析方法在公司经营业绩评价分析中的应用。

1. 评价指标的选择

现代企业经营业绩综合评价的内容主要有盈利能力、偿债能力，此外还有发展能力。常用的盈利能力指标有主营业务利润率、净资产收益率、销售毛利率和净值报酬率，偿债能力有自有流动比率、速动比率、现金比率、资产负债率等，发展能力主要有主营业务收入增长率、营业利润增长率、净利润增长率。

2. 数据整理和标准化

根据中国上市公司的资料，截至 2003 年底，水泥行业上市公司有 14 家，依据上市公司披露的财务信息，按照前述指标要求，收集 2003 年中期的各项经营指标数据如表 9 - 1。

表 9-1			原始经营指标数据表			（单位：%）	
股票 代码	证券 简称	主营业务 利润率 x_1	销售毛 利率 x_2	速动 比率 x_3	资产负 债率 x_4	主营业务收 入增长率 x_5	营业利润 增长率 x_6
000401	冀东水泥	33.80	34.75	0.67	59.77	15.49	16.35
000673	大同水泥	27.54	28.04	2.36	35.29	-20.96	-46.45
000935	四川双马	22.86	23.47	0.61	42.83	5.48	-49.22
600173	牡丹江	19.05	19.95	1.00	48.51	-12.32	-65.99
600291	西水股份	20.84	21.17	1.08	48.45	65.09	54.81
600539	狮头股份	28.14	28.84	2.51	24.52	-6.43	-15.94
600553	太行股份	30.45	31.13	1.02	46.14	6.57	-16.59
600585	海螺水泥	36.29	36.96	0.27	58.31	70.85	117.59
600668	尖峰集团	16.94	17.26	0.61	52.04	9.03	-94.05
600678	四川金顶	28.74	29.40	0.60	65.46	-33.97	-55.02
600720	祁连山	33.31	34.30	1.17	45.80	12.18	39.46
600801	华新水泥	25.08	26.12	0.64	69.35	22.38	-10.20
600802	福建水泥	34.51	35.44	0.38	61.61	23.91	-163.99
600829	天鹅股份	25.52	26.73	1.10	47.02	-4.51	-68.79

数据来源：中国上市公司资讯网（www.cnlist.com）。

3. 计算相关系数矩阵

在评价指标体系中，观测数据很多，因此指标之间不可避免地存在多重共线性问题。因此有必要先计算观测数据的相关矩阵（以下计算均采用 R 语言），各财务指标的相关矩阵如下：

```
#在 mvstats4.xls:d9.1 中选取 A1:G15 区域,然后拷贝
X = read.table("clipboard", header = T)   #读取例 9-1 数据
cor(X)
```

	x1	x2	x3	x4	x5	x6
x1	1.00000	0.9992	-0.09975	0.18851	0.2010	0.29778
x2	0.99920	1.0000	-0.10420	0.19673	0.1904	0.28748
x3	-0.09975	-0.1042	1.00000	-0.83716	-0.4088	0.01519
x4	0.18851	0.1967	-0.83716	1.00000	0.2585	-0.02928
x5	0.20100	0.1904	-0.40876	0.25851	1.0000	0.58029
x6	0.29778	0.2875	0.01519	-0.02928	0.5803	1.00000

从上面的相关矩阵可以看出，主营业务利润率 x_1 与销售毛利率 x_2 呈高度正相关，速动比率 x_3 与资产负债率 x_4 呈较强的负相关，主营业务收入增长率 x_5 和营业利润增长率 x_6 呈中度相关。为了消除各财务指标之间的相关性，采用因子分析方法提取因子。

4. 计算特征值、因子载荷及共同度

在 R 软件上进行数据计算，选择用极大似然法提取公共因子，得到如下结果：

```
(FA0 = factanal(X,3,rot = "none"))    #极大似然法因子分析
```

```
Call：
factanal(x = X,factors = 3,rotation = "none")

Uniquenesses：
 x1      x2      x3      x4      x5      x6
0.005   0.005   0.005   0.271   0.005   0.548

Loadings：
      Factor1   Factor2   Factor3
x1    0.950    -0.307
x2    0.948    -0.310
x3   -0.340    -0.782    0.517
x4    0.363     0.561   -0.531
x5    0.454     0.693    0.556
x6    0.383     0.163    0.527


               Factor1   Factor2   Factor3
 SS  loadings   2.402    1.623    1.140
 Proportion Var  0.400    0.271    0.190
 Cumulative Var  0.400    0.671    0.861

The  degrees  of  freedom  for  the  model  is  0  and  the  fit  was  1.1422
```

```
library(mvstats)
(Fac = factpc(X,3))    #主成分法因子分析
```

```
$Vars
          Vars    Vars. Prop   Vars. Cum
Factor1   2.570   0.4283      42.83
Factor2   1.713   0.2855      71.38
Factor3   1.249   0.2082      92.19


$loadings
      Factor1    Factor2    Factor3
x1    0.7829    0.5029    -0.3624
x2    0.7811    0.4964    -0.3756
x3   -0.5786    0.7685     0.0802
x4    0.5951   -0.6990    -0.2415
x5    0.6317   -0.1457     0.6557
x6    0.5084    0.3367     0.6943
```

由结果可以看出，前三个因子所解释的方差占整个方差的 86% 以上，基本上能全面地反映六项财务指标的信息。所以我们提取前三个因子作为公共因子。但各因子的经济含义并不是很明显，还需进一步分析（见下节"因子旋转方法"）。从上面的结果可以看出，主因子法要比极大似然法的提取效果好些，因为极大似然法要求数据来自多元正态分布，这点一般是很难满足的。

9.4 因子旋转方法

1. 旋转的目的

建立因子分析模型的目的不仅是找出主因子，更重要的是知道每个主因子的意义，以便对实际问题进行分析。如果求出主因子后，各个主因子的典型代表变量不是很突出，还需要进行因子旋转，通过适当的旋转得到比较满意的主因子。

因子旋转的方法有很多，正交旋转（orthogonal rotation）和斜交旋转（oblique rotation）是因子旋转的两类方法。最常用的方法是最大方差正交旋转（Varimax）法。进行因子旋转，就是要使因子载荷矩阵中因子载荷的绝对值向 0 和 1 两个方向分化，使大的载荷更大，小的载荷更小。因子旋转过程中，如果因子对应轴相互正交，则称为正交旋转；如果因子对应轴相互间不是正交的，则称为斜交旋转。常用的斜交旋转方法有 Promax 法等。

若已经求得因子分析模型为 $X = AF + \varepsilon$，设 $\Gamma = (\gamma_{ij})$ 为一正交矩阵，作正交变换 $B = A\Gamma$，可以证明，$h_i^2(B) = h_i^2(A)$，$g_j^2(B) = \sum_{k=1}^{p} \gamma_{ki} g_k^2(A)$，其中 $B = (b_{ij})$。

这表明经过正交旋转后，共同度 h_i^2 并不改变，但公共因子的方差贡献 g_j^2 不再与原来相同。这样我们就可以对因子进行合理的解释了。

对已知的因子载荷矩阵进行正交变换的目的是使各因子上的载荷两极分化，也就是要使各个因子上的载荷之间方差极大化。由于各个变量 x_i 在某因子上的载荷 b_{ij} 的平方是该因子对该变量的共性方差 h_i^2 的贡献，而各变量的共性方差 h_i^2 一般又互不相同，若某个变量 x_i 的共性方差 h_i^2 较大，则分配在各个因子上的载荷就大些；反之，则小些。因此，为了消除各个变量的共性方差大小的影响，计算某因子上的载荷的方差时，可先将各个载荷的平方除以共性方差，即类似于将其标准化，然后再计算标准化后的载荷的方差，记为 $c_{ij} = b_{ij}^2 / h_i^2$。选择除以 h_i 是为了消除各个原始变量 X_i 对公共因子依赖程度不同的影响，而且这样的选择还不影响因子的共同度。取平方的目的是消除 b_{ij} 符号不同的影响。

对于某一因子 j，可定义其载荷之间的方差为：

$$V_j = \frac{1}{p} \sum_{i=1}^{p} (c_{ij} - \bar{c}_j)^2 = \frac{1}{p} \sum_{i=1}^{p} \left(\frac{b_{ij}^2}{h_i^2} - \frac{1}{p} \sum_{i=1}^{p} \frac{b_{ij}^2}{h_i^2} \right)^2$$

全部公共因子各自载荷之间的总方差为：

$$V = \sum_{j=1}^{m} V_j$$

现在就是要寻找一个正交矩阵 Γ，经过对已知的载荷矩阵 A 的正交变换后，新的因子载荷矩阵 $B = A\Gamma$ 中的元素能使 V 取得极大值。

2. 如何旋转

下面以方差最大正交旋转为例进行介绍。

先考虑两个因子的平面正交旋转，设因子载荷矩阵为：

$$A = \begin{bmatrix} a_{11} & a_{12} \\ \vdots & \vdots \\ a_{p1} & a_{p2} \end{bmatrix}, \quad \Gamma = \begin{bmatrix} \cos\theta & -\sin\theta \\ \sin\theta & \cos\theta \end{bmatrix}$$

显然 Γ 是一个正交阵。

$$B = A\Gamma = \begin{bmatrix} a_{11}\cos\theta + a_{12}\sin\theta & -a_{11}\sin\theta + a_{12}\cos\theta \\ \vdots & \vdots \\ a_{p1}\cos\theta + a_{p2}\sin\theta & -a_{p1}\sin\theta + a_{p2}\cos\theta \end{bmatrix} = \begin{bmatrix} b_{11} & b_{12} \\ \vdots & \vdots \\ b_{p1} & b_{p2} \end{bmatrix}$$

先要求总方差 V 达到最大，即要求 $V = V_1 + V_2$ 达到最大，根据求极值的原理，令 $\dfrac{\mathrm{d}V}{\mathrm{d}\theta} = 0$，经计算，其旋转角度 θ 可按下面公式求得：

$$\tan 4\theta = \frac{D - 2AB/p}{C - (A^2 - B^2)/p}$$

其中，$A = \sum\limits_{i=1}^{p} u_i,\ B = \sum\limits_{i=1}^{p} v_i,\ C = \sum\limits_{i=1}^{p}(u_i^2 - v_i^2),\ D = 2\sum\limits_{i=1}^{p} u_i v_i,\ u_i = \left(\dfrac{a_{i1}}{h_i}\right)^2 - \left(\dfrac{a_{i2}}{h_i}\right)^2,\ v_i = 2\dfrac{a_{i1}a_{i2}}{h_i^2}$。

关于 θ 的取值范围和公式的详细证明参见相关文献。当 $m > 2$ 时，可逐次对每两个因子进行上述旋转。

【例 9 - 2】（续例 9 - 1）对例 9 - 1 的数据应用极大似然法进行因子旋转。

从例 9 - 1 中的因子载荷矩阵可知，各因子的实际意义并不明显，所以有必要对因子进行旋转，以获得更有意义的解释。

表 9 - 2 是采用最大方差正交旋转（Varimax）法所得的因子贡献。

表 9 - 2　　　　　　　　　　　　Varimax 法旋转因子贡献

因子	旋转前因子方差及其贡献			旋转后因子方差及其贡献		
	方差	贡献率	累积贡献率	方差	贡献率	累积贡献率
1	2.400	0.400	0.400	1.998	0.333	0.333
2	1.623	0.271	0.671	1.800	0.300	0.633
3	1.140	0.190	0.861	1.367	0.228	0.861

表 9 - 3　旋转前因子载荷

变量名	公共因子		
	F_1	F_2	F_3
x_1	0.950	-0.307	
x_2	0.948	-0.310	
x_3	-0.340	-0.782	0.517
x_4	0.363	0.561	-0.531
x_5	0.454	0.693	0.556
x_6	0.383	0.163	0.527

表 9 - 4　旋转后因子载荷

变量名	公共因子		
	F_1	F_2	F_3
x_1	0.983		0.155
x_2	0.985		0.142
x_3		-0.990	-0.124
x_4	0.127	0.844	
x_5		0.293	0.953
x_6	0.210		0.631

表 9 - 3 和表 9 - 4 分别是旋转前后的因子载荷。由该因子载荷对比表可以看出，旋转前各综合因子代表的具体经济意义不是很明显，而旋转后各因子代表的经济意义则十分明显。因子 F_1 在主营业务利润率 x_1 上的载荷值达到 0.983，在销售毛利率 x_2 上的载荷达到 0.985。因此，因子 F_1 代表企业的盈利能力，反映企业投资收益的情况，是资金周转营运能力的表现，也是资金流动偿债能力的基础。因子 F_2 在速动比率 x_3 和资产负债率 x_4 上的载荷值分别是 -0.990 和 0.844，即因子 F_2 代表了企业的偿债能力。类似地，因子 F_3 在主营业务收入增长率 x_5 和营业利润增长率 x_6 上的载荷值分别是 0.953 和 0.631，所以

因子 F_3 代表了企业的发展能力，是反映企业持续经营发展能力的指标。

（Fa1 = factanal（X,3,rot = " varimax")）　#varimax 法旋转因子分析

Call：factanal（x = X,factors = 3,rotation = " varimax")

Uniquenesses：
x1	x2	x3	x4	x5	x6
0.005	0.005	0.005	0.271	0.005	0.548

Loadings：
	Factor1	Factor2	Factor3
x1	0.983		0.155
x2	0.985		0.142
x3		−0.990	−0.124
x4	0.127	0.844	
x5		0.293	0.953
x6	0.210		0.631

	Factor1	Factor2	Factor3
SS loadings	1.998	1.800	1.367
Proportion Var	0.333	0.300	0.228
Cumulative Var	0.333	0.633	0.861

The degrees of freedom for the model is 0 and the fit was 1.1422

9.5　因子得分计算

因子分析模型建立后，还有一个重要的作用是应用因子分析模型去评价每个样本在整个模型中的地位，即进行综合评价。例如，地区经济发展的因子分析模型建立后，我们希望知道每个地区经济发展的情况，把区域经济划分归类，以清晰地看出哪些地区发展较快，哪些地区发展不快不慢，哪些地区发展较慢等。这时需要将公共因子用变量的线性组合来表示，也即由地区经济的各项指标值来估计它的因子得分。

设公共因子 F 由变量 x 表示的线性组合为：

$$F_j = a_{j1}x_1 + a_{j2}x_2 + \cdots + a_{jp}x_p \quad j = 1,2,\cdots,m$$

该式称为因子得分函数，由它来计算每个样品的公共因子得分。若取 $m = 2$，则将每个样品的 p 个变量代入上式即可算出每个样品的因子得分 F_1 和 F_2，并将其在平面上作因子得分散点图，进而对样品进行分类或对原始数据进行更深入的研究。

但因子得分函数中方程的个数 m 小于变量的个数 p，所以并不能精确计算出因子得分，只能对因子得分进行估计。估计因子得分的方法较多，常用的有回归（regression）估计法和 Bartlett 估计法。

1. 回归估计法

设因子对 p 个变量的回归模型为

$$F_j = b_{j0} + b_{j1}x_1 + b_{j2}x_2 + \cdots + b_{jp}x_p \quad j = 1,2,\cdots,m$$

因为变量和因子均已标准化，所以 $b_{j0} = 0$，上式可写成矩阵形式 $F = Xb$，根据最小二乘估计，有 $b = (X'X)^{-1}X'F$，又由于因子载荷矩阵 $A = XF'$，于是：

$$F = Xb = X(X'X)^{-1}A' = XR^{-1}A'$$

这里 R 为相关阵，且 $R = X'X$。

2. Bartlett 估计法

Bartlett 估计因子得分可由最小二乘法或极大似然法导出，下面给出最小二乘法求解 Bartlett 因子得分。

在因子分析模型 $X = AF + \varepsilon$ 中，若将载荷矩阵 A 看作自变量的数据矩阵，将 X 看作因变量的数据向量，将 F 看作未知的回归系数，将 ε 看作随机误差，那么因子分析模型就是一个回归模型。由于 ε 的方差各不相同，需将异方差的 ε 化为同方差，将上述模型进行变换：

$$\Omega^{-1/2}X = \Omega^{-1/2}AF + \Omega^{-1/2}\varepsilon$$

变成同方差回归模型，这里 $\Omega = \mathrm{diag}(\sigma_1^2, \sigma_2^2, \cdots, \sigma_p^2)$，利用最小二乘法，可求得因子得分的估计值：

$$F = [(\Omega^{-1/2}A)'\Omega^{-1/2}A]^{-1}(\Omega^{-1/2}A)'\Omega^{-1/2}X$$
$$= (A'\Omega^{-1}A)^{-1}A'\Omega^{-1}X$$

【例 9 – 3】（续例 9 – 1）根据例 9 – 1 的因子计算因子得分。

在了解各个综合因子的具体含义后，可采用回归估计法、Bartlett 估计法等估计方法计算样本的因子得分。

Fa1 = factanal(X ,3 ,scores = "regression") #使用回归估计法的极大似然法因子分析 Fa1$scores			Fac1 = factpc(X ,3 ,scores = "regression") #使用回归估计法的主成分法因子分析 Fac1$scores		
	Factor1	Factor2	Factor3		Factor1	Factor2	Factor3
冀东水泥	1.0571	0.49858	– 0.01932	冀东水泥	1.10805	0.19287	– 0.40233
大同水泥	0.2508	– 1.97182	– 0.55062	大同水泥	– 1.07195	1.46385	– 0.37413
四川双马	– 0.7619	0.61936	– 0.35643	四川双马	– 0.58577	– 0.49848	0.24193
牡丹江	– 1.2622	0.10831	– 0.82490	牡丹江	– 1.17442	– 0.77791	0.08986
西水股份	– 1.4124	– 0.36520	2.09840	西水股份	– 0.05264	– 0.46073	2.31615
狮头股份	0.2993	– 2.28407	0.06540	狮头股份	– 1.05007	2.04151	0.25174
太行股份	0.5368	– 0.01725	– 0.16548	太行股份	0.20807	0.48809	– 0.23430
海螺水泥	1.1383	0.86089	1.85549	海螺水泥	2.20745	0.32524	1.16336
尖峰集团	– 1.7990	0.62143	– 0.20236	尖峰集团	– 1.11541	– 1.53235	0.39013
四川金顶	0.4397	0.83905	– 1.87521	四川金顶	0.09714	– 0.60602	– 1.45691
祁连山	1.0220	– 0.27756	0.10237	祁连山	0.66096	1.03293	0.04173
华新水泥	– 0.4381	0.53317	0.26013	华新水泥	0.41359	– 1.08331	0.19805
福建水泥	1.1144	0.91988	0.13561	福建水泥	0.86840	– 0.53255	– 1.82104
天鹅股份	– 0.1847	– 0.08479	– 0.52308	天鹅股份	– 0.51340	– 0.05315	– 0.40422

9.6 因子分析的步骤

因子分析的核心问题有两个：一是如何构造因子变量，二是如何对因子变量进行命名解释。因此，因子分析的基本步骤和解决思路就是围绕这两个核心问题展开的。

1. 因子分析的步骤

因子分析常常有以下四个基本步骤：

（1）确认待分析的原变量是否适合作因子分析。

（2）构造因子变量。

（3）利用旋转方法使因子变量更具有可解释性。

（4）计算因子变量得分。

2. 因子分析的计算过程

（1）将原始数据标准化，以消除变量间在数量级和量纲上的不同。

（2）求标准化数据的相关矩阵。

（3）求相关矩阵的特征值和特征向量。

（4）计算方差贡献率与累积方差贡献率。

（5）确定因子：设 F_1，F_2，$\cdots$，F_p 为 p 个因子，其中前 m 个因子包含的数据信息总量（即其累积贡献率）不低于 80% 时，可取前 m 个因子来反映原评价指标。

（6）因子旋转：若所得的 m 个因子无法确定或其实际意义不是很明显，这时需将因子进行旋转以获得较为明显的实际含义。

（7）用原指标的线性组合来求各因子得分：采用回归估计法、Bartlett 估计法计算因子得分。

（8）综合得分：以各因子的方差贡献率为权，由各因子的线性组合得到综合评价指标函数：

$$F = \frac{\lambda_1 F_1 + \lambda_2 F_2 + \cdots + \lambda_m F_m}{\lambda_1 + \lambda_2 + \cdots + \lambda_m} = \sum_{i=1}^{m} w_i F_i$$

此处 w_i 为旋转前或旋转后因子的方差贡献率。

（9）得分排序：利用综合得分可以得到得分名次。

【例 9 - 4】（续例 9 - 1）根据例 9 - 1 的数据计算综合因子得分，对水泥行业进行综合评价。

由回归估计法计算出各个样本的综合经营业绩得分，以各因子的方差贡献率占三个因子总方差贡献率的比重作为权重进行加权汇总，得出各上市公司的综合得分，即

$$F = (0.333 \times F_1 + 0.300 \times F_2 + 0.228 \times F_3)/0.861$$

水泥行业各上市公司的因子得分及排名如下：

factanal. rank(Fa1, plot = T)　　#因子得分排名			
$Fs			
	Factor1	Factor2	Factor3
冀东水泥	1.057	0.4986	-0.0193
大同水泥	0.251	-1.9718	-0.5506
四川双马	-0.762	0.6194	-0.3564
牡丹江	-1.262	0.1083	-0.8249
西水股份	-1.412	-0.3652	2.0984
狮头股份	0.299	-2.2841	0.0654
太行股份	0.537	-0.0173	-0.1655
海螺水泥	1.138	0.8609	1.8555
尖峰集团	-1.799	0.6214	-0.2024
四川金顶	0.440	0.8391	-1.8752
祁连山	1.022	-0.2776	0.1024
华新水泥	-0.438	0.5332	0.2601
福建水泥	1.114	0.9199	0.1356
天鹅股份	-0.185	-0.0848	-0.5231

$Ri

	F	rank
冀东水泥	0.5776	3
大同水泥	−0.7358	14
四川双马	−0.1732	9
牡丹江	−0.6689	13
西水股份	−0.1185	8
狮头股份	−0.6629	12
太行股份	0.1579	5
海螺水泥	1.2314	1
尖峰集团	−0.5330	11
四川金顶	−0.0337	7
祁连山	0.3258	4
华新水泥	0.0851	6
福建水泥	0.7876	2
天鹅股份	−0.2394	10

结果分析：①从因子得分表可以看出，在盈利能力因子 F_1 上得分最高的四个公司依次是海螺水泥、福建水泥、冀东水泥和祁连山，这四家公司的得分远高于其他公司，这说明就盈利能力而言，这四家公司的盈利水平远高于其他公司，而盈利能力相对较弱的公司是尖峰集团、西水股份和牡丹江。②福建水泥、海螺水泥、四川金顶三家公司在因子 F_2 上的得分较高，说明在水泥行业中，这三家公司的偿债能力是较好的，而狮头股份和大同水泥这两家公司在因子 F_2 上的得分较低，则表明这两家的偿债能力相对较差，应着力提高。③在发展能力因子 F_3 上，西水股份、海螺水泥的得分远远高于其他公司，反映在现实情况中，这两只股票从 2008 年到现在是稳中有升的，这也要得益于它们良好的发展能力。同时也说明在水泥行业上市公司中，就发展能力而言，好的公司还是少数，很多公司不注重长远稳健的发展，而只注重短期利润。这一点需要引起有关企业的注意。四川金顶在因子 F_3 上的得分最低，说明它的发展能力最差，并且它的前两个因子得分也不高，在综合排名上也是靠后的，因此这家公司应从企业内部着手，进行整改，要从整体上提高公司的各项经营能力，达到提升公司经营业绩的目的。

在因子得分图中，综合排名靠前的海螺水泥、冀东水泥、福建水泥位于因子得分图的第一象限，当然，这几家公司的因子 F_1 和因子 F_2 得分都比较高。而排名靠后的狮头股份、大同水泥位于第四象限的左下方，牡丹江位于第二象限的左下方，这和它们的因子 F_1、因子 F_2 得分低，且综合名次靠后是相一致的。其余因子 F_1、因子 F_2 得分在中间的公司反映在因子得分图上是出现在离原点不远的因子 F_1 轴上或因子 F_2 轴上。总的来说，各企业间的差距非常明显，而且三种经营能力都好的企业很少，因此，在水泥行业的发展方面，各上市公司应该兼顾三种经营能力的协调发展，锐意改革，提高公司的经营业绩。

信息重叠图函数 biplot() 的用法
biplot(scores , loadings…)
scores：因子得分，loadings：因子载荷

注：biplot() 画出了数据关于因子的散点图和原坐标在因子的方向，全面反映了因子和原始数据的关系。

biplot(Fa1$scores , Fa1$loadings) #前 2 个因子信息重叠图

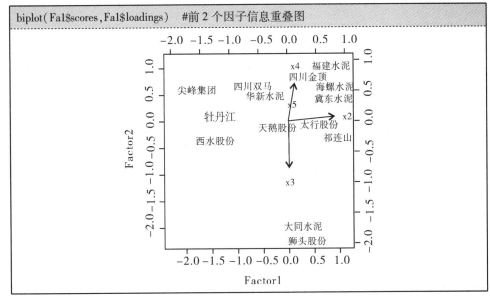

以公共因子 F_1 和公共因子 F_2 为坐标轴，绘制出各个公司的因子得分图，见上图。上面的分析结果可以在该因子得分图中得到直观的反映。

上面我们采用的是 R 语言自带的因子分析函数 factanal，该函数是基于极大似然估计法求解的，这就要求数据资料服从多元正态分布，但实际中大多数数据都很难满足多元正态分布要求，所以通常采用主成分估计法或主因子估计法求解，我们编制了基于主成分估计法的因子分析函数 factpc，效果要优于基于极大似然法的因子分析函数 factanal。

【例 9-5】（续例 7-2 和例 8-2）对例 7-2 数据应用因子分析模型，以其 8 个指标作为原始变量，使用 R 语言，对这 31 个省、市、自治区的人均消费水平作分析评价，并根据因子得分和综合得分对各省、市、自治区的人均消费水平进行因子分析。

```
#在 mvstats4. xls:d7.2 中选取 A1:I32 区域,然后拷贝
X = read. table("clipboard",header = T)    #读取例 7 – 2 数据
library(mvstats)
Fac0 = factpc(X,3)    #因子分析
Fac0$Vars    #方差及贡献率
```

	Vars	Vars. Prop	Vars. Cum
Factor1	5.7012	0.71265	71.26
Factor2	1.0287	0.12858	84.12
Factor3	0.5043	0.06304	90.43

```
Fac1 = factpc(X,3,rot = "varimax")    #运用旋转因子分析
Fac1$Vars    #方差及贡献率
```

	Vars	Vars. Prop	Vars. Cum
Factor1	4.016	50.20	50.20
Factor2	1.680	21.00	71.20
Factor3	1.538	19.22	90.43

表 9 – 5   各因子特征根及方差贡献

公共因子	旋转前			旋转后		
	特征根	方差贡献率%	累积方差贡献率%	特征根	方差贡献率%	累积方差贡献率%
1	5.701 2	0.712 65	71.26	4.016	50.20	50.20
2	1.028 7	0.128 58	84.12	1.680	21.00	71.20
3	0.504 3	0.063 04	90.43	1.538	19.22	90.43

　　由于公共因子在原始变量上的载荷值不太好解释,故对其进行因子旋转,选用方差最大化正交旋转,得到载荷矩阵如表 9 – 6 所示。

Fac0$loadings #因子载荷				Fac1$loadings #因子载荷			
	Factor1	Factor2	Factor3		Factor1	Factor2	Factor3
X1	0.8429	– 0.43524	0.12432	X1	0.9463	0.1159	0.08084
X2	0.5956	0.68671	0.37005	X2	0.1527	0.2499	0.93676
X3	0.8926	– 0.09008	– 0.05094	X3	0.7580	0.4145	0.24728
X4	0.7202	0.47829	– 0.44596	X4	0.2249	0.8743	0.36250
X5	0.8979	– 0.32885	0.08740	X5	0.9231	0.2125	0.15722
X6	0.9647	– 0.07045	0.06403	X6	0.8252	0.3638	0.35547
X7	0.8858	– 0.05691	– 0.31385	X7	0.6864	0.6337	0.11656
X8	0.8939	0.12018	0.20046	X8	0.6843	0.2980	0.54462

表 9-6 旋转前后因子的载荷矩阵

变量	旋转前			旋转后		
	公因子 F_1	公因子 F_2	公因子 F_3	公因子 F_1	公因子 F_2	公因子 F_3
食品 X_1	0.842 9	-0.435 24	0.124 32	0.946 3	0.115 9	0.080 84
衣着 X_2	0.595 6	0.686 71	0.370 05	0.152 7	0.249 9	0.936 76
设备 X_3	0.892 6	-0.090 08	-0.050 94	0.758 0	0.414 5	0.247 28
医疗 X_4	0.720 2	0.478 29	-0.445 96	0.224 9	0.874 3	0.362 50
交通 X_5	0.897 9	-0.328 85	0.087 40	0.923 1	0.212 5	0.157 22
教育 X_6	0.964 7	-0.070 45	0.064 03	0.825 2	0.363 8	0.355 47
居住 X_7	0.885 8	-0.056 91	-0.313 85	0.686 4	0.633 7	0.116 56
杂项 X_8	0.893 9	0.120 18	0.200 46	0.684 3	0.298 0	0.544 62

由旋转后的因子载荷矩阵可以看出，公共因子 F_1 在 X_1（人均食品支出）、X_3（人均家庭设备用品及服务支出）、X_5（人均交通和通信支出）、X_6（人均娱乐教育文化服务支出）、X_7（人均居住支出）、X_8（人均杂项商品和服务支出）上的载荷值都很大，可视为反映日常消费的公共因子；F_2 在 X_4（人均医疗保健支出）上的载荷值很大，可视为医疗因子；F_3 仅在 X_2（人均衣着商品支出）上有很大的载荷，可直接视为衣着因子。有了对各个公共因子合理的解释，结合各个省、市、自治区在三个公共因子上的得分和综合得分，就可以对各省、市、自治区的综合人均消费水平进行评价了。

最后，由回归法估计出因子得分，以各因子的方差贡献率占四个因子总方差贡献率的比重作为权重进行加权汇总，得出各省、市、自治区的综合得分，即

$$F = (0.502\ 0 \times F_1 + 0.210\ 0 \times F_2 + 0.192\ 2 \times F_3)/0.904\ 3$$

各省、市、自治区的因子得分及排名如下：

Fac1$scores	#因子得分		
	Factor1	Factor2	Factor3
北京	1.18092	1.74118	2.0290303
天津	0.20460	2.96179	-0.7387309
河北	-0.92649	1.20877	-0.4632058
山西	-0.78973	0.43269	-0.0522166
内蒙古	-0.62006	-0.18964	2.1005492
辽宁	-0.51315	1.07679	-0.1140626
吉林	-1.04765	1.15843	0.4542682
黑龙江	-1.16020	0.29219	0.2627968
上海	3.25451	-0.50217	1.4096665
江苏	0.60518	0.14247	-0.2101378
浙江	1.38897	-0.19508	1.4370242
安徽	-0.15415	-0.44702	-0.3504643
福建	1.14760	-0.30179	-0.7812963
江西	-0.08324	-1.25789	-0.1147615
山东	-0.26270	0.28871	0.7222037
河南	-0.75769	-0.09266	0.3236384
湖北	-0.18783	-0.59587	0.0211735
湖南	-0.24456	0.06551	0.0408756
广东	2.50339	0.69802	-1.7414243
广西	0.01884	-0.23030	-1.5152172
海南	0.43204	-0.14803	-2.7440469
重庆	-0.16768	0.43917	0.2490205

四川	0.05602	−1.08548	−0.0581755
贵州	−0.11095	−1.47558	−0.1667687
云南	−0.61547	−0.42528	−0.8159804
西藏	0.01200	−2.46313	−0.0009129
陕西	−0.42416	0.17032	−0.2713572
甘肃	−0.45628	−0.46636	0.0892125
青海	−0.66054	−0.42814	−0.0065357
宁夏	−0.78567	0.27927	−0.1067207
新疆	−0.83587	−0.65089	1.1125557

Fac1$Rank   #排名

	F	Ri
北京	1.49132	2
天津	0.64435	5
河北	−0.33214	18
山西	−0.34907	20
内蒙古	0.05826	10
辽宁	−0.05908	11
吉林	−0.21606	13
黑龙江	−0.52041	29
上海	1.98992	1
江苏	0.32440	7
浙江	1.03133	4
安徽	−0.26389	17
福建	0.40095	6
江西	−0.36273	21
山东	0.07473	8
河南	−0.37337	23
湖北	−0.23816	15
湖南	−0.11187	12
广东	1.18174	3
广西	−0.36514	22
海南	−0.37786	24
重庆	0.06183	9
四川	−0.23334	14
贵州	−0.43972	27
云南	−0.61393	31
西藏	−0.56553	30
陕西	−0.25362	16
甘肃	−0.34266	19
青海	−0.46754	28
宁夏	−0.39403	26
新疆	−0.37870	25

在日常消费因子 $F1$ 上得分最高的前五个省、市依次是上海、北京、广东、浙江、天津，且上海和广东明显高于其他，这就是说就日常消费而言，沿海地区相对要高些，且上海和广东的消费水平远远高于其他省、市、自治区；而吉林和黑龙江在这方面的消费相对较小些。天津、北京、河北、吉林和辽宁在因子 $F2$ 上的得分较高，可见该地区人们用于医疗保健方面的消费支出不小，西藏、贵州、江西和四川排到全国最末，这是符合实际情况的。就衣着因子而言，西藏、北京、山东、新疆、青海这 5 个省、市、自治区的得分最高，得分较低的是广东、海南、广西。这说明衣着因子受气候的影响最大，北部、西北部省、市、自治区的人们为了御寒，因此在这方面的支出较多。其次影响衣着

因子的就是各地人们的衣着习惯了，例如天津和广东，它们的经济都比较发达，但排名却较后，根据资料可知，天津虽和北京一样同为直辖市，且与北京相邻，但由于衣着习惯的原因，北京人是非常注重衣着的，而天津人就没有北京人那么注重着装，因而它的衣着因子得分较低；同样的道理，同为经济发达地区的广东和上海相比，上海人的穿着就比广东人要讲究得多，广东人平时的穿着很随意，因而该省人们衣着方面的人均消费支出相对较少也就不足为奇了。就综合得分来看，上海、北京、广东、浙江、天津这 5 个省、市的得分最高，河南、海南、江西省得分位于全国之末，故可知北京、上海、广东、浙江、天津这 5 个省、市的综合人均消费水平居于全国前列，云南、西藏和黑龙江的综合人均消费水平居于全国之末。

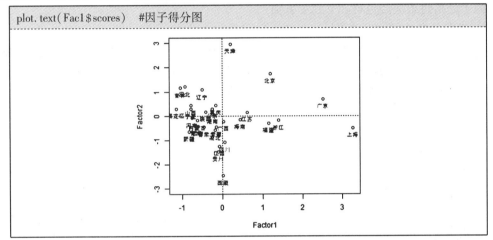

```
plot. text( Fac1 $ scores)    #因子得分图
```

我国各地区城镇的人均消费水平主要是由经济发展水平决定的，经济发展水平较高的省、市、自治区，其城镇人均消费水平也相对较高，经济较落后的地区，其城镇人均消费水平也相对较低。

以因子 1 和因子 2 为坐标轴，绘制各省、市、自治区的因子得分图，见上图。从图中可以看出，在前两个因子上，广东、上海得分较高，但这只是前两个因子 F_1 和 F_2 的片面分析，要全面分析还得作 F_1 和 F_3，F_2 和 F_3 的因子得分图，此处从略。

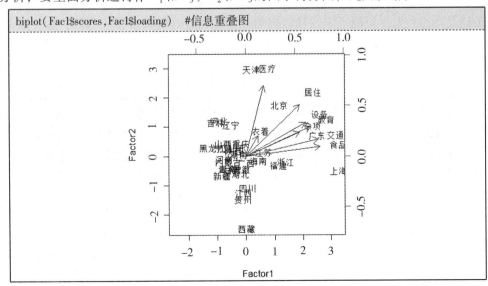

```
biplot( Fac1$scores, Fac1$loading)   #信息重叠图
```

从双重信息图 biplot 上我们看到，各个变量在广东、上海、北京、天津这些地区的反应强烈，说明这些地区在各个指标消费都较高，广东人明显在变量 X_5（人均交通和通信支出）上花的钱多于其他地区，而北京在变量 X_7（人均居住支出）上花的钱较多。

9.7 实际中如何进行因子分析

统计软件如 SAS、SPSS、R 等的广泛应用使因子分析的实际计算过程相当简易，但是对研究人员而言，明白一种分析方法的意义往往比知晓其计算过程更为重要。一个完整的因子分析过程应当包含如下几个方面：

1. 问题的定义

这包括定义一个因子分析的问题并确定实施因子分析的变量。应用统计分析方法的关键往往并不在于方法本身，而在于对合适的问题选择合适的方法。因子分析适用的场合往往是一些多变量、大样本的情形，研究者的目的则在于寻求这些具有内在相关性的变量背后的一种基本结构。包含在因子分析中的变量应当依据过去的经验、理论或者研究者自己的判断而被选择。但非常重要的一点是，这些变量必须具备区间或者比率测度等级。在样本大小方面，粗略而言，进行因子分析的样本容量至少应是因子分析所涉及变量数目的 4 到 5 倍。

2. 选择因子分析的方法

主成分分析法和因子分析法是两种主要的寻找公因子的方法。前者主要考虑变量的全部方差，而后者则着重考虑共同方差。因此，主成分分析法使用直接由数据计算出的协方差阵，而因子分析法则先将计算出的协方差阵的对角线元素替换为一个估计的共同度，再进行后续分析。如果研究者关注的问题是寻求可以解释数据中的最大方差的尽可能少的因子，主成分分析法是一种值得推荐的方法，同时这也是应用比较广泛的一类方法。

3. 确定因子数目

主成分分析法所获取的因子的数目和原来变量的个数是一样多的，而因子分析的主要目的则是用少数几个公因子来阐释数据的基本结构。这既要求因子的数目远比原来的变量个数少，同时又要求保留的因子能够尽可能多地保留原来变量的信息。因此因子数目的选取也就比较讲究。除了经验判断外，特征值法是较常使用的判断方法。因子对应的特征值就是因子所能解释的方差大小，而由于标准化变量的方差为 1，因此特征值法要求保留因子特征值大于 1 的那些因子。这意味着要求所保留的因子至少能够解释一个变量的方差。需要注意的是，如果变量的数目少于 20，该方法通常会给出一个比较保守的因子数目。此外，基于所保留的因子能够解释的方差比例的方法也常常使用。一般而言，所保留的公因子至少应该能够解释所有变量 80% 的方差。

4. 因子旋转

因子载荷给出了观测变量和提取的因子之间的相关程度，这意味着在某一因子上负载大的变量对该因子的影响较大，因子的实际意义较大地取决于这些变量。这可以帮助我们解释因子的实际意义。但是，基于公因子本身的意义，实际中往往会出现所有变量在一个因子上的负载都比较大的情形，这就为因子的解释带来了困难。因子旋转为因子解释提供了便利。因子旋转的目的是使某些变量在某个因子上的负载较高，而在其他因子上的负载则显著较低，这事实上是依据因子对变量进行更好的"聚类"。同时，一个合理的要求是，这种旋转应不影响共同度和全部所能解释的方差比例。因子模型本身的协方差结构在正交阵下的"不可识别性"决定了因子旋转的可行性。正交旋转（orthogonal rotation）和斜交旋转（oblique rotation）是因子旋转的两类方法。正交旋转由于保持了坐标轴的正交性（成直角），即因子之间的不相关性，因此使用得最多，它也是正交因子模型的旋转方法。正交旋转的方法很多，其中以最大方差正交旋转法（Varimax）最为常用。斜交旋转可以更好地简化因子模式矩阵，提高因子的可解释性，但是因为因子间的相关性小而不受欢迎。然而如果总体中各因子间存在明显的相关关系，则应该考虑斜交旋转。

5. 因子解释

因子分析的重要一步应该是对所提取的公因子给出合理的解释。因子解释可以通过考虑在因子上具有较高载荷的变量的意义进行。经过因子旋转后的因子载荷矩阵可以大大地提高因子的可解释性。需要注意的是，即使是经过旋转，仍有可能存在一个因子的所有因子载荷均较高的情形，这种因子通常被称为一般或者基础性因子，一个合理的解释是它是由所研究的问题的共性所决定的，而并不单一地取决于问题的某一个方面。此外，对于某些载荷较小、难以解释或者实际意义不合理的因子，如果其解释的方差较小，则通常予以舍弃。

6. 因子得分

如果后续分析需要，如进行回归分析等，通常需要进一步计算各公因子的因子得分，即给出各因子在每一个样本上的值。事实上，既然各观测变量可以表示为各公因子的线性组合，那么反之，各公因子也可以表示为各观测变量的线性组合。

因子得分正是通过这样的方法利用各观测变量的值估计得到的。主成分分析法可以给出各因子得分的精确值，并且这些值之间是不相关的。因子得分值可以用来代替原来的变量用于后续的分析。由于消除了相关性，为后续的统计分析方法的使用提供了较大便利。

7. 因子分析法的意义

因子分析法的意义在于简化数据结构，通过科学的定量分析构造一个统计上优良的指标体系，然后对被评价对象进行综合评价。运用该方法，不仅可以将所研究各上市公司的综合因子的得分进行排序，以判别公司的经营状况优劣，还可以根据计算的结果，找出公司的相对竞争优势所在，取长补短，发挥企业的特长，提高公司综合竞争力。利用因子分析法评价企业综合经营业绩有两个大的优点：一是客观地反映各因素对经营业绩的影响，即各指标权重赋值的科学性；二是消除各指标相关性对综合评价的影响。通过以上的分析和评价可以看出，使用因子分析法很好地解决了多指标下的经营业绩问题，它通过分析事件的内在关系，抓住主要矛盾，找出主要因素，使多变量的复杂问题变得易于研究和分析。在上述案例中，虽然只选择了 8 个指标，可能存在不全面的问题，但不影响方法和过程的一般性研究。在指标全面的条件下，按同样的思路和方法，就可以得到更好的结果。

案例分析：因子分析在上市公司经营业绩评价中的应用

随着中国资本市场的发展，上市公司的经营业绩日益成为股东、债权人、研究人员所关心的主要问题，本案例运用因子分析方法，从上市公司对股东的回报能力、资产管理能力、偿债能力、盈利能力四个方面对上海股票市场医药、生物行业的上市公司经营业绩进行综合评价分析，并得出评价的结果。

（1）案例的背景分析：对上市公司的经营业绩的评价一直是经营者、投资者和研究者的关注重心。但是，能够反映上市公司经营业绩的指标很多，而各个指标之间往往又存在一定的相关性，容易造成信息的重复。与此同时，公司之间的情况各异，各个指标彼高此低，因此，必须对上市公司进行综合的评价和分析，从众多的指标中提取合适和科学的公共因子，以方便对业绩进行解释。因子分析方法无疑是解决这一问题的有效途径。

（2）案例的分析对象：本案例所探讨的就是面对众多的指标应该如何利用因子分析方法进行综合的分析和评价，其所依托的客体是 2003 年上海股市医药、生物行业 28 家上市公司年报中的有关指标。所引用资料取自巨潮资讯网（www. cninfo. com. cn）。本案例一共选取了 11 个指标：X_1——每股收益、X_2——每股净资产、X_3——净资产收益率、X_4——扣除后每股收益、X_5——存货周转率、X_6——固定资产周转率、X_7——总资产周转率、X_8——主营业务利润率、X_9——销售毛利率、X_{10}——流动比率、X_{11}——速动比率。

一、数据管理

	X1	X2	X3	X4	X5	X6	X7	X8	X9	X10	X11
上海医药	0.33	3.65	8.93	0.212	1.13	0.78	10.33	10.16	6.91	9.17	1.69
昆明制药	0.72	6.11	11.73	0.7124	2.23	1.92	55.37	54.63	3.19	3.61	0.78
片仔癀	0.43	3.88	11.14	0.4251	11.7	9.01	67.03	66.12	0.66	2.82	0.46
同仁堂	0.722	4.93	14.64	0.6954	2.54	1.08	47.38	46.14	1.15	2.92	0.83
天士力	0.5	3.91	12.67	0.4945	2.18	2.02	72.41	71.07	4.6	2.38	0.7
复星实业	0.648	4.34	14.94	0.65	1.11	0.89	26.04	25.55	5.45	2.86	0.54
康美药业	0.723	6.25	11.57	0.716	1.11	0.73	27.8	27.33	3.38	1.41	0.7
江中药业	0.35	4.12	8.42	0.3542	1.48	1.22	59.52	58.74	4.96	2.57	1.09
联环药业	0.187	4.09	4.58	0.1935	5.39	4.81	41.73	41.36	3.55	3.72	0.54
交大昂立	0.29	4.78	5.96	0.1457	2.08	1.82	49.87	47.37	2.02	4.17	0.43
双鹤药业	0.296	3.52	8.41	0.3	1.16	0.87	26.96	26.49	3.52	2.51	0.79
亚宝药业	0.22	2.58	8.41	0.2208	1.48	1.21	45.64	44.83	3.71	2.34	0.67
东盛科技	0.21	2.15	9.61	0.2364	1.1	1.05	72.76	71.3	4.64	1.84	0.43
金宇集团	0.404	5.2	7.78	0.3997	1.96	0.76	39.31	38.15	0.66	1.65	0.38
太极集团	0.226	3.53	6.41	0.1597	0.72	0.47	27.71	27.19	4.48	2.11	0.9
美罗药业	0.12	4.81	2.43	0.1015	1.64	1.38	20.65	20.25	5.03	3.16	0.74
天药股份	0.358	3.53	10.14	0.3045	1.42	1.02	26.29	25.72	2	1.4	0.44
中新药业	0.23	4.36	5.42	0.1314	0.92	0.59	42.44	41.76	2.21	1.84	0.61
星湖科技	0.22	2.77	7.92	0.2163	2.65	1.9	34.25	33.58	2.54	1.27	0.5
天坛生物	0.199	2.76	7.22	0.2002	2.87	2.01	50.01	49.36	0.96	1.03	0.39
钱江生化	0.161	3.29	4.89	0.1295	1.75	1.44	24.54	24.4	2.92	1.74	0.43
迪康药业	0.1	5.21	1.93	0.0586	2.73	2.51	47.52	46.86	2.71	0.58	0.19
金花股份	0.062	3.75	1.65	0.0662	1.23	1.09	18.31	17.96	9.21	0.75	0.38
鲁抗医药	0.13	3.92	3.35	0.158	1.17	0.82	26.18	25.52	3.18	0.58	0.38
通化东宝	0.11	4.19	2.66	0.1076	2.3	1.93	49.4	48.8	1.36	0.43	0.18
天目药业	-0.127	1.89	-5.48	-0.1113	2.21	1.76	38.55	37.71	2.84	1.7	0.55
ST三普	-0.061	1.01	-5.96	-0.0606	0.81	0.64	36.7	36.02	1.95	1.3	0.33
ST金泰	-0.54	-0.22	0.41	-0.2675	0.45	0.21	26.53	26.02	0.12	0.14	0.04

二、R 语言操作

1. 调入数据

将 Case8 中的数据复制，然后在 RStudio 编辑器中执行 Case8 = read. table ("clipboard", header = T)。

2. 计算过程及结果分析

从样本相关阵 R 可计算出 R 的特征值、相应的方差贡献率及累积方差贡献率（见表 9 - 7），表 9 - 8 是旋转前后的因子载荷矩阵。

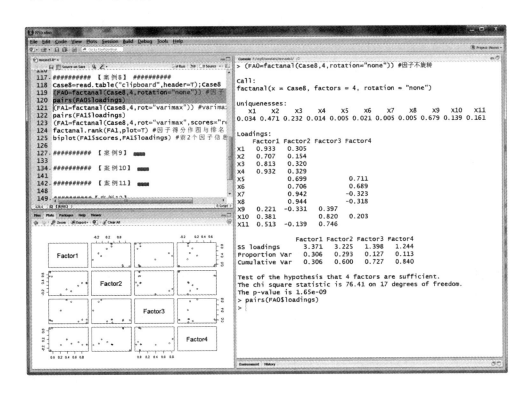

表 9 - 7　　　　　　　　　　　　　旋转前、后因子的方差贡献

因子	旋转前			旋转后		
	总方差	方差贡献率%	累积方差贡献率%	总方差	方差贡献率%	累积方差贡献率%
1	3.371	30.6	30.6	3.258	29.6	29.6
2	3.225	29.3	60.0	2.061	18.7	48.4
3	1.398	12.7	72.7	2.008	18.3	66.6
4	1.244	11.3	84.0	1.911	17.4	84.0

表9－8　　　　　　　　　　　　　　旋转前、后的因子载荷矩阵

变量	旋转前的因子矩阵				旋转后的因子矩阵			
	F_1	F_2	F_3	F_4	F_1	F_2	F_3	F_4
每股收益 X_1	0.933	0.305			0.950		0.123	0.212
每股净资产 X_2	0.707	0.154			0.713			0.117
净资产收益率 X_3	0.813	0.320			0.838		0.166	0.188
扣除后每股收益 X_4	0.932	0.329			0.978		0.132	0.101
存货周转率 X_5		0.699		0.711	0.119	0.969	0.197	
固定资产周转率 X_6		0.706		0.689		0.960	0.229	
总资产周转率 X_7		0.942		-0.323	0.145	0.224	0.952	-0.144
主营业务利润率 X_8		0.944		-0.318	0.145	0.229	0.950	-0.145
销售毛利率 X_9	0.221	-0.331	0.397			-0.235	-0.198	0.472
流动比率 X_{10}	0.381		0.820	0.203	0.179	0.152		0.896
速动比率 X_{11}	0.513	-0.139	0.746		0.304			0.857

从表9－7可以看出，前4个因子的方差贡献率已经占到累积方差贡献率的83.9%，所以只需要取前4个因子就可以较好地概括原始指标。

由旋转后的因子载荷矩阵可以看出，因子 F_1 在每股收益 X_1、每股净资产 X_2、净资产收益率 X_3、扣除后每股收益 X_4 上的载荷量较大，分别反映上市公司给予其股东的回报，在这个因子上得分越高，则公司能够给予股东的回报一般而言也越高。因子 F_2 由于在存货周转率 X_5、固定资产周转率 X_6 上有较大的载荷量，所以是反映公司的资产管理能力的综合指标。第三个因子 F_3 在总资产周转率 X_7、主营业务利润率 X_8 上的载荷量较大，主要体现了公司的短期偿债能力，是债权人非常关心的项目。第四个因子 F_4 在销售毛利率 X_9、流动比率 X_{10}、速动比率 X_{11} 上的载荷较大，是反映公司的盈利能力的公共因子。从 R 给出的成分图可以更清晰地看到各个原始指标之间的关系。

从因子排名表可以看到，在偿债能力方面，片仔癀可谓一枝独秀。这与该公司独家生产和拥有 400 余年历史的名贵中药片仔癀不无关系。由于其独特的地位，所以漳州片仔癀集团公司的现金流相当充足。另外，片仔癀拥有的片仔癀配方属于国家秘密，因此在上市时没有进行资产评估，片仔癀的无形资产包括品牌、商标、技术、专利、药品批文等，都没有作评估就无偿进入股份公司，致使其在无形资产方面没有显示出应有的数据。这两方面的原因使得片仔癀在着重考察流动资产质量的短期偿债能力指标方面有着极为优秀的表现。康美药业在股东回报方面领先，但是其他三个方面却都在平均水平以下，这与其特殊的股本结构和小盘股有着重要的联系。首先，翻看康美药业的年度报告就可以知道无论对整个资本市场还是对医药行业的上市公司而言，康美药业都属于小盘股；其次，康美药业属于典型的"家族企业"，公司的第一、二大股东关系密切，两者股权合计拥有超过78%的公司股份。这两个原因使得尽管康美药业在其他方面表现平平，但是因为其没有一般上市公司的所有权和经营权分离所产生的矛盾，所以康美药业的股东可以享有较高的投资回报。

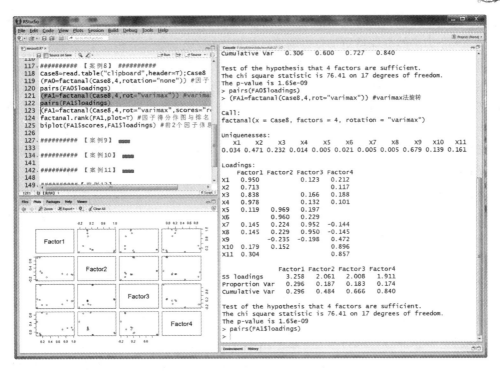

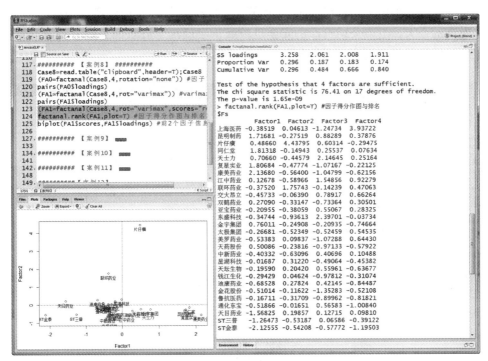

与片仔癀相比，排名第四的天士力则在盈利能力方面表现突出，尽管在 2003 年上半年受到 SARS（传染性非典型肺炎）的冲击，其盈利水平却仍然位居同行业上市公司的前列。天士力制药股份有限公司是目前国内最大的滴丸剂型生产企业，与医药流通领域的利润水平不断降低相反，医药生产企业的利润水平得到了相当的提高。作为一家中药上市企业，随着中国加入世界贸易组织，知识产权得到更大的保障，自然绿色治疗概念逐步兴起，天士力必然会保持更加良好的发展势头。

同仁堂的综合得分排名第三，在股东回报和盈利能力上出现负数，低于平均水平，究其原因，主要是因为同仁堂的主营业务是在医药商业方面，而随着医药行业原有体系被打破，在医药流通和商业方面的竞争加剧（例如越来越多平价药房的出现，连锁药店逐渐步入微利时代），其盈利能力受到一定冲击也是在意料之中的。尽管如此，同仁堂作为一家在医药行业有着很强竞争力的上市公司，其资产管理和综合营运水平仍然保持在同行业的前列。

三、案例小结

（1）根据上述结果，可以认为对上市公司业绩进行综合评价时主要考察该公司对股东的回报能力、盈利能力、偿债能力、资产管理能力等方面。而且对股东的回报能力主要考察每股收益、每股净资产、净资产收益率、扣除后每股收益；盈利能力主要考察销售毛利率、流动比率、速动比率；偿债能力主要考察总资产周转率和主营业务利润率两项指标；资产管理能力则主要考察存货周转率、固定资产周转率两项指标。

（2）从评价上市公司业绩的四项主因子来看，对股东的回报放在了首位，其次是资产管理能力、偿债能力、盈利能力。这一结论基本符合现代企业经营理论。公司的首要任务是为股东创造价值，增加财富，回报股东。随着中国资本市场的成熟，市场对上市公司的资源配置逐渐由上市圈钱挽救国企和概念炒作转向对公司资产管理能力的关注。在风险益高的今天，上市公司资产的安全也被赋予了仅次于股东回报能力和资产管理能力的地位，而盈利能力则为公司的各方面提供了原动力。

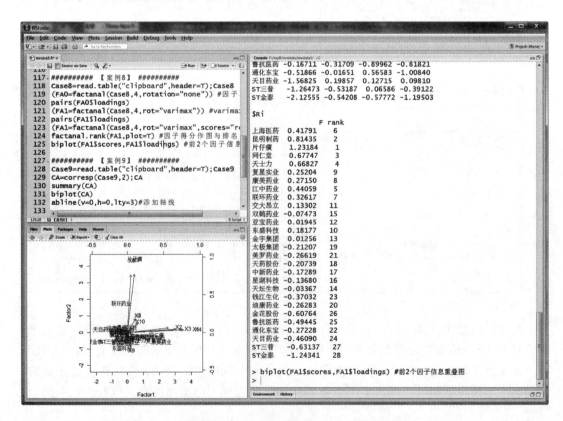

（3）该评价方法是根据上市公司 11 项指标数据的内在关系确定各项指标在总体评价体系中的权重，即由原始数据本身确定综合指标的权重，并且随着上市公司样本或数据时期不同，最后得到的权重和结果也有所不同，但这并不影响在同一样本或时期范畴公司综合经营效果评价的可比性。因子分析方法有严谨的数学科学性，可以较好地体现公司经营业绩评价的客观性和公正性。

该案例程序如下所示：

```
Case8 = read. table("clipboard", header = T) ; Case8
(FA0 = factanal(Case8, 4, rotation = "hone"))        #因子不旋转
pairs(FA0$loadings)
(FA1 = factanal(Case8, 4, rot = "varimax"))         #varimax 法旋转因子分析
pairs(FA1$loadings)
(FA1 = factanal(Case8, 4, rot = "varimax", scores = "reg"))
factanal. rank(FA1, plot = T)   #因子得分作图与排名
biplot(FA1$scores, FA1$loadings)
```

思考练习题

一、思考题（手工解答，上交作业本）

1. 比较因子分析和主成分分析模型的关系，说明它们的相似之处和不同之处。

2. 使用因子分析时有哪些需要注意的问题？

3. 能否将因子旋转的技术用于主成分分析，使主成分有更鲜明的实际背景？

4. 证明对标准化变量 Z_1、Z_2 和 Z_3，

$$R = \begin{bmatrix} 1 & 0.63 & 0.45 \\ 0.63 & 1 & 0.35 \\ 0.45 & 0.35 & 1 \end{bmatrix}$$

可以由 $m = 1$ 的正交因子模型

$$\begin{cases} Z_1 = 0.9F_1 + \varepsilon_1 \\ Z_2 = 0.7F_2 + \varepsilon_2 \\ Z_3 = 0.1F_3 + \varepsilon_3 \end{cases}$$

生成，这里 $\mathrm{var}(F_1) = 1$，$\mathrm{cov}(\varepsilon, F) = 0$，

$$\mathrm{cov}(\varepsilon) = \sum_\varepsilon = \begin{bmatrix} 0.19 & 0 & 0 \\ 0 & 0.51 & 0 \\ 0 & 0 & 0.75 \end{bmatrix}$$

即将 R 写成 $R = AA' + \sum_\varepsilon$ 的形式。并且

（1）计算共同度 h_i^2，$i = 1, 2, 3$，并解释之。

（2）计算 $\mathrm{corr}(Z_i, F_i)$，$i = 1, 2, 3$，哪个变量在公共因子中有最大的权？为什么？

5. 验证下列矩阵性质：

（1）$(I + A'\Omega^{-1}A)^{-1}A'\Omega^{-1}A = I - (I + A'\Omega^{-1}A)^{-1}$

（2）$(AA' + \Omega)^{-1} = \Omega^{-1} - \Omega^{-1}A(I + A'\Omega^{-1}A)^{-1}A'\Omega^{-1}$

（3）$A'(AA' + \Omega)^{-1} = (I + A'\Omega^{-1}A)^{-1}A'\Omega^{-1}$

二、练习题（计算机分析，网上交流或发电子邮件）

1. 编写 R 程序计算思考题的第 4 题。

2. 试编写 R 程序验证思考题的第 5 题。

3. 试编制计算 Bartlett 因子得分的 R 语言函数。

4. 因子分析法在股价预报上的探索：在本例中为了验证因子分析法的有效性，特意不区分行业，以上海证券交易所和深圳证券交易所进行分层，然后把层内全部股票选入抽样框，以进行随机抽取。从手机金融界（http：//www.jrj.com.cn）得到了 23 家企业在 2004 年 3 月 31 日的数据，所考虑的指标如下：X_1 流动比率（<2 偏低）、X_2 速动比率（<1 偏低）、X_3 现金流动负债比（%）、X_4 每股收益（元）、X_5 每股未分配利润（元）、X_6 每股净资产（元）、X_7 每股资本公积金（元）、X_8 每股盈余公积金（元）、X_9 每股净资产增长率（%）、X_{10} 经营净利润率（%）、X_{11} 经营毛利率（%）、X_{12} 资产利润率（%）、X_{13} 资产净利率（%）、X_{14} 主营业务收入增长率（%）、X_{15} 净利润增长率（%）、X_{16} 总资产增长率（%）、X_{17} 营业利润增长率（%）、X_{18} 主营业务成本比例（%）、X_{19} 营业费用比例（%）、X_{20} 管理费用比例（%）、X_{21} 财务费用比率（%）。

（1）求样本相关阵 R 及特征根与特征向量。

（2）确定因子的个数，并解释这些因子的含义。

（3）计算各因子得分，画出前两个因子的得分图并作出解释。

（4）对因子进行旋转，比较旋转前后因子分析的结果。

（5）对这 23 家上市企业的财务状况进行综合评价。

代码	名称	X_1	X_2	X_3	X_4	X_5	X_6	X_7	X_8	X_9	X_{10}
000029	深深房 A	1.33	0.33	−1.44	−0.02	−0.92	1.11	0.95	0.12	11.10	−12.85
000509	同人华塑	0.76	0.73	−4.96	0.02	−1.42	1.57	1.86	0.12	−10.38	4.91
000537	南开戈德	1.21	1.14	−4.72	−0.02	−0.72	1.03	0.53	0.23	−46.59	−28.03
000592	ST 昌源	0.79	0.60	−0.19	−0.02	−1.96	0.03	0.86	0.11	−96.94	−993.95
000880	山东巨力	0.75	0.58	7.55	−0.35	−0.36	1.78	1.02	0.11	−28.02	0.24
000927	一汽夏利	1.11	1.01	7.27	0.01	−0.33	1.67	0.82	0.10	9.34	0.87
000993	闽东电力	1.19	1.01	−12.73	−0.03	−0.33	4.50	3.75	0.09	−7.01	−23.16
200041	深本实 b	1.04	0.91	−17.41	−0.30	−0.30	1.78	0.49	0.52	−14.37	1.41
600090	ST 啤酒花	0.22	0.16	0.15	−0.03	−3.28	−2.45	0.10	0.49	−253.80	−27.05
600181	云大科技	1.57	1.18	−3.77	−0.08	−0.55	1.84	1.25	0.14	−30.63	−77.83
600522	中天科技	1.98	1.28	−28.33	0.01	0.16	2.71	1.40	0.15	−1.39	2.27
600643	爱建股份	1.36	0.82	7.47	0.05	−0.59	3.37	2.06	0.90	−13.76	6.38
600698	ST 轻骑	0.92	0.82	−4.03	0.00	−1.91	0.37	1.27	0.06	122.27	0.83
000869	张裕 A	4.03	3.49	49.27	0.24	1.31	5.27	2.48	0.48	−7.25	17.86
000922	阿继电器	1.95	1.43	−72.04	0.01	0.09	1.90	0.62	0.14	−38.30	6.50
000523	广州浪奇	1.91	1.38	−16.20	0.01	−0.47	1.71	0.72	0.45	0.60	0.29
000705	浙江震元	1.47	0.93	−3.68	0.02	0.45	3.56	1.84	0.26	3.44	1.04
000518	四环生物	5.47	4.25	61.70	0.04	0.10	1.10	0.0	0.00	−47.48	32.85
000009	深宝安 A	1.49	0.35	0.05	0.01	−0.59	1.19	0.70	0.35	−0.10	1.45
000001	深发展 A	0.78	0.78	1.58	0.11	0.20	2.15	0.81	0.08	6.57	11.20
000578	数码网络	85.00	0.63	2.52	0.04	0.10	1.60	0.26	0.23	6.63	0.12
000758	中色建设	2.74	2.39	−27.90	0.02	0.21	2.61	1.31	0.14	9.92	11.38
000597	东北药	1.24	1.00	3.00	0.01	−0.02	2.92	1.92	0.02	1.25	0.67

（续上表）

代码	名称	X_{11}	X_{12}	X_{13}	X_{14}	X_{15}	X_{16}	X_{17}	X_{18}	X_{19}	X_{20}	X_{21}
000029	深深房 A	8.37	−0.67	−0.67	−16.66	23.64	−11.39	−40.31	89.76	3.43	15.80	6.61
000509	同人华塑	31.44	0.60	0.37	217.62	218.61	31.30	282.07	68.22	2.86	11.85	9.59
000537	南开戈德	0.47	−0.62	−0.64	133.02	56.28	−32.22	−46.59	98.70	1.87	10.94	13.27
000592	ST 昌源	40.57	−0.70	−0.70	−96.89	1 841.70	−33.45	−96.94	57.86	3.80	237.64	797.55
000880	山东巨力	7.59	0.11	0.07	−13.35	28.88	27.25	24.36	92.40	3.23	3.46	1.10
000927	一汽夏利	7.10	0.18	0.18	10.32	−76.29	−5.76	−48.34	88.59	3.94	4.05	2.03
000993	闽东电力	9.73	−0.32	−0.36	−33.57	−557.39	2.44	−88.61	89.73	0.57	44.33	19.72
200041	深本实 b	34.91	0.06	0.04	−21.27	4.25	6.11	−25.12	64.79	7.75	18.72	6.44
600090	ST 啤酒花	32.74	−1.23	−0.90	−71.06	−11.40	−47.84	−44.79	55.56	26.81	33.30	11.31
600181	云大科技	15.55	−1.58	−1.45	−63.56	−220.84	−9.97	−81.70	83.44	23.4	40.51	30.56
600522	中天科技	19.20	0.23	0.16	18.01	−4.51	10.12	−2.53	80.80	9.44	6.43	1.60
600643	爱建股份	17.26	1.65	0.75	491.52	311.79	−12.49	901.91	78.15	1.37	2.65	1.30
600698	ST 轻骑	8.91	0.01	0.11	38.85	229.36	86.90	−3.42	90.07	4.32	5.46	−0.30
000869	张裕 A	53.64	5.77	3.82	22.71	25.77	5.17	30.99	38.06	20.3	7.15	−0.74
000922	阿继电器	37.67	0.36	0.33	−7.19	−35.42	5.78	−17.14	62.33	7.76	20.40	2.66
000523	广州浪奇	14.50	0.11	0.10	61.50	−11.09	0.15	−5.12	85.04	8.99	5.61	−0.20
000705	浙江震元	13.19	0.40	0.25	19.88	−32.67	1.8	−25.33	86.48	4.37	6.87	0.29
000518	四环生物	46.64	4.54	3.28	10.59	99.3	18.05	38.88	52.27	0.7	10.12	0.97
000009	深宝安 A	37.30	0.24	0.06	38.92	−32.20	4.71	28.60	59.93	13.26	15.48	10.20
000001	深发展 A	36.78	0.11	0.11	41.47	39.82	30.79	80.33	0.00	26.38	0.00	0.00
000578	数码网络	8.86	0.08	0.03	−10.08	111.57	1.41	8.52	91.06	2.84	4.65	1.50
000758	中色建设	13.70	0.38	0.39	5.08	260.93	22.84	9.92	85.97	2.95	26.44	2.29
000597	东北药	21.45	0.16	0.11	−4.64	56.87	−11.21	−7.17	78.32	7.46	9.05	4.18

案例分析题

从给定的题目出发，按内容提要、指标选取、数据搜集、R 语言计算过程、结果分析与评价等方面进行案例分析。

1. 因子分析法在股价预报上的应用。

2. 我国各地区经济效益状况的综合研究。

3. 我国人文社会科研与发展状况的分析。

4. 用因子分析研究股票内在的联系。

5. 对我国 31 个省、市、自治区农业发展状况进行综合分析。

6. 对电子行业上市公司经营业绩的因子分析研究。

7. 应用因子分析评价 2015 年我国 31 个省、市、自治区的经济效益。

8. 2015 年度全国各地区电信业发展情况比较分析。

9. 对我国 31 个省、市、自治区的宏观经济发展情况作评价。

10. 因子分析法在我国寿险公司偿付能力监测中的应用。

10 对应分析及 R 使用

【目的要求】要求了解对应分析的目的和基本统计思想，以及对应分析的实际意义；了解对应分析的统计原理（特别是定性变量定量化）解决社会科学中实际问题的基本思路；了解计算软件程序中对应分析的基本内容。

【教学内容】对应分析的目的和基本思想；对应分析方法的基本原理；对应分析的基本分析步骤；R 型和 Q 型因子分析在对应分析中的应用；相关的计算程序。

10.1 对应分析的提出

对应分析（correspondence analysis）是在因子分析的基础上发展起来的。因子分析分为 R 型因子分析和 Q 型因子分析。R 型因子分析是对变量（指标）作因子分析，研究的是变量（指标）之间的相互关系；Q 型因子分析是对样品作因子分析，研究样品之间的相互关系。而在错综复杂的经济和管理关系中，不仅需要了解变量之间的关系、样品之间的关系，还需要了解变量与样品之间的对应关系。1970 年 Beozecri 提出了对应分析，这是多变量统计分析中一种有用的分析方法。对应分析把 R 型因子分析和 Q 型因子分析统一起来，通过 R 型因子分析直接得到 Q 型因子分析的结果，同时把变量（指标）和样品反映到相同的坐标轴（因子轴）的一张图形上，以此来说明变量（指标）与样品之间的对应关系。

在经济管理数据的统计分析中，经常要处理三种关系：即样品之间的关系（Q 型关系）、变量间的关系（R 型关系）以及样品与变量之间的关系（对应型关系）。如对某一行业所属的企业进行经济效益评价时，不仅要研究经济效益指标间的关系，还要将企业按经济效益的好坏进行分类，研究哪些企业与哪些经济效益指标的关系更密切一些，为决策部门正确指导企业的生产经营活动提供更多的信息。这就需要一种统计方法，将企业（样品）和指标（变量）放在一起进行分析、分类、作图，便于作经济意义上的解释。解决这类问题的统计方法就是对应分析。

10.2 对应分析的基本原理

对应分析是分析两组或多组变量之间关系的有效方法，它是在离散情况下，从资料出发，通过建立因素间的二维或多维列联表来对数据进行分析。在此我们要问，这种分析是否有意义，或者说对于所给的数据是否值得作这种相应分析。也就是说通常我们首先需要了解因素间有无联系或是否独立。这一节我们将介绍对应分析与独立性检验的内在关系，以此说明应用对应分析方法解决实际问题时，应避免盲目性，并需先进行因素的独立性检验。一般用 χ^2 检验来分析它们之间的关系。

表 10 – 1　　　　　　　　　　　　　　　　一般的二维列联表

因素 A		因素 B				
		B_1	B_2	$\cdots$	B_c	
因素 A	A_1	k_{11}	k_{12}	$\cdots$	k_{1c}	$k_{1.}$
	A_2	k_{21}	k_{22}	$\cdots$	k_{2c}	$k_{2.}$
	$\vdots$	$\vdots$	$\vdots$	$\vdots$	$\vdots$	$\vdots$
	A_r	k_{r1}	k_{r2}	$\cdots$	k_{rc}	$k_{r.}$
		$k_{.1}$	$k_{.2}$	$\cdots$	$k_{.c}$	$K = k_{..}$

表 10 – 1 的二维列联表可表示为 $K = (k_{ij})_{r \times c}$，其中 $k_{i.} = \sum\limits_{j=1}^{c} k_{ij}$，$k_{.j} = \sum\limits_{i=1}^{r} k_{ij}$，$k_{..} = \sum\limits_{i=1}^{r}\sum\limits_{j=1}^{c} k_{ij} \triangleq K$，其频率阵为 $F = (f_{ij})_{r \times c}$。用 $f_{i.}$ 表示因素 A 中第 i 水平发生的概率，$f_{.j}$ 表示因素 B 中第 j 水平发生的概率，那么其估计值分别为：

$$\hat{f}_{i.} = \frac{k_{i.}}{k_{..}}, \qquad \hat{f}_{.j} = \frac{k_{.j}}{k_{..}}$$

这里我们关心的是因素 A 和因素 B 是否独立，由此提出要检验的问题是：

H_0：因素 A 和因素 B 是独立的

H_1：因素 A 和因素 B 不独立

由上面的假设所构造的统计量为：

$$\chi^2 = \sum_{i=1}^{r}\sum_{j=1}^{c} \frac{\left[k_{ij} - \hat{E}(k_{ij}) \right]^2}{\hat{E}(k_{ij})}$$
$$= \sum_{i=1}^{r}\sum_{j=1}^{c} \frac{\left[k_{ij} - k_{i.}\, k_{.j}/k \right]^2}{k_{i.}\, k_{.j}/k}$$
$$= k \sum_{i=1}^{r}\sum_{j=1}^{c} (z_{ij})^2 \tag{10.1}$$

其中，$z_{ij} = (k_{ij} - k_{i.}\, k_{.j}/k) / \sqrt{k_{i.}\, k_{.j}}$，当假设 H_0：因素 A 和因素 B 是独立的成立时，在 n 足够大的条件下，χ^2 服从自由度为 $(r-1)(c-1)$ 的 χ^2 分布，拒绝区域为：

$$\chi^2 > \chi^2_{1-\alpha}\left[(r-1)(c-1) \right] \tag{10.2}$$

独立性检验只能判断因素 A 和因素 B 是否独立。如果因素 A 和因素 B 独立，则没有必要进行对应分析；如果因素 A 和因素 B 不独立，则可以进一步通过对应分析考察两因素各个水平之间的相关关系。

【例 10 – 1】收入与职业满意度的调查分析：将一个由 1 090 人组成的样本按五个收入类别和四个职业满意度进行交叉分类，所得结果见表 10 – 2。首先探讨收入和职业满意度之间是否有关联。

表 10 – 2 收入与职业满意度调查结果

年收入	很不满意	有些不满	比较满意	很满意
<1 万	42	82	67	55
1 万 – 2 万	35	62	165	118
3 万 – 5 万	13	28	92	81
5 万 – 10 万	7	18	54	75
>10 万	3	7	32	54

下面对例 10 – 1 的数据进行 χ^2 检验:

```
#在 mvstats4. xls:d10. 1 中选取 A1:E6 区域,然后拷贝
X = read. table("clipboard", header = T)    #读取例 10 – 1 数据
chisq. test(X)    #卡方检验
```

```
        Pearson's Chi – squared test

data:X
X – squared = 118.1,  df = 12,  p – value < 2.2e – 16
```

由于 χ^2 值等于 118.095 9,$P < 0.001$,所以拒绝原假设 H_0,接受 H_1,认为因素 A 和因素 B 不独立,即收入与满意度之间有密切联系,可以进一步作对应分析。

上面主要是针对定性数据所进行的列联表分析,而在经济管理数据的统计分析中,对定量数据,经常要处理三种关系,即样品之间的关系(Q 型关系)、变量之间的关系(R 型关系)以及样品与变量之间的关系(对应型关系)。

在因子分析中,可以用较少的公共因子来提取样本数据的绝大部分信息,这样就可以考察较少的因素而获得足够的信息。而 R 型因子分析和 Q 型因子分析只是对变量和样品分别作因子分析,并没有考虑变量和样品之间的联系,损失了一部分信息。此外,在实际问题中,样品的数目远大于变量的数目,在进行 Q 型因子分析时,计算工作量远大于 R 型因子分析。

实际上,Q 型因子分析与 R 型因子分析分别反映了整体的不同侧面,因此它们之间也必然有内在的联系。对应分析就是通过巧妙的数学变换,把 Q 型与 R 型因子分析有机地结合起来。具体来说,通过一个过渡矩阵 Z(如式 10.1)对数据进行处理,得到变量的协方差矩阵 $A = Z'Z$ 与样品的协方差矩阵 $B = ZZ'$。根据矩阵的代数性质,协方差矩阵 A 与 B 有相同的非零特征根,记为 $\lambda_1 \geqslant \lambda_2 \geqslant \cdots \geqslant \lambda_p$。进一步地,若矩阵 A 的特征根 λ_i 对应的特征向量为 U_i,则 B 对应的特征向量就是 $ZU_i = V_i$。这样就可以很方便地从 R 型因子分析得到 Q 型因子分析的结果。下面给出对应分析具体的数学变换过程。

设有 n 个样品,每个样品有 p 个变量,即资料阵为:

$$X = \begin{bmatrix} x_{11} & x_{12} & \cdots & x_{1p} \\ x_{21} & x_{22} & \cdots & x_{2p} \\ \vdots & \vdots & \vdots & \vdots \\ x_{n1} & x_{n2} & \cdots & x_{np} \end{bmatrix}_{n \times p} = (x_{ij})_{n \times p}$$

对 X 的元素 x_{ij} 要求都大于 0(否则,对所有数据同加上一个数使其满足大于 0 的条件)。

现在，我们既需要对变量求它的主成分，又需要对样品求其主成分。用 X 表示数据阵，它的样品协方差阵为 $\Sigma = \dfrac{1}{n}A$，这里 A 是样品离差阵 $A = (a_{ij})$，其中

$$a_{ij} = \sum_{k=1}^{n}(x_{ki} - \overline{x}_i)(x_{kj} - \overline{x}_j)，\text{这里 } i,j = 1,\cdots,p \tag{10.3}$$

于是 $A = X'D_nX$，其中 $D_n = I_n - \dfrac{1}{n}I_nI'_n$。

而将样品看成变量时，它的离差阵为 $A^* = X'D_pX$，$D_p = I_p - \dfrac{1}{p}I_pI'_p$。

因此，一般 A 和 A^* 的非零特征根并不一样。能否把数据阵 X 作一变换，成为 Z，使得 $Z'Z$ 和 ZZ' 能起到 A 和 A^* 的作用呢？由于 $Z'Z$ 和 ZZ' 有相同的非零特征根，它们相应的特征向量也有密切的关系，在计算时可带来许多方便。下面首先介绍如何从原始数据 X 转化为 Z 阵。用 $x_{i.}$、$x_{.j}$ 和 $x_{..}$ 分别表示 X 的行和、列和与总和。

$$
\begin{array}{cccc|c}
x_{11}\cdots x_{1j}\cdots x_{1p} & x_{1.} \\
\vdots \quad \vdots \quad \vdots & \vdots \\
x_{i1}\cdots x_{ij}\cdots x_{ip} & x_{i.} \\
\vdots \quad \vdots \quad \vdots & \vdots \\
x_{n1}\cdots x_{nj}\cdots x_{np} & x_{n.} \\
\hline
x_{.1}\cdots x_{.j}\cdots x_{.p} & x_{..}
\end{array}
\qquad
\begin{array}{cccc|c}
p_{11}\cdots p_{1j}\cdots p_{1p} & p_{1.} \\
\vdots \quad \vdots \quad \vdots & \vdots \\
p_{i1}\cdots p_{ij}\cdots p_{ip} & p_{i.} \\
\vdots \quad \vdots \quad \vdots & \vdots \\
p_{n1}\cdots p_{nj}\cdots p_{np} & p_{n.} \\
\hline
p_{.1}\cdots p_{.j}\cdots p_{.p} & p_{..}
\end{array}
$$

其中 $x_{i.} = \sum\limits_{j=1}^{p} x_{ij}$，$x_{.j} = \sum\limits_{i=1}^{n} x_{ij}$，$x_{..} = \sum\limits_{i=1}^{n}\sum\limits_{j=1}^{p} x_{ij} \triangleq T$。

令 $P = X/x_{..} = (p_{ij})$，即 $p_{ij} = x_{ij}/x_{..}$。不难看出，$0 < p_{ij} < 1$，且 $\sum\limits_{i=1}^{n}\sum\limits_{j=1}^{p} p_{ij} = 1$。

因而 p_{ij} 可解释为"概率"。类似地，用 $p_{i.}$、$p_{.j}$ 分别表示 P 阵的行和与列和。

若令 $Z = (z_{ij})$，其中 $z_{ij} = (p_{ij} - p_{i.}\,p_{.j})/\sqrt{p_{i.}\,p_{.j}} = (x_{ij} - x_{i.}\,x_{.j}/x_{..})/\sqrt{x_{i.}\,x_{.j}}$，则有 $A = Z'Z$，即变量的协方差阵可以表示成 $Z'Z$ 的形式。类似地，可以求样品的协方差，最后可得 $B = ZZ'$。

由矩阵知识可得如下定理。

定理 10.1 设 $A = Z'Z$，$B = ZZ'$，λ_i 是 A 的非零特征根，e_i 为相应的特征向量，则有

（1）A 与 B 的所有非零特征根相等。

（2）B 的非零特征根 λ_i 所对应的特征向量为 $z'e_i$。

此定理告诉我们，只需从 A 出发进行 R 型因子分析，就很容易得到 Q 型因子分析的结果，另外 A 与 B 具有相同的非零特征根，注意到特征根是对应的公因子所提供的方差贡献这一事实，那么就可以用相同的公因子轴去表示变量和样品。

10.3 对应分析的计算步骤

设有 p 个变量的 n 个样品观测数据矩阵 $X = (x_{ij})_{n\times p}$，其中 $x_{ij} > 0$。对数据矩阵 X 作对应分析的具体步骤如下：

（1）由数据矩阵 X，计算规格化的概率矩阵 $P = (p_{ij})_{n\times p}$。

（2）计算过渡矩阵 $Z = (z_{ij})_{n\times p} = \left(\dfrac{p_{ij} - p_{i.}\,p_{.j}}{\sqrt{p_{i.}\,p_{.j}}}\right)_{n\times p} = \left(\dfrac{x_{ij} - x_{i.}\,x_{.j}/x_{..}}{\sqrt{x_{i.}\,x_{.j}}}\right)_{n\times p}$。

（3）进行因子分析。

1）R 型因子分析：计算 $A = Z'Z$ 的特征根 $\lambda_1 \geqslant \lambda_2 \geqslant \cdots \geqslant \lambda_p$，按照累积百分比 $\sum\limits_{i=1}^{m} \lambda_i / \sum\limits_{i=1}^{p} \lambda_i \geqslant 85\%$，取前 m 个特征根 λ_1，λ_2，$\cdots$，λ_m，并计算相应的单位特征向量 u_1，u_2，$\cdots$，u_m，得到因子载荷矩阵：

$$F = \begin{bmatrix} u_{11}\sqrt{\lambda_1} & u_{12}\sqrt{\lambda_2} & \cdots & u_{1m}\sqrt{\lambda_m} \\ u_{21}\sqrt{\lambda_1} & u_{22}\sqrt{\lambda_2} & \cdots & u_{2m}\sqrt{\lambda_m} \\ \vdots & \vdots & \vdots & \vdots \\ u_{p1}\sqrt{\lambda_1} & u_{p2}\sqrt{\lambda_2} & \cdots & u_{pm}\sqrt{\lambda_m} \end{bmatrix}$$

2）Q 型因子分析：由上述求得的特征根，计算 $B = ZZ'$ 所对应的单位特征向量 $Ze_i = v_i$，得到因子载荷矩阵：

$$G = \begin{bmatrix} v_{11}\sqrt{\lambda_1} & v_{12}\sqrt{\lambda_2} & \cdots & v_{1m}\sqrt{\lambda_m} \\ v_{21}\sqrt{\lambda_1} & v_{22}\sqrt{\lambda_2} & \cdots & v_{2m}\sqrt{\lambda_m} \\ \vdots & \vdots & \vdots & \vdots \\ v_{n1}\sqrt{\lambda_1} & v_{n2}\sqrt{\lambda_2} & \cdots & v_{nm}\sqrt{\lambda_m} \end{bmatrix}$$

（4）作变量点图与样本点图。

分析 F_1—F_2 上的变量之间的关系；分析 G_1—G_2 上的样品之间的关系；同时综合分析变量和样品之间的关系。

上述对应分析的推导主要是针对定量数据进行的。对定性数据，以往在分析时只是通过列联表来表现它们之间的关系，通过 χ^2 检验来分析它们之间的关系。如果仅有两个变量，且每个变量类别较少，列联表可将它们之间的关系表现得比较清楚，但在每个变量划分为多个类别的情况下就很难直观地揭示出变量之间的内在联系。对应分析方法的运用可以有效地解决这些问题。对应分析是通过变量变换的方法对数据进行因子分析，变换后的过渡矩阵与数据的单位和尺度已无多大关系，所以对定性数据也可以按上述方法进行对应分析。

对应分析函数 corresp() 的用法

corresp(x, nf = 1, ...)

x 表示进行对应分析的数据矩阵, nf 表示计算因子的个数

下面是对例 10 – 1 数据所作的对应分析的结果：

1）进行对应分析。

```
library(MASS)    #加载 MASS 包
ca1= corresp(X, nf = 2)    #对应分析
```

2）计算行和列得分。

ca1　#对应分析结果
First canonical correlation(s)：0.3067 0.1188

Row scores：

	［,1］	［,2］
＜1 万	−1.6748	−0.7606
1 万 − 3 万	0.0287	1.0390
3 万 − 5 万	0.5540	0.5838
5 万 − 10 万	0.9387	−1.0967
＞10 万	1.4372	−1.7058

Column scores：

	［,1］	［,2］
很不满意	−1.6712	−0.06595
有些不满	−1.5407	−0.56742
比较满意	0.3195	1.23921
很满意	0.8868	−1.01750

3）根据上述数据作对应图。

biplot(ca1)　#双坐标轴图

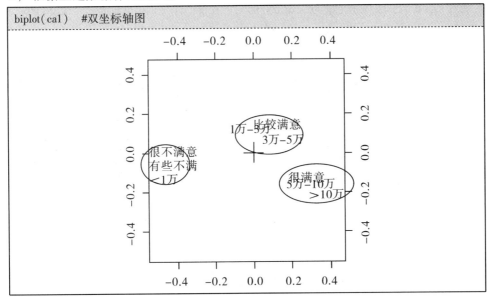

4）对应图分析。

根据上图可将变量和样品分为三组：

第一组，变量：＜1 万

　　　　样品：有些不满、很不满意

第二组，变量：1 万 − 3 万、3 万 − 5 万

　　　　样品：比较满意

第三组，变量：5 万 − 10 万、＞10 万

　　　　样品：很满意

在图形中，相似的类会聚在一起，靠得很近，因而我们根据两种定性变量（收入与职业满意度）之间的距离，就可以得出两个变量的哪些类相似，从而进行分组。根据分组情况，我们可以看出收入在 1 万元以下的人对自己的职业有些不满或者很不满意，收入在 1 万到 5 万元之间的人对自己的职业比较满意，而收入在 5 万元以上的人大都对自

己的职业很满意。

【例 10 -2】 对我国 31 个省、市、自治区按各种经济类型资产占总资产比重（%），利用 1997 年数据作对应分析。本例共考虑 6 个变量，分别是国有经济/总资产、集体经济/总资产、联营经济/总资产、股份制经济/总资产、外商投资经济/总资产、港澳台经济/总资产，数据见表 10 -3。

表 10 -3　　我国 31 个省、市、自治区各种经济类型资产占总资产比重　　（单位:%）

地区	国有经济	集体经济	联营经济	股份制经济	外商投资经济	港澳台经济
北京	0. 649 23	0. 099 78	0. 009 169	0. 031 23	0. 153 55	0. 055 02
天津	0. 546 26	0. 080 76	0. 011 522	0. 048 87	0. 243 37	0. 061 23
河北	0. 655 73	0. 170 08	0. 002 342	0. 057 44	0. 060 67	0. 045 45
山西	0. 796 96	0. 138 75	0. 001 196	0. 030 47	0. 018 55	0. 013 45
内蒙古	0. 786 70	0. 091 46	0. 001 896	0. 053 60	0. 034 87	0. 024 44
辽宁	0. 676 43	0. 112 46	0. 004 802	0. 068 51	0. 095 81	0. 031 72
吉林	0. 775 43	0. 088 99	0. 000 99	0. 066 03	0. 051 36	0. 014 00
黑龙江	0. 767 05	0. 088 91	0. 000 881	0. 080 34	0. 039 67	0. 0208 1
上海	0. 474 14	0. 079 72	0. 024 211	0. 125 17	0. 232 27	0. 064 49
江苏	0. 380 35	0. 316 43	0. 015 731	0. 070 01	0. 128 28	0. 078 04
浙江	0. 355 46	0. 373 45	0. 007 622	0. 103 07	0. 092 72	0. 054 71
安徽	0. 548 07	0. 182 17	0. 002 694	0. 184 16	0. 051 11	0. 016 23
福建	0. 337 17	0. 092 01	0. 011 277	0. 065 52	0. 155 25	0. 326 42
江西	0. 758 64	0. 138 78	0. 003 087	0. 026 30	0. 055 08	0. 012 89
山东	0. 557 59	0. 238 73	0. 002 097	0. 067 47	0. 093 76	0. 035 70
河南	0. 643 51	0. 178 26	0. 002 78	0. 091 27	0. 032 78	0. 042 17
湖北	0. 616 39	0. 148 63	0. 005 496	0. 134 31	0. 070 68	0. 022 52
湖南	0. 734 01	0. 165 34	0. 000 837	0. 035 05	0. 040 75	0. 016 22
广东	0. 290 00	0. 142 67	0. 010 985	0. 076 34	0. 160 66	0. 314 67
广西	0. 654 84	0. 160 93	0. 003 532	0. 069 72	0. 078 65	0. 026 89
海南	0. 509 79	0. 026 91	0. 009 083	0. 183 64	0. 131 56	0. 127 36
重庆	0. 675 35	0. 127 3	0. 002 224	0. 087 33	0. 071 55	0. 027 94
四川	0. 660 10	0. 134 63	0. 002 953	0. 149 22	0. 027 97	0. 014 56
贵州	0. 828 25	0. 086 60	0. 008 34	0. 041 25	0. 019 13	0. 013 09
云南	0. 765 43	0. 111 13	0. 002 751	0. 073 72	0. 026 40	0. 018 11
西藏	0. 770 82	0. 106 34	0. 046 613	0. 024 76	0. 023 79	0. 022 82
陕西	0. 801 85	0. 087 42	0. 002 488	0. 040 96	0. 033 94	0. 031 49
甘肃	0. 826 96	0. 099 09	0. 000 988	0. 045 03	0. 014 43	0. 012 64
青海	0. 895 09	0. 039 64	0. 001 087	0. 052 35	0. 002 81	0. 006 42
宁夏	0. 763 52	0. 082 35	0. 002 085	0. 079 33	0. 060 75	0. 008 85
新疆	0. 841 05	0. 083 84	0. 004 328	0. 031 46	0. 011 57	0. 024 58

（1）读数据。

```
#在 mvstats4. xls:d10. 2 中选取 A1:G32 区域,然后拷贝
X = read. table("clipboard", header = T)    #选取例 10 - 2 数据
```

（2）计算行和列得分。

```
ca2 = corresp(X, nf = 2)    #对应分析
ca2    #对应分析结果
```

First canonical correlation(s)：0.4023 0.2225

Row scores:

	[,1]	[,2]
北京	− 0.3024	0.35162
天津	− 0.8608	0.12981
河北	0.1087	− 0.33587
山西	0.7763	0.21633
内蒙古	0.6113	0.62408
辽宁	0.1303	0.06313
吉林	0.6110	0.46011
黑龙江	0.5744	0.45891
上海	− 1.0341	− 0.27039
江苏	− 0.9313	− 2.30195
浙江	− 0.6641	− 3.17866
安徽	0.1320	− 1.41766
福建	− 3.1052	1.72081
江西	0.5891	0.08025
山东	− 0.1134	− 1.39912
河南	0.1944	− 0.55331
湖北	0.1463	− 0.70997
湖南	0.5693	− 0.21876
广东	− 3.1004	0.96244
广西	0.1863	− 0.47233
海南	− 1.1292	0.75995
重庆	0.2383	− 0.14732
四川	0.4436	− 0.52549
贵州	0.8204	0.75332
云南	0.6368	0.26864
西藏	0.5507	0.58767
陕西	0.5838	0.79950
甘肃	0.8475	0.61258
青海	1.0626	1.28857
宁夏	0.5911	0.38975
新疆	0.7892	0.94763

Column scores:

	[,1]	[,2]
国有经济	0.5372	0.45922
集体经济	− 0.2071	− 2.19811
联营经济	− 1.0141	0.08896
股份经济	− 0.3583	− 0.90958
外商投资	− 1.5671	− 0.42980
港澳台	− 3.4240	1.68790

（3）作对应分析图。

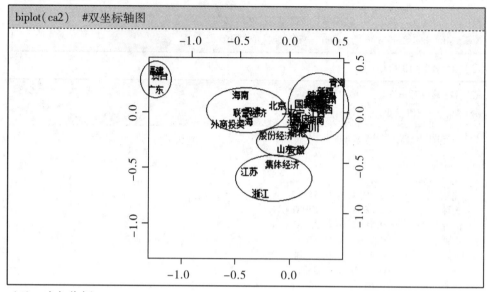

```
biplot( ca2)    #双坐标轴图
```

（4）对应分析：

根据上图可将变量和样品分为五类：

第一类，变量：港澳台经济/总资产；

样品：广东、福建。

第二类，变量：外商投资经济/总资产、联营经济/总资产；

样品：北京、天津、上海、海南。

第三类，变量：集体经济/总资产；

样品：浙江、江苏。

第四类，变量：股份制经济/总资产；

样品：安徽、山东。

第五类，变量：国有经济/总资产；

样品：其他省份。

结合 1997 年我国各地经济发展的实际情况，这样划分还是比较合理的。第一类中，样品为广东和福建，这两个省份毗邻港澳台地区，华侨较多，所以港澳台经济占主导。第二类中，样品为北京、天津、上海、海南，这些为直辖市或经济特区，所以以外商投资经济和联营经济为主。第三类中，样品为浙江、江苏，是集体经济的大省。第四类中，样品为安徽和山东，是股份制经济搞得较好的省份。第五类为其他省份，这些省份由于传统因素的影响，仍然以国有经济为主。

10.4　对应分析应注意的几个问题

一般地，对应分析常规地处理定量的数据矩阵，这些数据具有在主成分分析、因子分析、聚类分析等分析中所处理的数据形式。在对应分析中，根据各行变量的因子载荷和各列变量的因子载荷之间的关系，行因子载荷和列因子载荷之间可以两两配对。如果对每组变量选择前两列因子载荷，那么两组变量就可以画出两个因子载荷的散点图。由于这两个图所表示的载荷可以配对，因此可以把这两个因子载荷的散点图重叠地画到同一张图中，并以此直观地显示各行变量和各列变量之间的关系。定性资料通常用列联表进行分析，处理列联表的问题仅仅是对应分析的一个特例。由于列联表数据形式和一般的定量变量的数据形式类似，所以也可以用对应分析的数学方法来研究行变量各个水平和列变量各个水平之间的关系，虽然对不同数据类型所产生结果的解释有所不同，但其数学原理是一样的。

另外，我们在进行对应分析时还需注意以下几个问题：

（1）不能用于相关关系的假设检验。对应分析只能说明两个变量之间的联系，而不能说明这两个变量存在的关系是否显著，只是用来揭示这两个变量内部类别之间的关系。

（2）维度由研究者根据变量所含的最小类别数决定。由于维度取舍不同，其所包含的信息量也有所不同，一般来讲，如果各变量所包含的类别较少，则在两个维度进行对应分析时损失的信息量才能较少。

（3）对极端值应作敏感性研究。

（4）研究对象要有可比性。

（5）变量的类别应涵盖所有可能出现的情况。

（6）对应分析的基础是交叉汇总表（即列联表），也表示行、列的对应关系。

（7）对应分析、因子分析和主成分分析虽然都是多变量统计分析，但对应分析的目的与因子分析或主成分分析的目的是完全不同的。前者是通过图形直观地表现变量所含类别间的关系，后者则是为了降维。

（8）在解释图形变量类别间的关系时，要注意所选择的数据标准化方式，不同的标准化方式会导致类别在图形上的不同分布。

案例分析：对应分析在市场细分和产品定位中的应用

对应分析最终生成的图形，能够为企业对于自己所处的市场状态、战略和产品的策略定位有更加清晰的认识。比如，在市场细分研究实践中，往往会遇到到底是哪些背景（受教育程度、收入、职业等）的消费者在使用我们的产品，他们在消费行为上有什么差异，我们的产品品牌形象与竞争对手相比在消费者心目中究竟是怎样的等问题。以往在分析时只是通过列联表来表现它们之间的关系，通过检验来分析它们之间的关系。如果仅有两个变量，且每个变量类别较少，用这样的方法表现得比较清楚，但在每个变量划分为多个类别的情况下就很难直观地揭示出变量之间的内在联系。对应分析方法的运用可有效地解决这些问题。

对应分析技术在市场细分、产品定位、品牌形象以及满意度研究等领域得到越来越广泛的运用。本文对中国媒体网站进行评价，分析媒体网站的定位。根据网站评价 Web 站点 Alexa 所提供的评价指标数据，选取了 5 个指标作为媒体网站评价的标准：流量、访问量、被连接数、速度、浏览页面数。

一、数据管理

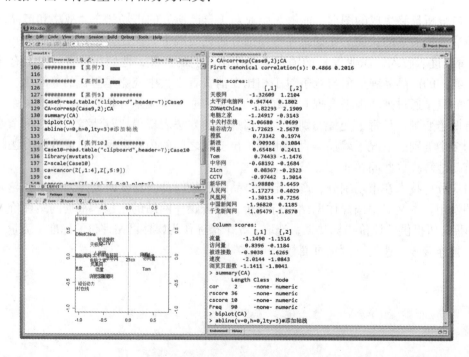

二、R 语言操作

1. 调入数据

将 Case9 中的数据复制，然后在 RStudio 编辑器中执行 Case9 = read. table（"clipboard"，header = T）。

2. 进行对应分析

3. 作对应图

根据下图可将变量和样品分为四类：

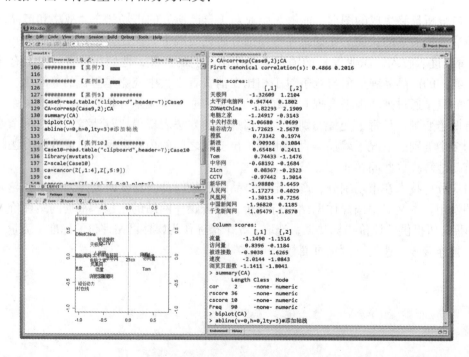

第一类，变量：访问量；

样品：网易、搜狐、新浪、Tom、21cn。

第二类，变量：速度；

样品：中国新闻网、ZDNet China、新华网。

第三类，变量：无；

样品：硅谷动力、中关村在线；

第四类，变量：被连接数、流量、浏览页面数；

样品：天极网、人民网、凤凰网、电脑之家等。

从而我们可以知道，样本网站聚集成四类，分别是：①门户网站，如网易、搜狐、新浪、Tom、21cn，它们的优势在于访问量。巨大的访问量成为门户网站营销的基础，对于门户网站来说，重点应该解决信息的质量和有效性问题，提高用户对网站的可用性评价和信息服务的内容质量。②中国新闻网、ZDNet China、新华网，这三个网站的访问量不够造成了其他指标落后。因此，这三个网站的首要任务就是加大用户访问量，提高信息质量和网站宣传的力度，扩大知名度。③硅谷动力和中关村在线。它们各项指标均比较低，因此在图上处于较偏的位置，这点应该引起这两家网站管理者的高度重视。④新闻类和部分 IT 类网站。这类网站的特征就是用户浏览页面较多，停留时间较长，这充分说明新闻类网络媒体的定位是以提供有价值的信息为主。在不降低内容质量的同时，这类网站应该注重访问量和访问速度的改进。从上图来看，这两个方面是新闻类网站最薄弱的环节。

该案例程序如下所示：

```
Case9 = read. table("clipboard",header = T);Case9
CA = corresp(Case9,2);CA
summary(CA)
biplot(CA)
abline(v = 0,h = 0,lty = 3)
```

思考练习题

一、思考题（手工解答，上交作业本）

1. 对应分析产生的原因及背景是什么？

2. 对应分析的基本思想是什么？

3. 试述对应分析与因子分析的区别和联系。

4. 试述应用对应分析的注意事项。

二、练习题（计算机分析，网上交流或发电子邮件）

1. 试根据书中介绍的对应分析原理，自行编制进行对应分析的 R 语言函数。

2. 将由 1 660 个人组成的样本按心理健康状况和社会经济状况进行交叉分组，分组结果如下表。试对这组数据实施对应分析，解释所得结果，判断数据间的联系能否很好地在二维图中反映。

心理健康状况与社会经济状况数据

心理健康状况	父母社会经济状况				
	高	中高	中	中低	低
好	121	57	72	36	21
轻微症状	188	105	141	97	71
中等症状	112	65	77	54	54
受损	86	60	94	78	71

数据来源：SROLE L，et al. Mental health in the metropolis：the midtown manhatten study. New York：NYU Press，1978.

3. 对应分析在农民收入分析中的应用。

根据统计年鉴上的信息，农民纯收入等级分为五个水平：低收入户、中低收入户、中等收入户、中高收入户、高收入户。其中低收入户包括了人均纯收入在 1 500 元以下户，为了方便，本文将人均纯收入在 1 500 元以下户独立作为一个水平。

平均每百个劳动力的文化程度分为六个等级：文盲或半文盲、小学程度、初中程度、高中程度、中专程度、大专程度。

总收入按收入的性质或来源分为四种：工资性收入、家庭经营收入、转移性收入和财产性收入。其中工资性收入又分为四个方面：在非企业组织中得到的收入、在本地企业中得到的收入、常住人口外出从业得到的收入和其他工资性收入。

数据收集如下表所示。

按人均纯收入等级分的农村居民家庭基本情况

	项目	低收入户	人均少于1 500 元户	中低收入户	中等收入户	中高收入户	高收入户
平均每百个劳动力的文化程度（%）	文盲或半文盲	7.11	6.42	3.68	3.51	3.09	2.24
	小学程度	34.30	35.47	29.14	24.99	20.96	19.75
	初中程度	49.01	48.68	55.28	56.36	57.93	49.85
	高中程度	7.96	6.04	9.20	11.05	12.54	17.50
	中专程度	1.13	2.64	2.33	3.28	3.74	6.72
	大专程度	0.49	0.75	0.37	0.81	1.74	3.94
总收入（元）	在非企业组织中	42.43	10.06	73.87	156.25	227.37	741.94
	在本地企业中	173.73	106.61	257.72	322.94	299.17	1 297.58
	常住人口外出	306.96	81.27	940.18	1 511.76	2 484.98	2 870.31
	其他工资性	317.42	218.18	358.95	291.32	303.71	475.49
	家庭经营	1 820.59	1 660.09	2 069.17	2 244.54	2 782.37	6 479.68
	转移性	98.14	61.85	158.30	239.27	344.35	661.23
	财产性	20.33	13.99	32.57	63.95	119.43	699.20

数据来源：《广东统计年鉴 2006》。

试运用对应分析的方法，分析不同的文化程度和不同的收入来源对广东省农民收入水平的影响密切程度。

案例分析题

从给定的题目出发，按内容提要、指标选取、数据搜集、R 语言计算过程、结果分析与评价等方面进行案例分析。

1. 各地区有害气体平均浓度的对应分析。

2. 我国国民经济各行业更新改造投资情况的对应分析。

3. 对我国货币发行增长率的对应分析。

4. 用对应分析研究 2015 年我国职工收入与职业满意度之间的关系。

5. 用对应分析研究 1995—2015 年全国社会消费品零售额的构成。

6. 心理健康状况与家庭经济状况之间的对应分析。

7. 科技投入与经济关系的研究。

8. 1995—2015 年工资和物价指数的变化与人民生活水平改善的关系。

9. 2015 年中国各行业在四大媒介上的广告费用的研究。

10. 不同消费者对不同品牌的手机的偏好分析。

11   典型相关分析及 R 使用

【目的要求】 要求了解典型相关分析的目的和基本统计思想，以及典型相关分析的实际意义；了解计算软件程序中有关典型相关分析的基本内容；能运用 R 语言进行典型相关分析。

【教学内容】 典型相关分析的目的和基本思想；典型相关分析的数学模型；典型相关系数以及典型变量的计算；典型相关系数的假设检验。

11.1   引 言

在相关分析中，当考察的一组变量仅有两个时，可用简单相关系数衡量之；当考察的一组变量有多个时，可用复相关系数衡量之。在多变量线性回归中，我们所探讨的是一组解释变量与一个反应变量之间的关系，然而在经济管理所面临的复杂研究中，经常需要找出一个以上的反应变量与一组解释变量的关系。如在心理测验的研究中，我们想知道的是一群有关"个性"的解释变量及一群有关受测验者各种不同的"能力"量度（反应变量）之间的关系。在商业与经济方面的研究中，可能对于一组价格指数与一组生产指数感兴趣，并且想从其中一组变量来预测另一组变量。在管理问题中，也经常需要研究两组变量间的关系。例如，在体育训练中，考察运动员身体的各项指标与训练成绩之间的关系；在工厂里，考察原材料主要质量指标与产品质量指标的相关性等。用于探讨一组解释变量（亦即预测变量）与一组反应变量间的关系即典型相关分析（canonical correlation analysis），典型相关分析可以说是复相关分析的延伸。

大量的实际问题需要我们把指标之间的联系扩展到两组随机变量之间的相互依赖关系。典型相关分析就是为了解决此类问题而提出的一种多变量统计分析方法。它实际上是利用主成分的思想来讨论两组随机变量的相关性问题，把两组变量间的相关性研究化为少数几对变量之间的相关性研究，而且这少数几对变量之间又是不相关的，以此来达到简化复杂相关关系的目的。更确切地说，就是在第一组变量中找出一个变量的线性组合，在第二组变量中也找出一个变量的线性组合，使它们具有最大的相关性，还可继续在每一组中找出第二个线性组合，使其在与第一个线性组合不相关的线性组合中具有最大的相关性。如此继续下去，可将两组变量间的相关性提取完毕。不过，在实际中，希望只提取少数几对就能反映两组变量之间的相关关系。

11.2　典型相关分析的基本架构

1. 简单相关分析

2. 多变量相关分析

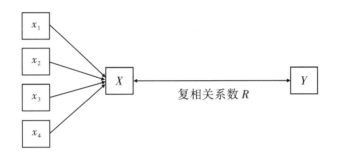

3. 典型相关分析

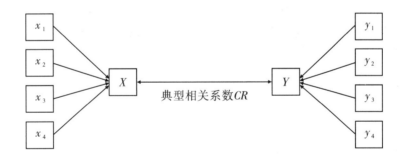

11.3　典型相关分析的基本原理

1. 典型相关的概念

如上所述，典型相关分析是研究两组变量之间相关关系的一种多变量统计分析方法，它可以真正反映两组变量之间相互依赖的线性关系。设两组变量用 x_1，x_2，$\cdots$，x_p 及 y_1，y_2，$\cdots$，y_p 表示，采用类似主成分分析的做法，在每一组变量中选择若干个有代表性的综合指标（变量的线性组合），通过研究两组的综合指标之间的关系来反映两组变量之间的相关关系。其基本原理是：首先在每组变量中找出变量的线性组合，使其具有最大相关性，然后在每组变量中找出第二对线性组合，使其分别与第一对线性组合不相关，而第二对线性组合本身具有最大的相关性，如此继续下去，直到两组变量之间的相关性被提取完毕。

在单变量复相关中，有 p 个 x 变量和一个 y 变量，分析的目的在于找出适当的回归系数作为这 p 个 x 变量的加权值，使 p 个 x 变量线性组合分数与这一个 y 变量分数之间的相关最大。在典型相关分析中也有 p 个 x 变量，但是 y 变量却有 q 个（$q > 1$）。典型相关分析的目的在于找出这 p 个 x 变量的加权值和这 q 个 y 变量的加权值，使这 p 个 x 变量线性组合分数与这 q 个 y 变量线性组合分数相关程度达到最大。

2. 典型相关的求法

假设有两组变量，一组变量为 $x = (x_1, x_2, \cdots, x_p)'$，另一组变量为 $y = (y_1, y_2, \cdots, y_q)'$，且 $p \leqslant q$。x 与 y 的协方差矩阵为：

$$\Sigma = \text{cov}(x,y) = \begin{pmatrix} \text{var}(x) & \text{cov}(x,y) \\ \text{cov}(y,x) & \text{var}(y) \end{pmatrix} = \begin{pmatrix} \sum_{11} & \sum_{12} \\ \sum_{21} & \sum_{22} \end{pmatrix}$$

为研究变量 x 和变量 y 之间的线性相关关系，可考虑它们之间的线性组合：

$$\begin{cases} u = a_1 x_1 + a_2 x_2 + \cdots + a_p x_p = a'x \\ v = b_1 y_1 + b_2 y_2 + \cdots + b_q y_q = b'y \end{cases}$$

u 和 v 的方差和协方差分别为：

$$\text{var}(u) = \text{var}(a'x) = a'\text{var}(x)a = a'\sum_{11}a$$
$$\text{var}(v) = \text{var}(b'y) = b'\text{var}(y)b = b'\sum_{22}b$$
$$\text{cov}(u,v) = \text{cov}(a'x,b'y) = a'\text{cov}(x,y)b = a'\sum_{12}b$$

于是，两个新变量 u 和 v 之间的相关系数（即典型相关系数）为：

$$\rho = \text{corr}(u,v) = \text{corr}(a'x,b'y) = \frac{a'\sum_{12}b}{(a'\sum_{11}a \times b'\sum_{22}b)^{1/2}}$$

由于对任意常数 $c \neq 0$，有 $\text{corr}(ca'x, cb'y) = \text{corr}(a'x, b'y)$，所以通常需对 a 和 b 附加约束条件，使其唯一，最好的约束条件是：

$$\text{var}(u) = \text{var}(a'x) = a'\sum_{11}a = 1, \text{var}(v) = \text{var}(b'y) = b'\sum_{22}b = 1$$

于是，我们的问题就变成在上述约束条件下求 a 和 b，使得：

$$\rho = \text{corr}(u,v) = \text{corr}(a'x,b'y) = a'\sum_{12}b$$

达到最大。构造拉格朗日乘数法函数：

$$G = a'\sum_{12}b - \frac{\lambda}{2}(a'\sum_{11}a - 1) - \frac{\mu}{2}(b'\sum_{22}b - 1)$$

两边分别对向量 a 和 b 求导，并令其为 0，得方程组：

$$\begin{cases} \dfrac{\partial G}{\partial a} = \sum_{12}b - \lambda\sum_{11}a = 0 \\ \dfrac{\partial G}{\partial b} = \sum_{21}a - \mu\sum_{22}b = 0 \end{cases}$$

以 a' 和 b' 分别左乘上方程两式得：

$$\begin{cases} a'\sum_{12}b = a'\sum_{11}a = \lambda \\ b'\sum_{21}a = b'\sum_{22}b = \mu \end{cases}$$

但 $(b'\sum_{21}a)' = a'\sum_{12}b$，所以 $\lambda = \mu$，也就是说，λ 恰好就是 u 和 v 的相关系数。

另外，由上述方程组的第二式得 $b = \dfrac{1}{\mu}\sum_{22}^{-1}\sum_{12}a = \dfrac{1}{\lambda}\sum_{22}^{-1}\sum_{12}a$，将其代入方程组的第一式得 $\sum_{12}\sum_{22}^{-1}\sum_{21}a - \lambda^2\sum_{11}a = 0$，两边左乘以 $\sum_{11}^{-1}$ 得 $\sum_{11}^{-1}\sum_{12}\sum_{22}^{-1}\sum_{21}a - \lambda^2 a = 0$，同

理可得 $\sum_{22}^{-1} \sum_{21} \sum_{11}^{-1} \sum_{12} b - \lambda^2 b = 0$，记 $A = \sum_{11}^{-1} \sum_{12} \sum_{22}^{-1} \sum_{21}$，$B = \sum_{22}^{-1} \sum_{21} \sum_{11}^{-1} \sum_{12}$，则得：

$$\begin{cases} Aa = \lambda^2 a \\ Bb = \lambda^2 b \end{cases}$$

说明 λ^2 既是 A 的特征根又是 B 的特征根，a、b 是其相应的特征向量，于是求 λ 和 a、b 的问题就转化为求矩阵 A 和 B 的特征根和特征向量的问题。

设 A 的 p 个特征根为 λ_1^2，λ_2^2，$\cdots$，λ_p^2，则称 $\lambda_1 \geq \lambda_2 \geq \cdots \geq \lambda_p > 0$ 为典型相关系数，相应的特征向量为 a_1，a_2，$\cdots$，a_p 和 b_1，b_2，$\cdots$，b_p，从而可得 p 对线性组合：

$$\begin{cases} u_i = a_{i1} x_1 + a_{i2} x_2 + \cdots + a_{ip} x_p = a_i' x \\ v_i = b_{i1} y_1 + b_{i2} y_2 + \cdots + b_{iq} y_q = b_i' y \end{cases}$$

$i = 1$，2，$\cdots$，p，每一对变量称为典型变量。

3. 典型变量的性质

（1）每一对典型变量 u_i 及 $v_i (i = 1, 2, \cdots, p)$ 的标准差为 1。

（2）任意两个典型变量 $u_i (i = 1, 2, \cdots, p)$ 彼此不相关，任意两个典型变量 $v_i (i = 1, 2, \cdots, p)$ 彼此不相关，且当 $i \neq j$ 时，u_i 及 v_j 也彼此不相关。

（3）各典型变量 u_i 及 v_i 的相关系数为 $\lambda_i (i = 1, 2, \cdots, p)$，典型相关系数满足关系式 $1 \geq \lambda_1 \geq \lambda_2 \geq \cdots \geq \lambda_p > 0$。

在理论上，典型变量的对数和相对应的典型相关系数的个数可以等于两组变量中数目较少的那一组变量的个数，其中，u_1 及 v_1 的相关系数 λ_1 反映的相关成分最多，所以称为第一对典型变量；u_2 及 v_2 的相关系数 λ_2 反映的相关成分次之，所以称为第二对典型变量；以此类推。在应用上，只保留前面几对典型变量，确定保留对数的方法为：①对典型相关系数作显著性检验，看显著性检验的结果；②结合应用，看典型变量和典型相关系数的实际解释，通常所求得的典型变量的对数愈少愈容易解释，最好是第一对典型变量就能反映足够多的相关成分，只保留一对典型变量便比较理想。透过典型变量之间的典型相关系数来综合地描述两组变量的线性相关关系并进行检验和分析的方法，称为典型相关分析法。

典型相关的平方表示此两组变量的典型变量间享有的共同变异的百分比，如果将它乘以典型变量对该组变量解释变异的比例，即为重迭系数，它表示一组的变量被对方的典型变量解释的平均百分比。

在实际例子中一般并不知道 $\sum$，因此在只有样本数据的情况下，只要把 $\sum$ 用样本协方差阵代替就行了。但是这时的特征根可能不在 0 和 1 的范围内，因此会出现软件输出中的特征根（比如远远大于 1）不等于相关系数的平方的情况，这时，各种软件会给出调整后的相关系数。大多数情况下，我们在进行典型相关分析时，需将数据标准化，这时样本协方差阵即为样本相关阵，就不会出现这种情况。

11.4 典型相关系数的显著性检验

确定典型变量相关系数的显著性检验，可求出"去掉前 k 个典型相关系数的影响"之后所剩的 $(p - k)$ 个典型相关系数是否可达到显著性水平，所计算的 χ^2 值若大于

$\chi^2[(p-r+1)(q-r+1)]$，便要拒绝典型相关为 0 的假设。以下为典型相关系数 λ 的显著性检验。

检验假设 $H_0: \lambda_r = 0$

检验第 r 个（$r<k$）典型相关系数的显著性时，作统计量：

$$Q_{r-1} = -\left[n-r-\frac{1}{2}(p+q+1)\right]\ln\Lambda_{r-1} \sim \chi^2[(p-r+1)(q-r+1)]$$

其中，$\Lambda_{r-1} = (1-\lambda_r^2)(1-\lambda_{r+1}^2)\cdots(1-\lambda_p^2) = \prod_{i=r}^{p}(1-\lambda_i^2)$

11.5 典型相关系数及变量的计算

设所观测对象来自正态总体的样本，每个样品测量两组指标，分别记为 $X=(x_1, x_2,\cdots,x_p)'$，$Y=(y_1,y_2,\cdots,y_q)'$，不妨设 $p<q$，原始资料矩阵为：

$$XY = [X, \ Y] = \begin{bmatrix} x_{11} & x_{12} & \cdots & x_{1p} & y_{11} & y_{12} & \cdots & y_{1q} \\ x_{21} & x_{22} & \cdots & x_{2p} & y_{21} & y_{22} & \cdots & y_{2q} \\ \vdots & \vdots & \vdots & \vdots & \vdots & \vdots & \vdots & \vdots \\ x_{n1} & x_{n2} & \cdots & x_{np} & y_{n1} & y_{n2} & \cdots & y_{nq} \end{bmatrix}$$

（1）计算相关系数阵 R，并将 R 剖分为：

$$R = \begin{bmatrix} R_{11} & R_{12} \\ R_{21} & R_{22} \end{bmatrix}$$

其中，R_{11}、R_{22} 分别为第一组变量和第二组变量的相关系数阵，R_{12}、R_{21}（$R_{12}=R_{21}'$）为第一组变量与第二组变量的相关系数阵。

（2）计算典型相关系数及典型变量。

首先求 $A=R_{11}^{-1}R_{12}R_{22}^{-1}R_{21}$ 的特征根 $r_1^2>r_2^2>\cdots>r_p^2>0$，并求 r_1，r_2，$\cdots$，r_p 对应的特征向量 a_1，a_2，$\cdots$，a_p；再求 $B=R_{22}^{-1}R_{21}R_{11}^{-1}R_{12}$ 的特征根 $s_1^2>s_2^2>\cdots>s_p^2>0$，并求 s_1，s_2，$\cdots$，s_p 对应的特征向量 b_1，b_2，$\cdots$，b_p，此处 $r_i^2=s_i^2$。

（3）写出样本的典型变量为：

$$u_1 = a_1'x, \ v_1 = b_1'y$$
$$u_2 = a_2'x, \ v_2 = b_2'y$$
$$\vdots \qquad \vdots$$
$$u_p = a_p'x, \ v_p = b_p'y$$

其中，a 和 b 分别为变量 x 和 y 的典型载荷。

（4）对典型相关系数进行假设检验，以确定相关系数的个数。

（5）根据典型相关系数对资料进行典型相关分析。

【例 11-1】某健康俱乐部对 20 名中年人测量了三个生理指标：体重（x_1）、腰围（x_2）和脉搏（x_3）；同时也测量了三个训练指标：引体向上次数（y_1）、仰卧起坐次数（y_2）和跳跃次数（y_3）。数据如表 11-1，试作生理指标和训练指标之间的典型相关分析。

表 11 - 1　20 名中年人的生理指标和训练指标

	x_1	x_2	x_3	y_1	y_2	y_3
1	191	36	50	5	162	60
2	189	37	52	2	110	60
3	193	38	58	12	101	101
4	162	35	62	12	105	37
5	189	35	46	13	155	58
6	182	36	56	4	101	42
7	211	38	56	8	101	38
8	167	34	60	6	125	40
9	176	31	74	15	200	40
10	154	33	56	17	251	250
11	169	34	50	17	120	38
12	166	33	52	13	210	115
13	154	34	64	14	215	105
14	247	46	50	1	50	50
15	193	36	46	6	70	31
16	202	37	62	12	210	120
17	176	37	54	4	60	25
18	157	32	52	11	230	80
19	156	33	54	15	225	73
20	138	33	68	2	110	43

分析步骤：首先通过编程方式演示如何确定典型相关系数。

（1）计算相关系数矩阵：$R = \begin{bmatrix} R_{11} & R_{12} \\ R_{21} & R_{22} \end{bmatrix}$，下面是各分块矩阵的值。

```
#在 mvstats4. xls:d11.1 中选取 A1:F21 区域,然后拷贝
X = read. table("clipboard",header = T)    #读取例 11 - 1 数据
(R = cor(X))
```

	x1	x2	x3	y1	y2	y3
x1	1.0000	0.8702	- 0.36576	- 0.3897	- 0.4931	- 0.22630
x2	0.8702	1.0000	- 0.35289	- 0.5522	- 0.6456	- 0.19150
x3	- 0.3658	- 0.3529	1.00000	0.1506	0.2250	0.03493
y1	- 0.3897	- 0.5522	0.15065	1.0000	0.6957	0.49576
y2	- 0.4931	- 0.6456	0.22504	0.6957	1.0000	0.66921
y3	- 0.2263	- 0.1915	0.03493	0.4958	0.6692	1.00000

其中，$R_{11} = R[1:3,1:3]$，$R_{12} = R[1:3,4:6]$，$R_{21} = R[4:6,1:3]$，$R_{22} = R[4:6,4:6]$。

（2）求 $R_{11}^{-1} R_{12} R_{22}^{-1} R_{21}$ 的特征值和典型相关系数：分别为 0.633 0，0.040 2 和 0.005 3，开方得相应的典型相关系数：$r_1 = 0.796\ 5$，$r_2 = 0.200\ 6$，$r_3 = 0.072\ 6$。

```
R11 = R[1:3,1:3]
R12 = R[1:3,4:6]
R21 = R[4:6,1:3]
R22 = R[4:6,4:6]
A = solve(R11)% * % R12% * % solve(R22)% * % R21    #第一组变量对应的矩阵
ev = eigen(A)$values   #特征值
ev
```

[1]   0.632992   0.040223   0.005266
sqrt(ev)   #典型相关系数
[1]   0.79561   0.20056   0.07257

（3）典型相关系数检验，确定典型变量。

典型相关分析函数 cancor() **的用法**
cancor(x,y,xcenter = TRUE,ycenter = TRUE)
x:第一组变量数值矩阵;y:第二组变量数值矩阵
xcenter:第一组变量是否中心化;ycenter:第二组变量是否中心化

下面用典型相关函数进行简单分析：

xy = scale(X)   #数据标准化
ca = cancor(xy[,1:3],xy[,4:6])   #典型相关分析
ca\$cor   #典型相关系数
[1] 0.79561 0.20056 0.07257
ca\$xcoef   #第一组变量的典型载荷

	[,1]	[,2]	[,3]
x1	− 0.17789	− 0.43230	0.04381
x2	0.36233	0.27086	− 0.11609
x3	− 0.01356	− 0.05302	− 0.24107

ca\$ycoef   #第二组变量的典型载荷

	[,1]	[,2]	[,3]
y1	− 0.08018	− 0.08616	0.29746
y2	− 0.24181	0.02833	− 0.28374
y3	0.16436	0.24368	0.09608

注意：由于对于任意常数 $c \neq 0$，有 $\mathrm{corr}(ca'x, cb'y) = \mathrm{corr}(a'x, b'y)$，所以典型变量的系数（载荷）并不唯一，只要是它的任意倍数即可，所以每个软件得出的结果并不一样，而是相差一个倍数。

R自带的典型分析函数 cancor() 并不包括对典型相关系数的假设检验，为了分析方便，我们自编了典型相关检验函数 cancor.test() 来进行典型相关分析。

自编典型相关函数 cancor.test() **的用法**
cancor.test < − function(x,y,plot = F)   #包含对典型相关系数的检验
x:第一组变量数值矩阵,y:第二组变量数值矩阵,plot:是否绘制典型相关图

```
cancor.test(xy[,1:3],xy[,4:6],plot=T)    #典型相关分析及检验作图
```

$cor
[1] 0.79561 0.20056 0.07257

$xcoef
        [,1]   [,2]   [,3]
x1 -0.17789   -0.43230   0.04381
x2   0.36233   0.27086   -0.11609
x3 -0.01356   -0.05302   -0.24107

$ycoef
        [,1]   [,2]   [,3]
y1 -0.08018   -0.08616   0.29746
y2 -0.24181   0.02833   -0.28374
y3   0.16436   0.24368   0.09608

$xcenter
         x1   x2   x3
-5.551e-18   -1.943e-17   1.821e-17

$ycenter
         y1   y2   y3
-2.776e-17   3.331e-17   3.365e-17

cancor test:
          r   Q   P
[1,] 0.79561   16.25496   0.06174
[2,] 0.20056   0.67185   0.95475
[3,] 0.07257   0.07128   0.78948

经检验，不拒绝原假设，也即认为在 $\alpha = 0.05$ 水平上没有一个典型相关是显著的。从典型相关图上也可以看出效果不是很理想，所以就不需要作进一步的典型相关分析了。

【例 11 - 2】广东省能源消费量与经济增长之间的典型相关分析。

一个地区在一定时期内的能源消费量与经济增长存在很大的相关性。一定时期的能源消费量的多少，可以在很大程度上反映经济增长的快慢，一般情况下可以对两者进行回归分析、主成分分析或因子分析。但是如果深入地考察此问题，可以发现，评价能源消费量的指标很多，如原煤消费量、电力消费量等；评价经济增长的指标也有很多，如

农业增长、工业增长、服务业增长，而且国民经济各个行业对能源的依赖程度有所不同。这时涉及一组变量对另一组变量的相关性研究，若用上面的方法就不能解决。本例利用了典型相关分析的方法来解决此问题，目的是希望找出能源消费量和经济增长之间深层次的关系，为决策者提供一点借鉴。

（1）指标选取与资料收集。

能源消费量是指一个地区在一定时期内消费的能源的总量。能源具体可分为原煤、油品（包括汽油、煤油、柴油等）、电力等方面。为了能具体分析能源消费量的变动情况，收集了以下四个指标作为第一组变量：

x_1：原煤消费量（万吨标准煤）　　　　x_2：油品消费量（万吨标准煤）

x_3：电力消费量（折算成万吨标准煤）　x_4：进口能源量（万吨标准煤）

经济增长反映了一个地区在一定时期内的经济发展情况。为了从各个方面全面评价经济增长，特别收集了以下六个指标：

y_1：农业生产总值（亿元）　　　　　　y_2：工业生产总值（亿元）

y_3：建筑业生产总值（亿元）　　　　　y_4：第三产业生产总值（亿元）

y_5：全省户籍人口（万人）　　　　　　y_6：人均可支配收入（元）

表 11 - 2　　　　　　　　　　能源消费量与经济增长指标数据

x_1	x_2	x_3	x_4	y_1	y_2	y_3	y_4	y_5	y_6
867.70	483.52	662.35	30.00	145.25	154.33	33.22	125.93	5 576.62	818.37
955.20	531.74	700.16	30.03	171.87	185.81	44.01	175.69	5 655.60	954.12
1 019.30	624.53	797.59	231.83	188.37	208.46	47.42	223.28	5 740.70	1 102.09
1 144.40	678.17	944.60	175.46	232.14	273.77	56.58	284.20	5 832.15	1 320.89
1 451.10	756.01	1 017.60	165.54	306.50	386.35	73.82	388.70	5 928.31	1 583.13
1 575.20	893.28	1 112.60	375.61	351.73	464.06	90.07	475.53	6 024.98	2 086.21
1 326.00	919.61	1 313.70	474.80	384.59	523.42	92.45	558.58	6 246.32	2 303.15
1 459.20	1 055.70	1 515.50	517.89	416.00	675.55	107.12	694.63	6 348.95	2 752.18
1 535.90	1 149.40	1 817.00	1 046.30	465.83	899.28	201.04	881.39	6 463.17	3 476.70
1 693.80	1 173.90	2 174.50	1 779.90	558.70	1 386.83	318.05	1 205.70	6 581.60	4 632.38
1 749.50	1 328.30	2 630.80	1 605.20	692.25	1 865.44	387.80	1 673.52	6 691.46	6 367.08
1 906.80	1 476.00	2 803.70	1 575.50	864.49	2 448.82	451.40	2 168.34	6 788.74	7 438.68
1 804.40	1 506.20	3 072.00	2 354.60	935.24	2 842.85	464.66	2 592.22	6 896.77	8 157.81
1 756.30	1 472.60	3 090.80	3 064.60	978.32	3 235.42	468.97	3 091.81	7 013.73	8 561.71
1 681.30	1 737.90	3 273.80	2 954.20	994.55	3 564.25	502.87	3 469.21	7 115.65	8 839.68
1 541.80	1 912.50	3 454.30	2 668.30	1 009.01	3 832.44	526.56	3 882.66	7 298.88	9 125.92
1 552.70	2 052.10	4 122.40	2 757.40	986.32	4 463.06	536.45	4 755.42	7 498.54	9 761.57
1 554.30	2 209.20	4 506.50	3 662.60	988.84	4 941.20	564.86	5 544.35	7 565.33	10 415.19
1 574.94	2 346.12	5 343.95	4 211.20	1 015.08	5 548.41	594.99	6 343.94	7 649.29	11 137.20

（2）典型相关分析。

```
#在 mvstats4. xls:d11.2 中选取 A1:J20 区域,然后拷贝
d11.2 = read. table("clipboard",header = T)    #选取例 11 - 2 数据
cancor. test(d11.2[,1:4],d11.2[5:10],plot = T)    #典型相关分析及检验作图
```

$cor
[1] 0.9990 0.9549 0.7373 0.4267

$xcoef
	[,1]	[,2]	[,3]	[,4]
x1	−0.01398	0.2627	−0.1634	−0.05500
x2	0.11887	0.4359	1.5137	−0.02025
x3	0.09036	−0.7627	−1.6045	−0.96536
x4	0.03687	0.1724	0.1985	1.04168

$ycoef
	[,1]	[,2]	[,3]	[,4]	[,5]	[,6]
y1	−0.05901	1.7712	1.05700	1.5687	−2.690	−1.4398
y2	−0.22982	−5.0797	3.72101	1.5689	12.636	6.4680
y3	0.05815	1.2193	0.09171	0.9209	−1.509	−3.9680
y4	0.32723	4.4700	−2.21300	−0.2103	−12.580	−6.8854
y5	0.08586	−0.3787	0.95434	−0.8582	2.151	0.7645
y6	0.05439	−1.9202	−3.59565	−2.9345	1.884	4.9775

$xcenter
x1	x2	x3	x4
3.418e−16	−4.382e−17	−8.035e−17	−9.641e−17

$ycenter
y1	y2	y3	y4	y5	y6
−5.551e−17	3.871e−17	−9.641e−17	7.888e−17	3.494e−16	8.327e−17

cancor test:
	r	Q	P
[1,]	0.9990	120.648	7.438e−15
[2,]	0.9549	39.264	5.851e−04
[3,]	0.7373	10.345	2.416e−01
[4,]	0.4267	1.909	5.914e−01

经检验，在 $\alpha = 0.05$ 水平上，有两个典型相关是显著的，即需要两个典型变量，于是可得出前两对典型变量的线性组合是：

$$\begin{cases} u_1 = -0.013\ 98x_1 + 0.118\ 87x_2 + 0.090\ 36x_3 + 0.036\ 87x_4 \\ v_1 = -0.059\ 01y_1 - 0.229\ 82y_2 + 0.058\ 15y_3 + 0.327\ 23y_4 + 0.085\ 86y_5 + 0.054\ 39y_6 \end{cases}$$

$$\begin{cases} u_2 = 0.262\ 7x_1 + 0.435\ 9x_2 - 0.762\ 7x_3 + 0.172\ 4x_4 \\ v_2 = 1.771\ 2y_1 - 5.079\ 7y_2 + 1.219\ 3y_3 + 4.470\ 0y_4 - 0.378\ 7y_5 - 1.920\ 2y_6 \end{cases}$$

（3）对结果进行经济意义的解释。

1）由于 $r_1 = 0.999$，说明 u_1、v_1 之间具有高度的相关关系（尤其是绝对值较大的权系数），而各自的线性组合中变量的系数大部分都为正号，因此一般说来，能源消费越多，经济增长也就越快。

2）在第一对典型变量 u_1、v_1 中，u_1 为能源消费指标的线性组合，其中 x_2（油品消费量）、x_3（电力消费量）和 x_4（进口能源量）较其他变量有较大的载荷，说明油品、电力是能源消费量的主要指标，它们在能源消费中占主导地位。x_4（进口能源量）较 x_1（原煤消费量）有较大的载荷，说明随着经济的逐渐发展，本地的能源逐渐不能满足经济发展的需要，进口能源逐渐显示其重要性。v_1 是对经济增长有影响的各种指标的线性组合，其中有较大载荷的变量是 y_2（工业生产总值）、y_4（第三产业生产总值）及 y_5（全省户籍人口）。这说明 x_2（油品消费量）、x_3（电力消费量）和 x_4（进口能源量）与 y_2（工业生产总值）、y_4（第三产业生产总值）及 y_5（全省户籍人口）有较为密切的联系。以油品和电力为代表的能源消费对经济的促进作用主要体现在工业和第三产业的增长上。换句话说，如果要想保持经济（尤其是工业和第三产业）的快速增长，那么油品和电力必须有充足的供应，进口能源也不可轻视，不然就会成为制约经济增长的瓶颈。

3）在第二对典型变量中，能源消费指标的线性组合方面，仍以 x_2（油品消费量）和 x_3（电力消费量）较其他变量有较大的载荷，说明油品、电力是能源消费量的主要指标，它们在能源消费中占主导地位。而在经济增长各项指标的线性组合中，又以 y_2（工业生产总值）、y_4（第三产业生产总值）的载荷最大，再次说明第三产业对能源也有较大的依赖性，并再一次显示了工业对能源的高度依赖性。

4）从上面两对典型变量中，我们可以看出，在能源消费这一方面，原煤所起的作用已经不那么重要了。事实上，从原始数据，我们也可以看出，随着经济的快速增长，原煤消费量的增长已很缓慢。而在经济增长这一方面，农业生产总值、建筑业生产总值、人口的载荷都不是很大，这说明这两个指标的增长与能源的消费没有太大关系。这一点也很容易理解，因为在实际生活中，我们往往会发现，农业的发展并不会消耗太多的能源，并且，这些年来广东省的农业发展并不快，所以和能源的关系并不太大。建筑业的增长也不会消耗太多能源。

5）将原始数据代入第一对典型变量中，可得到典型变量 u_1、v_1 的得分，根据每一年的得分，可画出得分平面等值图，如上图所示。

从得分等值平面图上可以很清楚地看出，散点在一条近似的直线上分布，两者之间呈线性相关关系。这说明用典型相关分析的方法能较好地说明能源消费与经济增长之间的相关关系。散点图上几乎没有离开群体的差异点，这表明能源消费量和经济增长之间的关系很稳定，波动也非常平稳。

案例分析：农村居民收入和支出的典型相关分析

"三农"问题在近年来一直备受关注，每年的"两会"都为妥善地解决三农问题提出相应的对策。而农民的增收问题一直是"三农"问题的核心议题之一。因此，提高农民的收入对于解决"三农"问题来说是重中之重。本文通过对 2005 年我国 31 个省、市、自治区的农村居民收入及支出作典型相关分析，了解我国各省、市、自治区农村居民的收入与支出之间的结构关系及相关状况，希望能对解决农民的增收问题提供一些思路与帮助。

一、指标的选取及数据搜集

选取 4 个反映农村居民收入的变量，x_1：工资性收入（元）；x_2：家庭经营收入（元）；x_3：财产性收入（元）；x_4：转移性收入（元）。

选取 5 个反映农村居民支出的变量，y_1：生活消费（元）；y_2：家庭经营支出（元）；y_3：购置生产性固定资产的支出（元）；y_4：财产性支出（元）；y_5：转移性支出（元）。

X1	X2	X3	X4	Y1	Y2	Y3	Y4	Y5
4524.25	3203.01	588.04	540.3	5315.71	1268.61	82.18	9.42	437
2720.85	4455.45	152.88	130.52	3035.96	1624.18	60.91	7.51	199.31
1293.5	3415.4	93.74	183.32	2165.72	1242.76	95.29	13.29	167.99
1177.94	2268.66	62.7	118.99	1877.7	626.78	45.62	7.72	153.5
504.46	4557.2	73.05	211.21	2466.17	2084.79	284.06	46.75	216.13
1212.2	4379.64	113.24	323.24	2805.94	2061.15	238.45	37.05	521.76
510.96	4205.5	148.35	289.37	2305.98	1591.76	353.4	124.37	280.98
464.31	5148.66	230.63	199.3	2544.65	2591.15	410.19	157.25	440.59
6159.7	1351.67	457.52	991.54	7277.94	533.57	92.82	27.92	777.75
2786.11	3470.59	150.44	275.17	3567.11	1185.12	141.36	6.09	346.93
3238.77	4792.83	278.92	494.53	5432.95	1750.32	192.91	99.99	540.49
1010.05	2471.25	44.91	142.79	2196.23	861.6	108.21	2.59	176.46
1650.65	3333.85	98.73	416.03	3292.63	857.78	64.03	12.21	279.91
1227.94	2805.01	25.78	153.06	2483.7	931.69	110.6	9.56	222.77
1437.57	3956.95	102.8	179.66	2735.77	1496.03	117.14	17.55	159.11
853.95	2965.64	35.85	90.24	1891.57	944.69	128.94	4.95	133.65
941.64	3167.26	16.81	96.11	2430.19	1038.11	78.05	10.88	105.99
1228.79	2908.53	42.05	310.07	2756.43	1106.04	94.26	8.79	196.79
2562.39	2944.16	167.25	284.02	3707.73	1154.16	31.28	10.59	169.7
907.36	2710.92	18.3	80.94	2349.6	1125.78	108.28	6.26	100.18
473.06	3433.84	55.58	167.08	1969.09	984.9	57	3.79	107.66
1088.8	2441.54	30.69	221.96	2142.12	838.96	69.72	2.23	213.31
954.89	2970.72	41.59	190.98	2274.17	1188.2	84.15	1.67	197.69
583.28	1894.42	35.51	147.67	1552.39	675.68	84.15	2.33	172.08
348.31	2652.55	75.52	102.77	1789	1015.4	101.59	22.2	83
565.18	1973.82	217.22	113.64	1723.76	447.59	175.05	1.8	36.56
756.71	2071.09	56.92	152.23	1896.48	858.51	140.66	7.23	200.51
586.71	2159.36	20.57	121.33	1819.58	790.73	115.53	3.86	93.06
560.52	2129.22	61.99	190.37	1976.03	643.17	145.29	41.01	155.81
702.1	3200.77	48.62	228.17	2094.48	1418.44	316.97	1.26	287.87
195.51	4252.96	33.9	122.41	1928.63	1921.41	60.71	15.37	115.37

工资性收入是指农村住户成员受雇于单位或个人，靠出卖劳动力而获得的收入，常住人口外出务工收入和从其他单位劳动得到的收入。

家庭经营收入指农村住户以家庭为生产经营单位进行农、林、牧、渔等生产筹划和管理而获得的收入。

财产性收入包括利息、股息、租金、红利、土地征用补偿等。

转移性收入主要指农民从国家或集体所获得的补贴，如农村养老基金、农村医疗社会救济和保险补偿等。

生活消费包括衣着、食品、家庭设备、交通通信、教育、医疗保健等各项日常生活消费支出。

家庭经营支出指农村家庭在进行农、林、牧、渔等自主经营活动时的所需成本。

购置生产性固定资产的支出指购买农村住户用于建造和购置生产性固定资产的费用。

财产性支出在农村主要体现为承包其他农户转让的土地上的支出。

转移性支出包括对父母的赡养支出、保险费用及公益性支出等。

二、R 语言操作

1. 调入数据

将 Case10 中的数据复制，然后在 RStudio 编辑器中执行 Case10 = read. table ("clipboard", header = T)。

2. 计算过程及结果分析

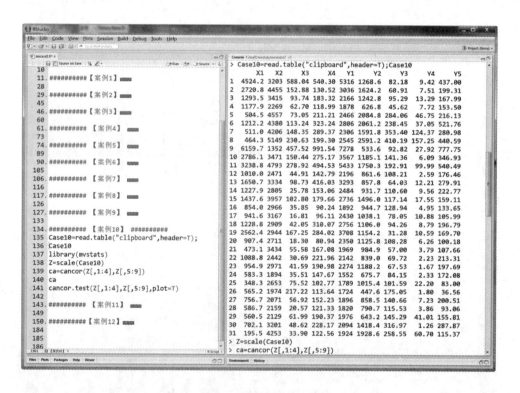

由 R 语言得出四对典型相关变量的相关系数 R，依次分别为 0.99，0.944，0.718，0.337。前两对典型变量的相关系数较大。经过卡方检验，可知前三对典型变量的相关关系是显著的，即通过检验。因此我们只需分析前三对典型相关变量。

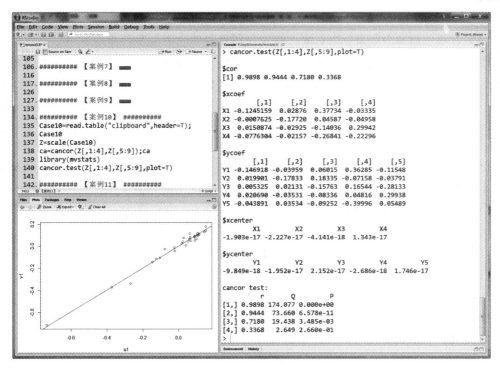

根据 R 软件分析得出的特征根及相应的单位正交化的特征变量，可得出前三对典型变量的线性组合如下：

$$\begin{cases} u_1 = -0.124\,5x_1 - 0.000\,76x_2 + 0.015\,1x_3 - 0.077\,6x_4 \\ v_1 = -0.146\,9y_1 + 0.019\,9y_2 + 0.005\,33y_3 + 0.020\,69y_4 - 0.043\,89y_5 \end{cases}$$

$$\begin{cases} u_2 = 0.028\,76x_1 - 0.177\,2x_2 - 0.029\,25x_3 - 0.021\,57x_4 \\ v_2 = -0.039\,59y_1 - 0.178\,33y_2 + 0.021\,31y_3 - 0.035\,31y_4 + 0.035\,34y_5 \end{cases}$$

$$\begin{cases} u_3 = 0.377\,34x_1 + 0.045\,87x_2 - 0.140\,36x_3 - 0.268\,41x_4 \\ v_3 = 0.060\,15y_1 + 0.183\,35y_2 - 0.157\,63y_3 - 0.083\,36y_4 - 0.092\,52y_5 \end{cases}$$

3. 对结果进行分析

（1）从两组变量的组间相关阵可以看出，我国农村居民的各项收入与各支出的相关系数大部分都是正的，这表明在总体上农村居民的收入增加，支出也会增加，二者呈正相关关系。其中，工资性收入（x_1）与生活消费（y_1），转移性收入（x_4）与生活消费（y_1）及家庭经营收入（x_2）与家庭经营支出（y_2）的相关系数分别达到了 0.95、0.92 和 0.926。

（2）由于 $r_1 = 0.99$，$r_2 = 0.944$，$r_3 = 0.718$. 说明 u_1、v_1 和 u_2、v_2 及 u_3、v_3 之间分别有较高的相关性，r_1 和 r_2 尤为明显。

（3）在第一组典型变量 u_1、v_1 中，u_1 为农村居民各项收入的线性组合，其中 x_1（工资性收入）和 x_4（转移性收入）较其他变量有较大的载荷，x_1 的载荷最大。这说明 u_1 主要受工资性收入及转移性收入的影响。而 v_1 为农村居民各项支出的线性组合，其中 y_1（生活消费）的载荷最大，说明 v_1 主要受生活消费支出的影响，y_5（转移性支出）对 v_1 的影响也较大。从而也可以说明农村居民的生活消费支出中，较大的部分是由工资性收入及转移性收入来维持的。

（4）在第二组典型变量 u_2、v_2 中，在农村居民各项收入的线性组合 u_2 中，x_2（家庭经营收入）的载荷量最大，且要比其他各个变量的载荷量大得多。这说明家庭经营收入在农村居民的总收入中占有很重要的位置。而在农村居民各项支出的线性组合 v_2 中，又以 y_2（家庭经营支出）的载荷量为最大，同样说明家庭经营支出在农村居民支出中占有较大的比重。在这对典型变量中，显示了家庭经营收入与家庭经营支出之间的密切相关性。

（5）第三组典型变量 u_3、v_3 之间的相关系数仅为 0.718，比前两组典型相关变量的相关系数要小一些，但仍能说明农村居民各项收入及支出的相关关系。u_3 中载荷量较大的几个变量为 x_1（工资性收入）和 x_4（转移性收入）。v_3 中 y_2（家庭经营支出）的载荷量最大，但各变量对 v_3 的影响较为平均，并没有明确突出各项收入和支出的相关关系。

（6）将原始数据代入第一对典型变量中，可得到典型变量 u_1、v_1 的得分，根据各省、市、自治区的得分，可画出得分平面等值图，如上图所示。

从得分等值平面图上可以看出，代表各省、市、自治区的点形成近似直线的分布，表明用典型相关分析的方法能较好地说明农村居民收入与支出的相关关系。

该案例程序如下所示：

```
Case10 = read. table("clipboard", header = T);
Case10
Z = scale(Case10)
ca = cancor(Z[,1:4],Z[,5:9]);ca
library(mvstats)
cancor. test(Z[,1:4],Z[,5:9], plot = T)
```

思考练习题

一、思考题（手工解答，上交作业本）

1. 试述典型相关分析的基本思想。

2. 指出根据协方差阵和相关阵所作的典型相关分析的区别和联系。

3. 分析一组原始变量的典型变量与其主成分的异同。

4. 给出某研究的协方差矩阵

$$\text{cov}\begin{bmatrix} X_1^{(1)} \\ X_2^{(1)} \\ X_1^{(2)} \\ X_2^{(2)} \end{bmatrix} = \begin{bmatrix} \Sigma_{11} & \Sigma_{12} \\ \Sigma_{21} & \Sigma_{22} \end{bmatrix} = \begin{bmatrix} 1.00 & 0 & 0 & 0 \\ 0 & 1.00 & 0.95 & 0 \\ 0 & 0.95 & 1.00 & 0 \\ 0 & 0 & 0 & 1.00 \end{bmatrix}$$

验证：第一对典型变量为 $U_1 = X_2^{(1)}$，$V_1 = X_1^{(2)}$，且它们的典型相关系数 $r_1 = 0.95$。

二、练习题（计算机分析，网上交流或发电子邮件）

1. 试自行编制进行典型相关分析的 R 语言函数。

2. 应用自编典型分析函数验证思考题第 4 题。

3. 我国工农业产业系统的典型相关分析。

首先将工业内部五个结构比重变量作为第一组分析变量，X_1：以农业产品为原料的生产部门的产值占总工业部门产值的比重;X_2:以非农业产品为原料的生产部门的产值占总工业部门产值的比重;X_3:采掘工业部门的产值占总工业部门产值的比重;X_4:原料工业部门的产值占总工业部门产值的比重;X_5:加工工业部门的产值占总工业部门产值的比重。把农业内部四个部门的产值的比重变量作为第二组分析变量,Y_1:农业部门的产值占总行业产值的比重;Y_2:林业部门的产值占总行业产值的比重;Y_3:牧业部门的产值占总行业产值的比重;Y_4:渔业部门的产值占总行业产值的比重。原始数据分别为各个部门的年产值。

X_1	X_2	X_3	X_4	X_5	Y_1	Y_2	Y_3	Y_4
33.73	15.83	6.41	18.38	25.65	74.09	5.03	18.24	2.65
33.20	16.40	5.80	17.90	26.70	69.28	5.21	22.02	3.48
32.51	14.00	6.63	20.64	26.22	69.12	5.01	21.77	4.10
32.77	13.99	6.59	20.68	25.97	58.85	6.04	29.00	6.12
32.34	14.84	5.99	20.38	26.45	62.57	4.69	27.24	5.5
32.20	14.44	6.14	21.31	25.91	62.75	4.36	27.55	5.34
32.74	14.22	6.21	22.27	24.56	64.66	4.31	25.67	5.36
31.69	14.62	6.28	22.40	25.01	63.09	4.51	26.47	5.93
29.86	14.21	5.87	22.96	27.10	61.51	4.65	27.08	6.75
26.38	13.67	6.18	25.86	27.90	60.07	4.49	27.41	8.02
28.48	13.72	6.32	23.81	27.67	58.22	3.88	29.66	8.24
28.88	13.87	6.35	23.26	27.64	58.43	3.49	29.72	8.36
28.67	14.37	6.61	22.15	28.20	60.57	3.48	26.91	9.04
27.95	14.79	6.86	21.99	28.41	58.23	3.44	28.73	9.60
27.16	15.77	5.97	22.32	28.77	58.03	3.47	28.63	9.87
26.04	15.93	5.83	22.89	29.31	57.53	3.61	28.54	10.31
24.59	15.20	6.30	24.38	29.52	55.68	3.76	29.67	10.89
24.73	14.70	5.59	24.46	30.52	55.24	3.59	30.42	10.75
24.50	14.64	5.30	23.61	31.95	54.51	3.77	30.87	10.85

对该资料进行全面的典型相关分析。

4. 各类投资资金与三大产业的典型相关分析。

根据固定资产投资的资金来源、理论框架以及我国现有数据资料,我们选取以下五个指标作为第一组变量来衡量投资资金的变化:

x_1:国家预算内资金,x_2:国内贷款,x_3:利用外资,x_4:自筹资金,x_5:其他资金来源。

对反映各产业生产总值的变量选择下面三个指标作为第二组变量来衡量:

y_1:第一产业国内生产总值,y_2:第二产业国内生产总值,y_3:第三产业国内生产总值。

采用的国家固定资产投资资金指标数据以及三大产业国内生产总值的指标数据根据《中国统计年鉴2007》中我国31个省、市、自治区的相关数据汇总整理得出,数据如下表。

2006 年我国各地区各类投资资金与三大产业的统计表 （单位：亿元）

地区	x_1	x_2	x_3	x_4	x_5	y_1	y_2	y_3
北京	105.400	1 316.280	76.180	1 523.354	1 825.407	98.040	2 191.430	5 580.810
天津	22.785	527.754	152.978	1 181.860	397.254	118.230	2 488.290	1 752.630
河北	98.790	637.992	76.956	4 247.016	600.335	1 606.480	6 115.010	3 938.940
山西	81.810	474.045	29.216	1 504.403	263.945	276.770	2 748.330	1 727.440
内蒙古	149.208	400.924	21.826	2 514.238	207.271	649.620	2 327.440	1 814.420
辽宁	271.519	742.465	132.420	4 184.750	695.632	976.370	4 729.500	3 545.280
吉林	83.019	264.945	60.079	1 852.620	316.091	672.760	1 915.290	1 687.070
黑龙江	119.629	222.510	30.269	1 560.439	328.223	737.590	3 365.310	2 086.000
上海	74.284	1 157.020	270.436	2 241.892	1 178.676	93.800	5 028.370	5 244.200
江苏	66.594	1 445.170	874.809	6 797.450	1 591.382	1 545.010	12 250.840	7 849.230
浙江	130.364	1 564.620	387.513	4 795.700	1 567.890	925.100	8 509.570	6 307.850
安徽	181.111	618.053	58.786	2 311.116	536.415	1 028.660	2 648.130	2 471.940
福建	140.835	763.568	143.843	1 585.739	791.870	896.170	3 743.710	2 974.670
江西	202.941	327.589	95.489	1 721.177	394.767	786.140	2 320.740	1 563.650
山东	207.475	1 206.710	483.372	8 333.063	1 269.343	2 138.900	12 751.200	7 187.260
河南	124.844	705.281	77.365	4 647.426	755.784	2 049.920	6 724.610	3 721.440
湖北	295.328	681.666	69.342	2 055.822	475.911	1 140.410	3 365.080	3 075.830
湖南	133.206	524.130	94.446	2 168.955	482.218	1 332.230	3 151.700	3 084.960
广东	105.304	1 647.420	865.527	4 595.452	1 924.468	1 577.120	13 431.820	11 195.530
广西	144.572	395.376	49.332	1 213.429	470.659	1 032.470	1 878.560	1 917.470
海南	32.315	96.572	67.596	171.908	76.911	344.480	287.860	420.510
重庆	137.902	679.379	28.148	1 123.780	624.748	425.810	1 500.970	1 564.790
四川	151.035	784.609	79.991	2 976.095	786.674	1 595.480	3 775.190	3 267.140
贵州	60.578	336.656	14.436	696.070	178.347	393.170	980.780	908.050
云南	163.984	625.904	18.355	1 009.425	362.634	749.810	1 712.600	1 544.310
西藏	108.257	4.714	0.000	67.114	63.595	50.900	80.100	160.010
陕西	217.588	502.398	24.170	1 463.966	333.033	488.480	2 440.500	1 594.760
甘肃	97.887	185.576	15.290	557.815	154.340	333.350	1 043.190	900.160
青海	59.104	66.343	2.028	179.363	83.243	69.640	331.160	240.780
宁夏	45.658	91.047	8.937	238.409	70.582	79.540	349.830	281.390
新疆	211.925	185.451	8.867	925.065	246.086	527.800	1 459.300	1 058.160

请对该资料进行全面的典型相关分析。

案例分析题

从给定的题目出发，按内容提要、指标选取、数据搜集、R 语言计算过程、结果分析与评价等方面进行案例分析。

1. 研究各部门社会总产值与投资性变量间的相关关系。
2. 对社会经济综合发展水平与电信发展状况作典型相关分析。
3. 对我国房地产指标作典型相关分析。
4. 对 2015 年各大城市消费品供应量和居民消费实力作典型相关分析。
5. 对我国农业投入与农业产量作典型相关分析。
6. 研究工业企业经济指标之间的相关关系。
7. 研究国民收入变量和投资变量之间的相关关系。
8. 对我国科技投入与产出作相关分析。
9. 对我国工业和第三产业之间作典型相关分析。

12 多维标度法 MDS 及 R 使用

【目的要求】 了解多维标度的基本思想和实际意义，以及它的数学模型和二维空间上的几何意义；掌握多维标度法的基本性质；能够利用软件自己编程解决实际问题。

【教学内容】 多维标度法的基本理论与方法；多维标度法的古典解和非度量方法；计算程序中有关多维标度法的算法基础；多维标度法的基本步骤以及实证分析。

在实际中，我们常会遇到这样的问题：有 n 个由多个指标反映的客体，但反映这些客体的指标个数是不清楚的，甚至连指标本身也是模糊的，更谈不上对它直接测量或观测，所能知道的仅仅是这 n 个客体之间的某种距离（不一定是通常的欧氏距离）或某种相似性，我们希望仅由这种距离或者相似性给出的信息出发，在较低维的欧氏空间把这 n 个客体（作为几何点）的图形绘制出来，从而尽可能及时地反映这些客体之间的真实结构关系，这就是多维标度法所要研究的问题。

多维标度（multi-dimensional scaling，MDS）分析是以空间分布的形式表现对象之间相似性或亲疏关系的一种多元数据分析方法。其主要结果是偏好图（又称多维标度图）等。1958 年 Torgerson 在其博士论文中首次正式提出这一方法。MDS 分析多见于市场营销，近年来在经济管理领域的应用也日趋增多，但国内在这方面的应用报道得极少。

MDS 分析技术的理论手段主要是多元统计分析方法，如二元正态分布变量的散点图大致为一个椭圆中的主成分分析、因子分析和对应分析等方法。这些方法都是数学上特别是统计学上进行降维处理的有效手段。我们知道，因子分析和对应分析都是在主成分分析的基础上发展而来的，所以本文重点讨论如何利用主成分分析法来实现 MDS 技术。

12.1 MDS 的基本理论和方法

多维标度法是一种利用客体间的相似性数据去揭示它们之间的空间关系的统计分析方法。它是通过一系列技巧，识别构成一个关键的维数，并在这个确定维数的空间中估计一组样本的坐标，其基础数据可以是配对样本间的距离阵 $D = (d_{ij})^2$，也可以是相似系数矩阵（相似阵） $C = (c_{ij})^2$，后者可以通过标准变换 $d_{ij} = (c_{ii} - 2c_{ij} + c_{jj})^{1/2}$ 转换成距离阵。

根据分析数据的类型，可将多维标度法分为度量化模型与非度量化模型：若模型所需要的相似性数据是用距离尺度或比率尺度测得的，则这类模型就是度量化模型；若模型只需要顺序量表水平的相似数据，就称其为非度量化模型。

为了说明多维标度法，先看一个经典的例子。

【例 12 – 1】 表 12 – 1 列出了美国 10 个城市间的公路距离，由于公路弯弯曲曲，这些距离并不是城市间真正的距离。我们希望在地图上重新标出这 10 个城市，使得它们之间的距离接近表 12 – 1 中的距离。

表 12-1 美国 10 个城市间的公路距离

	Atl	Chi	Den	Hou	LA	Mia	NYC	SF	Sea	WDC
Atl	0	587	1 212	701	1 936	604	748	2 139	2 182	543
Chi	587	0	920	940	1 745	1 188	713	1 858	1 737	597
Den	1 212	920	0	879	831	1 726	1 631	949	1 021	1 494
Hou	701	940	879	0	1 374	968	1 420	1 645	1 891	1 220
LA	1 936	1 745	831	1 374	0	2 339	2 451	347	959	2 300
Mia	604	1 188	1 726	968	2 339	0	1 092	2 594	2 734	923
NYC	748	713	1 631	1 420	2 451	1 092	0	2 571	2 408	205
SF	2 139	1 858	949	1 645	347	2 594	2 571	0	678	2 442
Sea	2 182	1 737	1 021	1 891	959	2 734	2 408	678	0	2 329
WDC	543	597	1 494	1 220	2 300	923	205	2 442	2 329	0

如果用 $D = (d_{ij})$ 表示表 12-1 的矩阵，它名义上是距离阵，但并不一定是 n 个点的距离，即不是我们通常所理解的距离阵。于是首先我们需要将距离阵的概念加以拓展。

定义 12.1 一个 $n \times n$ 矩阵 $D = (d_{ij})$，若满足 $D' = D, d_{ii} = 0, d_{ij} \geq 0, (i, j = 1, 2, \cdots, n; i \neq j)$，则称 D 为距离阵。

对于距离阵 $D = (d_{ij})$，多维标度法的目的是要寻找 p 和 R^p 中的 n 个点 $x_1, \cdots, x_n$，用 $\hat{d}_{ij}$ 表示 x_i 与 x_j 的欧氏距离，$\hat{D} = (\hat{d}_{ij})$，使得 $\hat{D}$ 与 D 在某种意义下相近。在实际运用中，常取 $k = 1, 2, 3$。将寻找到的 n 个点 $x_1, x_2, \cdots, x_n$，写成矩阵形式：

$$X = (x_1, x_2, \cdots, x_n)' \tag{12.1}$$

则称 X 为 D 的一个解（或叫多维标度解）。在多维标度法中，形象地称 x_i 为距离阵 D 的一个拟合构造点，X 为拟合构图，由这 n 个点之间的欧氏距离构成的距离阵称为 D 的拟合距离阵 $\hat{D}$。拟合构图的意义在于，有了 X 中 n 个拟合构造点 x_i 的坐标，就可以在 R^p 中画出图来，使得它们的距离阵 $\hat{D}$ 与原始的 n 个点的距离阵 D 接近，并可对原始 n 个客体的关系作出一个有意义的解释。特别地，当 $\hat{D} = D$ 时，称 x_i 为 D 的构造点，X 为构图。

需要指出的是，多维标度法的解并不唯一。若 X 是解，令

$$Y = X\Gamma + \alpha$$

上式中，Γ 为正交阵，α 为任一常数向量，则 $Y = (y_1, \cdots, y_n)$ 也是解，因为平移和正交变换不改变欧氏距离。

下面我们将利用主成分分析的思想给出求古典解的方法，并讨论古典解的优良性。本章还将对非度量法进行描述。

12.2 MDS 的古典解

1. 欧氏型距离阵及其判定定理

定义 12.2 一个距离阵 $D = (d_{ij})$ 称为欧氏型的，若存在某个正整数 p 及 p 维空间 R^p 中的 n 个点 $x_1, \cdots, x_n$，使得

$$d_{ij}^2 = (x_i - x_j)'(x_i - x_j) \ , \ i,j = 1,2,\cdots,n \tag{12.2}$$

如何判断一个距离是不是欧氏型的？如何求得欧氏型距离阵所相应的 n 个点呢？这是下面首先要解决的问题。令

$$A = (a_{ij}) \ , \ a_{ij} = -\frac{1}{2}d_{ij}^2 \tag{12.3}$$

$$B = H'AH, \ H = I_n - \frac{1}{n}1_n 1_n' \tag{12.4}$$

借助于这些定义，下面的定理给出判断 D 是否为欧氏型的充分必要条件。

定理 12.1 一个 $n \times n$ 的距离阵 D 是欧氏型的充要条件是 $B \geqslant 0$。

证明：

（必要性）

设 D 是欧氏型的，则由定义 12.2 可知，存在 $x_1, \cdots, x_n \in R^p$，使得

$$d_{ij}^2 = -2a_{ij} = (x_i - x_j)'(x_i - x_j) \tag{12.5}$$

由式（12.4）可得

$$B = H'AH = A - \frac{1}{n}AJ - \frac{1}{n}JA + \frac{1}{n^2}JAJ \tag{12.6}$$

式中，$J = 1_n 1_n'$。注意

$$\frac{1}{n}AJ = \begin{bmatrix} \bar{a}_{1.} \\ \bar{a}_{2.} \\ \vdots \\ \bar{a}_{n.} \end{bmatrix} 1_n', \quad \frac{1}{n}JA = 1_n(\bar{a}_{.1}, \bar{a}_{.2}, \cdots, \bar{a}_{.n}), \quad \frac{1}{n^2}JAJ = \bar{a}_{..} 1_n 1_n'$$

其中，$\bar{a}_{i.} = \frac{1}{n}\sum\limits_{j=1}^{n}a_{ij}$，$\bar{a}_{.j} = \frac{1}{n}\sum\limits_{i=1}^{n}a_{ij}$，$\bar{a}_{..} = \frac{1}{n^2}\sum\limits_{i=1}^{n}\sum\limits_{j=1}^{n}a_{ij}$ \tag{12.7}

将它们代入式（12.6）中，得到

$$b_{ij} = a_{ij} - \bar{a}_{i.} - \bar{a}_{.j} + \bar{a}_{..} \tag{12.8}$$

再由式（12.5）可求得 a_{ij}，$\bar{a}_{i.}$，$\bar{a}_{.j}$，$\bar{a}_{..}$，将它们代入式（12.8），得

$$b_{ij} = (x_i - \bar{x})'(x_i - \bar{x}) \geqslant 0 \tag{12.9}$$

式中，$\bar{x} = \frac{1}{n}\sum\limits_{i=1}^{n}x_i$。

式（12.9）的矩阵表达为：

$$B = (HX)(HX)' \geqslant 0 \tag{12.10}$$

因为 HX 正是将 X 的数据中心化，即

$$HX = (X_1 - \bar{X}, \cdots, X_n - \bar{X})' \tag{12.11}$$

（充分性）

记 $p = \text{rank}(B)$，$\lambda_1, \lambda_2, \cdots, \lambda_p$ 为 B 的正特征根，$x_{(1)}, \cdots, x_{(p)}$ 为相应的特征向量。

若 $B \geqslant 0$，则由谱分解定理

$$B = H'AH = \Gamma \Lambda \Gamma' \tag{12.12}$$

其中 $\Lambda = \text{diag}(\lambda_1, \lambda_2, \cdots, \lambda_p)$，$\lambda_1 \geqslant \cdots \geqslant \lambda_p$ 为 B 的 p 个正特征根 $\Gamma = X\Lambda^{-1/2}$，Γ 的 p 个列为对应的 p 个标准正交化的特征向量。取 $X = \Gamma\Lambda^{1/2}$，它是一个 $n \times p$ 阶矩阵。把此 X 写成 $X = (x_1, x_2, \cdots, x_n)' = (x_{(1)}, x_{(2)}, \cdots, x_{(p)})$，于是有

$$X'X = (\Gamma\Lambda^{1/2})'(\Gamma\Lambda^{1/2}) = \Lambda, \quad B = XX' \tag{12.13}$$

即 $b_{ij} = x_i'x_j$。由此求得 x_i 与 x_j 两点的距离平方

$$
\begin{aligned}
(x_i - x_j)'(x_i - x_j) &= x_i'x_i - 2x_i'x_j + x_j'x_j = b_{ii} - 2b_{ij} + b_{jj} \\
&= a_{ii} - 2a_{ij} + a_{jj} \qquad\qquad [\text{由式}(12.8)] \\
&= -2a_{ij} \qquad\qquad\qquad (\text{由 } a_{ii} = a_{jj} = 0) \\
&= d_{ij}^2 \tag{12.14}
\end{aligned}
$$

这表明存在正整数 p 和一个 $n \times p$ 阶矩阵 $X = (x_1, x_2, \cdots, x_n) = \Gamma\Lambda^{1/2}$，使得 X 是 D 的构造点，从而 D 是欧氏型的。

2. 多维标度法的古典解

当 D 是欧氏型时，定理 12.1 已给出了寻求构造点 X 的办法；当 D 不是欧氏型时，不存在 D 的构造点，只能寻求 D 的拟合构造点，记作 $\hat{X}$，以区分真正的构造点 X。在实际中，若 D 是欧氏型，则存在 $n \times p$ 阶的构造点，但如果 p 太大，则会失去直观意义而不便于解释，这时宁可不用 X，而是去寻求低维的拟合构造点 $\hat{X}$。所以，在这两种情形下，都需要寻求拟合构造点（拟合构图）。

在定理 12.1 中，由 D 获得 X 的途径（式 12.14）给我们一个启示，可仿造这个途径来给出（非欧氏型）距离阵的拟合构造点，基于这种思想得到的拟合构造点称为多维标度法的古典解。

下面我们给出古典解的求解步骤：

（1）由距离阵 $D = (d_{ij})$ 构造 $A = (a_{ij}) = (-\frac{1}{2}d_{ij}^2)$。

（2）令 $B = (b_{ij})$，使 $b_{ij} = a_{ij} - \bar{a}_{i.} - \bar{a}_{.j} - \bar{a}_{..}$。

（3）求 B 的特征根 $\lambda_1 \geqslant \lambda_2 \geqslant \cdots \geqslant \lambda_n$，若无负特征根，表明 $B \geqslant 0$，从而 D 是欧氏型的；若有负特征根，D 一定不是欧氏型的。令

$$a_{1,k} = \frac{\sum_{i=1}^{k} \lambda_i}{\sum_{i=1}^{n} |\lambda_i|}, \quad a_{2,k} = \frac{\sum_{i=1}^{k} \lambda_i^2}{\sum_{i=1}^{n} \lambda_i^2}$$

这两个量相当于主成分分析中的累积贡献率，当然我们希望取 k 不要太大，而 $a_{1,k}$ 和 $a_{2,k}$ 比较大。当 k 取定后，用 $\hat{x}_{(1)}, \cdots, \hat{x}_{(k)}$ 表示 B 的对应于 $\lambda_1, \cdots, \lambda_k$ 的正交化特征向量，使得 $\hat{x}_{(i)}'\hat{x}_{(i)} = \lambda_i, i = 1, \cdots, k$，通常还要求 $\lambda_k > 0$，若 $\lambda_k < 0$，要缩小 k 的值。

（4）令 $\hat{X} = (\hat{x}_{(1)}, \cdots, \hat{x}_{(k)})$，则 $\hat{X}$ 的行向量 $x_1, \cdots, x_n$ 即为欲求的古典解。

为了说明上述求解的步骤，下面看一个例子。

多维持度函数 isoMDS 用法
isoMDS(D,k)
D 距离矩阵,k 维度

【例 12 - 2】设有距离阵如下：

$$D = \begin{bmatrix} 0 & 1 & \sqrt{3} & 2 & \sqrt{3} & 1 & 1 \\ & 0 & 1 & \sqrt{3} & 2 & \sqrt{3} & 1 \\ & & 0 & 1 & \sqrt{3} & 2 & 1 \\ & & & 0 & 1 & \sqrt{3} & 1 \\ & & & & 0 & 1 & 1 \\ & & & & & 0 & 1 \\ & & & & & & 0 \end{bmatrix}$$

由 $a_{ij} = -\dfrac{1}{2}d_{ij}^2$，求得 A，$\bar{a}_{i.}$，$\bar{a}_{.j}$，$\bar{a}_{..}$ 如下：

$$A = \begin{bmatrix} 0 & -1/2 & -3/2 & -2 & -3/2 & -1/2 & -1/2 \\ & 0 & -1/2 & -3/2 & -2 & -3/2 & -1/2 \\ & & 0 & -1/2 & -3/2 & -2 & -1/2 \\ & & & 0 & -1/2 & -3/2 & -1/2 \\ & & & & 0 & -1/2 & -1/2 \\ & & & & & 0 & -1/2 \\ & & & & & & 0 \end{bmatrix}$$

$$\bar{a}_{i.} = \left[-\frac{13}{14}, \ -\frac{13}{14}, \ -\frac{13}{14}, \ -\frac{13}{14}, \ -\frac{13}{14}, \ -\frac{13}{14}, \ -\frac{3}{7} \right]$$

$$\bar{a}_{.j} = \left[-\frac{13}{14}, \ -\frac{13}{14}, \ -\frac{13}{14}, \ -\frac{13}{14}, \ -\frac{13}{14}, \ -\frac{13}{14}, \ -\frac{3}{7} \right]$$

$$\bar{a}_{..} = -\frac{6}{7}$$

再由式（12.8）得到

$$2B = \begin{bmatrix} 2 & 1 & -1 & -2 & -1 & 1 & 0 \\ & 2 & 1 & -1 & -2 & -1 & 0 \\ & & 2 & 1 & -1 & -2 & 0 \\ & & & 2 & 1 & -1 & 0 \\ & & & & 2 & 1 & 0 \\ & & & & & 2 & 0 \\ & & & & & & 0 \end{bmatrix}$$

由于 B 的列有如下的线性关系：

$b_{(3)} = b_{(2)} - b_{(1)}$，$b_{(4)} = -b_{(1)}$，$b_{(5)} = -b_{(2)}$，$b_{(6)} = b_{(1)} - b_{(2)}$，$b_{(7)} = 0$，
故 B 的秩最多为 2，再由 B 的第一个二阶主子式非退化，故 $\mathrm{rank}(B) = 2$。

并求得 $\lambda_1 = \lambda_2 = 3$，$\lambda_3 = \cdots = \lambda_7 = 0$。特征向量 $x_{(1)}$ 和 $x_{(2)}$ 可取对应于 $\lambda = 3$ 的子空间中任一对正交化的向量，比如取

$$x_{(1)} = (0, -a, -a, 0, a, a, 0)', \quad a = \frac{\sqrt{3}}{2},$$

$$x_{(2)} = (2b, b, -2b, -2b, b, b, 0)', \quad b = \frac{1}{2}$$

于是七个点的坐标分别为：

$$(\frac{\sqrt{3}}{2}, 2), (\frac{\sqrt{3}}{2}, -\frac{1}{2}), (0, -1), (-\frac{\sqrt{3}}{2}, -\frac{1}{2}), (-\frac{\sqrt{3}}{2}, \frac{1}{2}), (0, 1), (0, 0)$$

因为 $B \geq 0$，所以原矩阵 D 是欧氏型的，故这个古典解是 D 的古典解。

【例 12 - 3】考虑例 12 - 1 中美国 10 个城市的距离阵，相应 B 的特征根如下：

$\lambda_1 = 958\ 214$，$\lambda_2 = 168\ 682$，$\lambda_3 = 8\ 157$，$\lambda_4 = 1\ 433$，$\lambda_5 = 509$，$\lambda_6 = 25$，$\lambda_7 = 0$，$\lambda_8 = -898$，$\lambda_9 = -5\ 468$，$\lambda_{10} = -35\ 479$

最后三个特征根是负的，表明 D 不是欧氏型的。当 $k = 2$ 时，

$$a_{1,2} = 99.5\%, \qquad a_{2,2} = 100.0\%$$

故取 $k = 2$ 就可以了，前两个主成分相应的特征向量［满足式（12.12）］为：

$$x_{(1)} = (-719, -382, 482, -161, 1\ 204, -1\ 134, -1\ 072, 1\ 421, 1\ 342, -980)'$$

$$x_{(2)} = (143, -341, -25, 573, 390, 582, -519, 113, -580, -335)'$$

于是可将 $x_{(1)}$，$x_{(2)}$ 相应的 10 个坐标点画在图上，就可以看到由古典解确定的 10 个城市的位置。

```
#在 mvstats4. xls:d12.1 中选取 A1:K11 区域,然后拷贝
D = read. table( "clipboard",header = T)
library( MASS)
D = as. matrix( D)
fit = isoMDS( D,k = 2)
fit
```

```
$points
           [ ,1]      [ ,2]
Atl      -718. 8    142. 99
Chi      -382. 1   -340. 84
Den       481. 6    -25. 29
Hou      -161. 1    572. 77
LA       1203. 8    389. 78
Mia     -1133. 9    581. 91
NYC     -1072. 2   -519. 02
SF       1420. 6    112. 59
Sea      1341. 7   -579. 42
WDC      -979. 6   -335. 47

$stress
[1]  0. 04128
```

```
x = fit$points[ ,1]
y = fit$points[ ,2]
plot( x,y,type = "n" )
text( x,y,labels = row. names( D) )
```

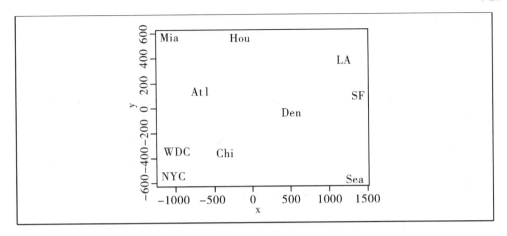

3. 古典解的优良性

设 X 是一个 $n \times p$ 矩阵，令 $A = X'HX$，$I_n = \frac{1}{n}1_n 1_n'$，$A$ 的特征根记作 $\lambda_1 \geqslant \cdots \geqslant \lambda_p$，为简单起见，设 λ_1，λ_2，$\cdots$，$\lambda_p > 0$，可见，λ_1，λ_2，$\cdots$，λ_p 也为 $B = HXX'H$ 的非零特征根。由于 HX 的行是 X 行的中心化，因此 $B = (b_{ij})$ 中的元素可表示为：

$$b_{ij} = (x_i - x_j)'(x_i - x_j)$$

记 $v_{(i)}$ 为 B 对应于 λ_i 的特征向量，且 $v_{(i)}'v_{(i)} = \lambda_i, i = 1, 2, \cdots, p$，此时令

$$V_{(k)} = (v_{(1)}, v_{(2)}, \cdots, v_{(k)}) = (v_1, v_2, \cdots, v_n)'$$

则称 $(v_1, v_2, \cdots, v_n)$ 为 X 的 k 维主坐标。

显然，主坐标的概念是从构造点的古典解引出来的。若将 X 的行看作 p 维实数空间的 n 个点，它们之间的欧氏距离阵记作 D。由定理 12.1 可知，D 在 k 维实数空间中拟合构造点的古典解就是 X 的 k 维主坐标。

定理 12.2 X 的 k 维主坐标是将 X 中心化后 n 个样本的前 k 个主成分的值。

在一切形如 $\hat{X} = X\Gamma_t$ 的 k 维构造点中，$\Gamma_t = \Gamma_k$ 为最优，即拟合度最高。而 $\hat{X} = X\Gamma_k$ 正是 X 的 k 维主坐标，表明古典解的优良性。

12.3 非度量方法

古典解是基于主成分分析的思想，这时

$$d_{ij} = \hat{d}_{ij} + \varepsilon_{ij}$$

式中，$\hat{d}_{ij}$ 是拟合 d_{ij} 的值，ε_{ij} 是误差。但有时，d_{ij} 和 $\hat{d}_{ij}$ 之间的拟合关系可以表示为：

$$d_{ij} = f(\hat{d}_{ij} + \varepsilon_{ij})$$

式中，f 为一个未知的单调增加的函数。这时，我们用来构造 $\hat{d}_{ij}$ 唯一的信息是利用 $\{d_{ij}\}$ 的秩，将 $\{d_{ij}, i < j\}$ 由小到大排列为：

$$d_{i_1 j_1} \leqslant d_{i_2 j_2} \leqslant \cdots \leqslant d_{i_m j_m}, m = \frac{1}{2}n(n-1)$$

(i, j) 所对应的 d_{ij} 在上面的排列中的名次（由小到大）称为 (i, j) 或 d_{ij} 的秩。我们欲

寻找一个拟合构造点，使后者相互之间的距离也是如上的次序，即

$$\hat{d}_{i_1 j_1} \leqslant \hat{d}_{i_2 j_2} \leqslant \cdots \leqslant \hat{d}_{i_m j_m}$$

并记为：$\hat{d}_{ij} \xrightarrow{\text{monotone}} d_{ij}$

这种模型多数出现在相似系数矩阵的场合，因为相似系数强调的是物品之间的相似，而非距离。

求这个模型的解有一些方法，其中以 Shepard-Kruskal 算法最为流行，它的步骤如下：

(1) 已知相似系数矩阵 $D = (d_{ij})$，并将其非对角线元素由小到大排列起来：

$$d_{i_1 j_1} \leqslant d_{i_2 j_2} \leqslant \cdots \leqslant d_{i_m j_m}, m = \frac{1}{2}n(n-1), i_l < j_l, l = 1, 2, \cdots, m$$

(2) 设 $\hat{X}_{n \times k}$ 是 k 维拟合构造点，相应的距离阵 $\hat{D} = (\hat{d}_{ij})$，令

$$S^2(\hat{X}) = \frac{\min \sum_{i<j} (d_{ij}^* - \hat{d}_{ij})^2}{\sum_{i<j} d_{ij}^2} \qquad (12.15)$$

极小是对一切 $\{d_{ij}^*\}$ ($d_{ij}^* \xrightarrow{\text{monotone}} d_{ij}$) 进行的，使上式达到极小的 $\{d_{ij}^*\}$ 称为 $\hat{d}_{ij}$ 对 $\{d_{ij}\}$ 的最小二乘单调回归。

如果 $\hat{d}_{ij} \xrightarrow{\text{monotone}} d_{ij}$ 在式（12.15）中取 $d_{ij}^* = \hat{d}_{ij}(i<j)$，这时，$S^2(\hat{X}) = 0$，$\hat{X}$ 是 D 的构造点。

(3) 若 k 固定，且能存在一个 $\hat{X}_0$，使得

$$S(\hat{X}_0) = \min \hat{X}_{n \times k} S(\hat{X}) = S_k$$

则称 $\hat{X}_0$ 为 k 维最佳拟合构造点。

(4) 由于 S_k（也称压力指数）是 k 的单调下降序列，取 k 使 S_k 适当小。例如 $S_k < 5\%$ 最好，$5\% \leqslant S_k \leqslant 10\%$ 次之，$S_k > 10\%$ 较差。

求解可用梯度法进行迭代。

12.4 多维标度法的计算过程

多维标度法的计算实现步骤主要包括以下几步：

(1) 确定研究的目的。

(2) 选择需要进行比较分析的样品和变量。

(3) 计算样品间的距离矩阵。

(4) 选择适当的求解方法，分析样品间的距离矩阵。

(5) 选择适当的维数，得到距离阵的古典解，将各个样品直观地表现出来并对结果进行解释。

(6) 检验模型的拟合效果。

【例 12-4】广东省各地区农村发展状况评价分析。

改革开放以来，我国经济飞速发展，城市化进程加快，现代化程度越来越高，城镇人民的生活水平也越来越高。但是相对来说，农村人民的生活水平变化不是很大，现代化程度也不高。中国的目标是建设一个有中国特色的社会主义现代化国家，提高人民的

生活水平。要实现这个目标，首要问题是农民的问题，中国是一个农民大国，有着 8 亿农民，农民在中国占有举足轻重的地位。只有实现了农村的现代化，提高了农民的生活水平，才能实现中国的现代化。因此，农民问题始终是中国的首要问题。

（1）背景分析。

农民问题始终是中国的首要问题。要实现中国的现代化，首先要实现农村的现代化，提高农民的生活水平，因此，长期以来，对农村发展状况进行评价分析一直是科学研究者和政府工作者关注的重点。但是，能够反映农村发展状况的指标众多，而各个指标之间往往又存在一定的相关性，容易造成信息的重复。与此同时，各地区之间的情况各异，各个指标此高彼低。因此，必须对各地区的农村发展状况进行综合的评价和分析。从众多的指标中提取合适和科学的公共因子，以便于对各地区农村发展状况进行评价，有助于政府部门制定决策并对决策的效果进行评价分析。因此，因子分析方法无疑是解决这一问题的有效途径。

（2）分析对象。

本分析是对众多的指标进行筛选，并利用多维标度法进行分析与评价，其所依托的客体是 2003 年广东省各地区农村经济发展状况统计中的有关指标。所引用的资料来自《中国统计年鉴》。一共选取了 6 个指标：x_1 = 农业产值、x_2 = 林业产值、x_3 = 牧业产值、x_4 = 企业人数、x_5 = 企业总产值、x_6 = 利润总额。具体的指标数据见表 12 - 2。

表 12 - 2　　　　广东省各地区农村经济发展状况指标列表

地区	x_1	x_2	x_3	x_4	x_5	x_6
广州	97.84	1.28	38.86	141.98	2 089.55	121.07
深圳	11.20	0.66	12.59	156.52	418.16	50.12
珠海	5.67	0.11	3.60	17.39	360.58	10.58
汕头	29.87	0.57	17.26	52.45	673.74	24.07
佛山	52.39	0.29	32.14	90.77	1 649.81	62.74
韶关	47.82	4.47	18.44	27.91	144.51	16.14
河源	33.57	3.10	12.84	12.62	51.25	4.73
梅州	57.10	2.74	28.02	44.12	226.65	19.75
惠州	61.57	4.70	25.20	70.38	568.79	40.39
汕尾	29.82	1.70	12.09	30.52	189.00	6.78
东莞	20.97	0.14	20.35	134.63	1 380.42	74.01
中山	16.87	0.21	5.33	91.43	1 148.14	52.10
江门	57.33	1.79	39.21	85.64	1 252.07	32.68
阳江	47.72	3.27	21.39	19.52	191.64	11.08
湛江	87.20	4.72	34.07	40.60	390.06	20.96
茂名	112.00	7.85	81.36	76.47	739.34	40.85
肇庆	76.06	16.45	46.77	52.97	569.93	19.40
清远	57.35	6.67	28.47	17.95	75.29	6.76
潮州	27.05	1.63	14.88	35.22	501.63	20.97
揭阳	71.08	2.09	26.43	50.52	891.76	17.79
云浮	44.07	4.65	38.97	22.23	188.47	8.70

（3）计算过程及结果分析。

```
#在 mvstats4. xls:d12.4 中选取 A1:G22 区域,然后拷贝
X = read. table("clipboard", header = T)
d = dist(X)
fit = isoMDS(d, k = 2)
fit
```

$points	[,1]	[,2]
广州市	1442.5	17.80
深圳市	−227.9	−100.30
珠海市	−295.1	−17.90
汕头市	20.2	−10.22
佛山市	997.9	11.35
韶关市	−509.2	2.37
河源市	−603.7	−1.42
梅州市	−426.0	4.08
惠州市	−82.3	−2.40
汕尾市	−465.3	−10.64
东莞市	731.7	−51.57
中山市	496.5	−36.87
江门市	599.7	12.98
阳江市	−462.8	10.72
湛江市	−262.7	34.16
茂名市	89.1	53.58
肇庆市	−82.8	29.98
清远市	−579.0	18.02
潮州市	−152.6	−7.34
揭阳市	237.8	30.61
云浮市	−465.9	12.01

```
x = fit$points[,1]
y = fit$points[,2]
plot(x, y); abline(v = 0, h = 0, lty = 3)
text(x, y, labels = row. names(X))
```

由于我们在维数中选择了二维，所以可以用二维平面比较直观地反映各地区的位置。在农村中的工、企业产值中，广州市表现非常出色，排名第一，紧接其后的是佛山市，这是有其原因的。广州市和东莞市都是工业化程度比较高的城市，其周围的郊区也建有工业区，拥有许多公司。在郊区，由于地理位置的便利，许多外商在此进行投资办厂，而且在这些地方，郊区农民自己也都办了许多集体加工企业。所以在农村中的工业、企业产值中，广州市、佛山市、东莞市依次排在前列。但是在农村的农、林、牧业的产值中，又有不同。广州市由于工业的发展，同时也刺激了对农产品的需求，而且土地面积比较宽广，所以使用其他的土地来发展农、林、牧业，因此在农、林、牧业的产值中，广州市的得分也是比较高的。但是和广州市不同，东莞市、佛山市和深圳市由于大部分已经城市化，没有充足的土地面积来发展农、林、牧业，排名就相对靠后，深圳在此方面尤为突出。所以，在综合排名中，广州市处于总排名的第一名，佛山市排在第二名，东莞市排在第三名，而深圳市则明显落后于其他城市。

而茂名市、中山市、珠海市和江门市则在农、林、牧业产值上表现得很优秀。这是因为这些地区地处比较偏僻，环境比较优美，林业和牧业发展也相对较好，带来了旅游业的发展。广东的这些地区特别适合荔枝和龙眼生长，由此也带来了丰厚的创收。因此，在综合排名中，这些地区的排名相对靠前。

请读者用主成分分析法分析一下该问题，看结果如何。

案例分析：国内各地区工资水平的多维标度分析

工资水平问题是个收入问题，收入问题不仅有收入差距的问题，还有收入水平的问题。当前大多数中国老百姓的收入来源是劳动收入，其劳动报酬即工资增长得快不快，工资水平高不高，自然成为大家十分关心的问题，特别是近年来物价飞涨，工资水平问题更是引起人们的关注。

改革开放以来，我国经济飞快发展，但区域发展不平衡，东、西部两极分化，东部沿海地区经济比较发达，西部地区发展比较缓慢。各地区经济发展水平的高低必然在工资水平上表现出来。因此，判定一个地区工资水平的高低，不仅能反映出当地经济的发展水平、人民的生活水平，还能为国家宏观经济政策的确定提供一定的参考。

一、数据管理

要对国内各地区的工资水平进行判别分析，首先要选取适当的指标。由于我国的经济体制为多种所有制经济共同发展，企业性质种类较多。本例选择九个主要的单位作为指标，这些指标尽可能考虑到影响工资水平的各个方面，并适合所采用的分析方法。

数据涉及九个变量：

X_1：国有单位工资（元）；

X_2：城镇集体单位工资（元）；

X_3：股份合作单位工资（元）；

X_4：联营单位工资（元）；

X_5：有限责任单位工资（元）；

X_6：股份有限公司工资（元）；

X_7：其他工资（元）；

X_8：港澳台工资（元）；

X_9：外商投资单位工资（元）。

其中级别为1的代表工资水平较高，级别为2的代表中等工资水平，级别为3的代表工资水平较低。本例收集2006年20个地区的工资，如图所示（数据来源：《中国统计年鉴2007》）。

	X1	X2	X3	X4	X5	X6	X7	X8	X9
北京	41313	17550	14603	20154	30732	54595	28023	52593	64192
河北	17057	10255	12947	23894	17580	15835	10362	17282	18014
山西	18540	12014	10208	16308	20554	15917	11883	14583	17363
内蒙古	19275	12404	11216	12238	17439	18211	12966	14222	19041
辽宁	20305	10793	13175	11859	18852	24453	10095	19206	19756
吉林	16983	9106	9698	10413	15249	20657	10381	13461	22562
上海	40141	22959	20912	30984	31305	43673	42206	26244	42556
江苏	28143	15279	16199	17302	20453	25487	15954	18200	23446
浙江	41920	22006	19220	32979	19903	26994	21657	19593	20950
江西	16227	10000	12118	13939	14710	17365	10388	10982	13731
山东	22552	13024	13588	27823	15732	17440	12798	15602	18248
湖北	17708	10265	10787	14262	14683	14985	9671	12545	23261
湖南	18459	12490	14442	14328	15754	18228	15525	15812	17574
广西	18384	12025	11071	13637	16549	17854	13231	12910	22427
重庆	21168	13471	14460	16283	15637	21497	13368	17098	25037
四川	19884	12624	13522	14962	13251	16606	10693	16909	20749
贵州	17248	12590	14796	12306	14227	19361	12482	13436	15359
云南	19520	11859	12806	14890	16308	19720	10833	15054	20944
陕西	16894	8879	19713	14943	18215	18856	13613	14634	18077
甘肃	17836	11411	9832	6439	13998	22076	8407	16877	20139

二、R语言操作

1. 调入数据

将Case11中的数据复制，然后在RStudio编辑器中执行Case11 = read. table("clipboard", header = T)。

2. 计算过程及结果分析

计算过程及结果如下图所示。

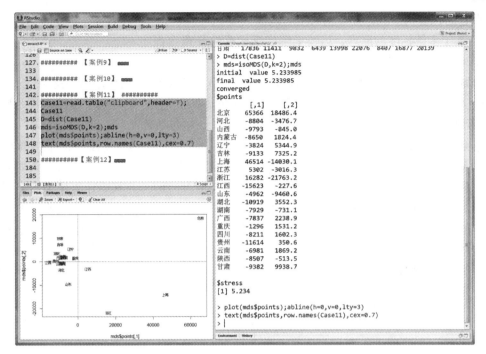

北京、上海、浙江跟其他地区的差异非常大。

山东、江苏处在上升地位，而其他地区之间的差异相对要小些。

由标度图可以大致了解我国各地区的工资水平情况。

该案例程序如下所示：

```
Case11 = read. table("clipboard", header = T); Case11
D = dist(Case11)
mds = isoMDS(D, k = 2); mds
plot(mds$points); abline(h = 0, v = 0, lty = 3)
text(mds$points, row. names(Case11), cex = 0.7)
```

思考练习题

一、思考题（手工解答，上交作业本）

1. 简述多维标度法的基本思想。

2. 简述多维标度法的计算步骤。

3. 试解释样本间相似性的含义。

二、练习题（计算机分析，网上交流或发电子邮件）

1. 给定 5 个点两两之间的距离如下：

$$
\begin{array}{c c c c c c}
 & 1 & 2 & 3 & 4 & 5 \\
1 & 0 & & & & \\
2 & 10 & 0 & & & \\
3 & 13 & 25 & 0 & & \\
4 & 12 & 24 & 1 & 0 & \\
5 & 11 & 23 & 2 & 1 & 0
\end{array}
$$

求它的拟合构造点，并说明它是否属欧氏型。

2. 基于多维标度的原理，编写求解多维标度的 R 语言程序。

3. 2005 年度广东省社会经济发展水平分析。

对城市的社会经济发展水平进行评价是行政人员、投资者和普通市民的关注中心之一。社会经济发展水平的评价必须从两方面考虑：首先是对经济水平的评价，也可以说是对物质文明建设进行评价；其次是对精神文明建设的评价，这包括教育、文化等因素。

本案例一共采取 6 个指标，X_1：人均地区生产总值（元）、X_2：居民人均可支配收入（元）、X_3：居民人均消费支出（元）、X_4：人均博物馆数（所/百万人）、X_5：人均公共图书馆数（所/百万人）、X_6：人均文化艺术馆数（所/百万人）。其中，居民消费是指常住住户对货物和服务的全部最终消费支出，它除了常住住户直接以货币形式购买的货物和服务的消费之外，还包括以其他方式获得的货物和服务的消费，即单位以实物报酬及实物转移的形式提供给劳动者的货物和服务；住户生产并由住户自己消费的货物和服务，其中的服务仅指住户的自有住房服务和付酬的家庭服务；金融机构提供的金融媒介服务；保险公司提供的保险服务。具体数据见下表。

2005 年广东省各市社会经济发展水平指标

城市	X_1	X_2	X_3	X_4	X_5	X_6
广州	53 809	18 287.24	14 468.24	3.60	1.60	1.33
深圳	60 801	28 665.25	21 188.84	6.60	4.40	3.30
珠海	45 284	18 907.73	14 323.66	2.23	3.35	3.35
汕头	13 196	12 229.17	9 505.66	1.02	1.63	1.22
佛山	41 266	17 680.10	14 485.61	1.69	1.69	1.41
韶关	11 708	10 908.36	8 112.64	2.82	3.14	3.14
河源	7 488	8 234.21	6 543.22	1.78	0.59	1.78
梅州	7 666	8 842.84	6 757.02	1.60	2.00	1.60
惠州	21 896	14 884.00	12 931.00	1.68	1.68	1.68
汕尾	7 608	8 311.00	7 164.00	1.27	1.27	1.27
东莞	33 263	22 881.80	21 767.78	2.41	1.21	1.21
中山	36 207	17 255.00	14 288.00	1.42	0.71	2.84
江门	19 636	12 902.50	9 993.48	2.33	1.55	1.81
阳江	12 758	8 378.20	6 875.91	0.76	1.51	1.51
湛江	9 899	9 867.36	7 669.84	0.84	0.98	1.26
茂名	13 934	8 241.21	6 350.38	0.74	0.74	0.74
肇庆	12 315	10 097.20	7 476.65	2.02	2.02	2.02
清远	9 070	9 214.60	7 294.93	2.29	2.29	2.03
潮州	11 422	8 946.00	8 199.00	1.60	1.20	1.20
揭阳	7 533	9 192.00	7 776.00	0.82	0.98	0.82
云浮	9 174	8 637.85	6 985.27	1.90	0.76	1.90

试对该数据进行多维标度分析。

案例分析题

从给定的题目出发，按内容提要、指标选取、数据搜集、R 语言计算过程、结果分析与评价等方面进行案例分析。

1. 对世界主要国家综合竞争力分析与评价进行多维标度分析。

2. 对亚洲国家和地区的经济发展和科教文卫水平进行多维标度分析。

3. 评价 2015 年我国 31 个省、市、自治区的经济效益。

4. 对我国 2015 年城市居民生活费支出进行多维标度分析。

5. 对我国 31 个省、市、自治区工业企业经济效益作综合评价（以 2010 年以后的数据为据）。

6. 对我国 31 个省、市、自治区农业发展状况作综合评价（以 2010 年以后的数据为据）。

7. 考察我国各省市社会发展综合状况（以 2010 年以后的数据为据）。

8. 对 2015 年度中国各地区电信业发展情况作比较分析。

9. 对我国 31 个省、市、自治区零售物价指数进行考察（以 2010 年以后的数据为据）。

13 综合评价方法及 R 使用

【目的要求】要求了解综合评价方法的目的和基本思想，以及综合评价分析的实际意义；掌握综合评价中指标体系的构建方法和基本原则。

【教学内容】综合评价的基本概念；常用的综合评价方法；综合评价方法的综合应用及注意问题；R 语言中有关综合评价的函数的编制。

13.1 综合评价的基本概念

评价是人类社会中的一项经常性的、极为重要的认识活动。在现实生活中，对一个事物的评价常常要涉及多个因素或者多个指标，评价是在多个因素相互作用下的一种综合判断。例如，要判断哪个企业的绩效好，就得从若干个企业的财务管理、销售管理、生产管理、人力资源管理、研究与开发能力等多个方面进行综合比较；要判断广东省哪个城市的知识产权发展得好，就得从全省各个城市的专利发展情况、商标发展情况、版权发展情况、知识产权其他方面的发展情况等多个方面进行综合比较等。因此可以这样说，几乎所有的综合性活动都可以进行综合评价，而且不能只考虑被评价对象的某一个方面，必须全面地从整体的角度对被评价对象进行评价。

多指标综合评价方法具有以下特点：包含若干个指标，分别说明被评价对象的不同方面；评价方法最终要对被评价对象作出一个整体性的评判，用一个总指标来说明被评价对象的总体水平。

13.2 综合评价中指标体系的构建

这是综合评价法的出发点。在综合评价中，首先要根据所要解决的问题，确定综合评价目的。重点解决为什么要综合评价，应综合评价事物的哪些方面，达到什么目的等问题。只有目的明确，才有可能顺利解决所要解决的问题。

13.2.1 选择并构建综合评价指标体系

这是综合评价法的关键。选择指标构建评价指标体系，必须以综合评价目的为依据，对所要考察的事物进行认真分析，找出影响评价对象的因素，从中选出若干主要因素，构建成综合评价指标体系。

在多指标综合评价中，评价指标体系的构建是最重要的问题，是综合评价能否准确反映全面情况的前提，如果评价指标选择不当，再好的综合评价方法也会出现差错，甚至完全失败。因此，选择并构建综合评价指标体系应遵循以下几项原则：

（1）系统全面性原则。例如，在经济社会发展水平的评价中，综合评价指标体系必须能够较全面地反映经济社会发展的综合水平，指标体系应包括经济水平、科技进步、社会发展和生态环境等各个方面的内容。除了设置上述指标外，还应考虑设置与之关系密切的经济结构、人口素质、居民物质生活水平和自然资源等指标。

（2）稳定可比性原则。综合评价指标体系中选用的指标既要有稳定的数据来源，又要适应我国实际情况，指标的口径包括指标的时间长度、计量单位、内容含义，必须一致可比，才能保证评估结果的真实、客观和合理。

（3）简明科学性原则。在系统全面的基础上，尽量选择具有代表性的综合指标，要避免选择含义相近的指标。指标体系的粗细也必须适宜，指标体系的设置应具有一定的科学性，做到简明科学。

（4）灵活可操作性原则。综合评价指标体系在实际应用中应具有一定的灵活性，以便于全国各地区不同发展水平、不同层次评价对象的操作使用。各个指标的数据来源渠道要畅通，要具有较强的操作性。图 13 - 1 是构建指标体系的树状目标结构体系图。

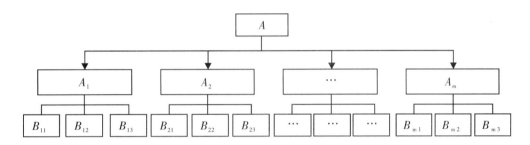

图 13 - 1　树状目标结构体系图

【例 13 - 1】广东省知识产权综合评价指标体系。

为了全面反映广东省各地区的专利发展情况，进一步了解地区差异对专利发展情况的影响，有必要根据各地区专利发展情况的相似性进行分类研究。在兼顾数据易收集性的基础上，本案例选取了以下 19 个评价指标（见表 13 - 1 和图 13 - 2）。我们设定专利评价指标体系主要包括两方面的内容：

（1）专利发展情况指标，主要反映广东省各地区专利申请与授权各个方面的数量情况。

1）发明专利申请量指标，反映广东省各市发明专利申请的数量与结构，包括发明专利申请量、实用新型专利申请量、外观设计专利申请量。

2）专利授权情况指标，反映广东省各市专利申请的质量与专利授权的结构，包括发明专利授权量、实用新型专利授权量、外观设计专利授权量。

（2）专利执法情况指标，反映广东省各市专利执法的种类与专利执法的质量，包括专利纠纷案件受理、专利纠纷案件结案、查处假冒专利立案、查处假冒专利结案、查处冒充专利立案、查处冒充专利结案以及涉外案件受理。

表 13 – 1 知识产权综合评价指标体系

	一级指标 A	二级指标 B
广东省知识产权运行情况	A_1 专利申请与授权量	B_{11} 发明专利授权量
		B_{12} 实用新型专利授权量
		B_{13} 外观设计专利授权量
		B_{14} 发明专利申请量
		B_{15} 实用新型专利申请量
		B_{16} 外观设计专利申请量
	A_2 专利申请与授权增速	B_{21} 发明专利申请量增速
		B_{22} 实用新型专利申请量增速
		B_{23} 外观设计专利申请量增速
		B_{24} 发明专利授权量增速
		B_{25} 实用新型专利授权量增速
		B_{26} 外观设计专利授权量增速
	A_3 专利执法情况	B_{31} 专利纠纷案件受理
		B_{32} 专利纠纷案件结案
		B_{33} 查处假冒专利立案
		B_{34} 查处假冒专利结案
		B_{35} 查处冒充专利立案
		B_{36} 查处冒充专利结案
		B_{37} 涉外案件受理

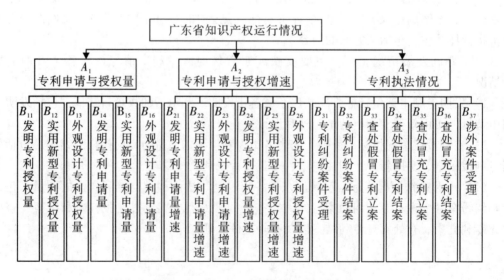

图 13 – 2 广东省专利评价指标体系

13.2.2   确定观测指标的量纲方法

根据综合评价指标计算过程的不同特点，确定观测指标的量纲方法大致可分为两类：一类为有量纲指标评价方法，主要是总分评定法；另一类为无量纲指标评价方法，主要包括指数化变换方法、功效系数变换方法等。

一、有量纲指标评价方法

主要采用总分评定法，或称综合计分法。总分评定法的步骤可以归纳如下：

（1）根据评价的目的和评价对象的特点，选择若干个评价项目或评价指标，组成评价指标体系。

（2）确定各项目或各指标的评价标准和计分方法。等级量化处理是常用的评分法。

（3）综合评判结果，把各指标（或各项目）得分相加，即得该评价对象的总分。

【例 13 - 2】某公司对所属企业的管理人员工作质量的评判项目包括组织能力、管理水平、业务知识和廉洁奉公精神四个项目，并对各项目的评分标准规定为四个等级：很好（5 分）、较好（4 分）、一般（3 分）、较差（2 分）。现组织 100 名职工对 H 管理人员进行评分，其各项目的票数如表 13 - 2 所示。

表 13 - 2   100 名职工对 H 管理人员工作质量评分结果表

评判项目	很好（5 分）		较好（4 分）		一般（3 分）		较差（2 分）		得分
	得票数	得票率	得票数	得票率	得票数	得票率	得票数	得票率	
组织能力	45	0.45	40	0.40	15	0.15	0	0	4.3
管理水平	20	0.20	50	0.50	20	0.20	10	0.10	3.8
业务知识	20	0.20	30	0.30	30	0.30	20	0.20	3.5
廉洁奉公精神	30	0.30	30	0.30	25	0.25	15	0.15	3.75

H 管理人员的组织能力得分：$0.45 \times 5 + 0.40 \times 4 + 0.15 \times 3 + 0 \times 2 = 4.3$ 分

H 管理人员工作质量平均得分：$(4.3 + 3.8 + 3.5 + 3.75) \div 4 = 15.35 \div 4 = 3.8375$ 分

二、无量纲指标评价方法

观测指标的无量纲化是指通过某种变换方式消除各个观测指标的计量单位，使其转化为统一、可比的变换过程。常用的无量纲化处理方法有以下几种：

1. 标准化变换方法

$$z_{ij} = \frac{x_{ij} - \bar{x}_j}{s_j}，\text{这里 } i = 1, 2, \ldots, n，\quad j = 1, 2, \ldots, m$$

其中，x_{ij} 是观测值，$\bar{x}_i$ 是均值，s_i 是标准差。经过标准化变换后的指标 z_{ij}，其 n 个个体的均值为 0，方差为 1。由于标准差的计量单位与观测值变量本身的计量单位相同，所以变换后的指标不再具有计量单位。

2. 规格化变换方法

$$z_{ij} = \frac{x_{ij} - x_{j\min}}{x_{j\max} - x_{j\min}}，\text{这里 } i = 1, 2, \ldots, n，\quad j = 1, 2, \ldots, m$$

其中，x_{ij} 是观测值，$x_{j\min}$ 是第 j 个指标的最小观测值，$x_{j\max}$ 是第 j 个指标的最大观测值。经过规格化变换，消除了观测值的计量单位，变换后的指标 z_{ij} 值都在 0 与 1 之间。

3. 功效系数变换方法

$$z_{ij} = \frac{x_{ij} - x_{(s)}}{x_{(h)} - x_{(s)}}, \quad 这里 \ i = 1, 2, \cdots, n, \quad j = 1, 2, \cdots, m$$

其中，x_{ij} 是观测值，$x_{(s)}$ 是评价指标的不允许值，$x_{(h)}$ 是评价指标的满意值，变换后的指标 z_{ij} 称为功效系数。显然，若满意值取为评价指标的最大观测值，不允许值取为评价指标的最小值，则功效系数变换方法与规格化变换方法相同。

4. 指数化变换方法

$$z_{ij} = \frac{x_{ij}}{x_{i0}}, \quad 这里 \ i = 1, 2, \cdots, n, \quad j = 1, 2, \cdots, m$$

其中，x_{ij} 是观测值，x_{i0} 是评价标准值。经过这种变换，既可以消除评价指标的计量单位，又可以统一其数量级，但并不能消除各个指标内部取值之间差异程度的不同。

在实际变换中，人们习惯于按百分制对所评价总体中的各个观察单位进行变换，常将上述变换公式乘以 100。此外，有时为使综合评价指标不出现 0 值和负值，常在变换公式后加上一个常数项，其改进的无量纲方法如下：

（1）标准化变换：

$$z_{ij} = \frac{x_{ij} - \bar{x}_j}{s_j} \times b + a$$

（2）规格化变换：

$$z_{ij} = \frac{x_{ij} - x_{j\min}}{x_{j\max} - x_{j\min}} \times b + a$$

（3）功效系数变换：

$$z_{ij} = \frac{x_{ij} - x_{(s)}}{x_{(h)} - x_{(s)}} \times b + a$$

（4）指数化变换：

$$z_{ij} = \frac{x_{ij}}{x_{i0}} \times b + a$$

13.2.3　综合评价指标的合成方法

评价指标的合成方法是指将无量纲化变换后的各个指标按照某种方法进行综合，得出一个可用于评价比较的综合指标。合成方法主要有总和合成法、乘积合成法和混合合成法三种，其中常用的是总和合成法，其公式有如下两种：

1. 简单算术平均法

$$\bar{z}_i = \frac{1}{m} \sum_{j=1}^{m} z_{ij} = \sum_{j=1}^{m} \frac{1}{m} z_{ij} = \sum_{j=1}^{m} w_j z_{ij}$$

其中，$\bar{z}_i$ 是评价总体中第 i 个观察单位的综合评价值，m 是指标个数。

2. 加权算术平均法

$$\bar{z}_i = \sum_{j=1}^{m} w_j z_{ij}$$

其中，w_j 是第 j 个指标 z_{ij} 的权数。

简单算术平均法将不同评价指标的重要性同等看待，但现实综合评价指标体系中各指标的重要性是不同的，故应赋予不同分量的权数，才能准确地反映综合指标的合成值。

13.2.4 确定评价指标的权数

评价指标的权数是指在评价指标体系中每个指标在多指标综合评价中的重要程度，因各指标在指标群中的重要性不同，不能等量齐观，必须客观地确定各指标的权数。权数值的准确与否直接影响综合评价的结果，因而，科学地确定指标权数在多指标综合评价中具有举足轻重的地位。确定评价权数的方法有：德尔菲法（又称专家评估法）、层次分析法、强制打分法、主成分分析法、因子分析法和相关系数构权法等，其中最常用的是德尔菲法和层次分析法。

一、德尔菲法确定权重

德尔菲（Delphi）是阿波罗神殿所在地的希腊古城之名。传说阿波罗是太阳神和预言神，众神每年都到德尔菲集会以预言未来。20 世纪 40 年代，美国兰德公司运用德尔菲集会形式，向一组专家征询意见，将专家们对过去历史资料的解释和对未来的分析判断汇总整理，经过多次反馈，尽可能取得统一意见。因此，德尔菲法也称为专家评估法。

在综合评价指标的权数确定中，为了提高权数的准确性，往往需要聘请评价对象所属领域内的专家对各个评价指标的重要程度进行评定，给出权数。一般程序是先由各个专家单独对各个评价指标的重要程度进行评定，然后由综合评价人员对各个专家的评定结果进行综合，计算出平均数，然后反馈给各位专家，如此反复进行几次，使各位专家的意见趋于一致，从而就可以确定出各评价指标的权数。

在例 13-2 中，如用专家评估法，得出组织能力、管理水平、业务知识和廉洁奉公精神四个项目的权数分别为：0.30、0.35、0.25 和 0.10，则 H 管理人员工作质量的平均得分为：$4.3 \times 0.30 + 3.8 \times 0.35 + 3.5 \times 0.25 + 3.75 \times 0.10 = 3.87$ 分。

二、层次分析法确定权重

层次分析法计算过程的核心问题是权数的构造。自 1982 年层次分析法引入我国以来，人们不仅将之应用于各种决策分析中，也用于综合评价权数的构造中。其思路为：建立评价对象的综合评价指标体系，通过指标之间的两两比较确定出各自的相对重要程度，然后通过特征值法、最小二乘法、对数最小二乘法、上三角元素法等的客观运算来确定各评价指标权数。其中，特征值法是层次分析法中最早提出的、也是使用最广泛的权数构造方法，其具体步骤如下：

1. 构造判断矩阵

通过对指标之间两两重要程度进行比较和分析判断，构造判断矩阵。层次分析法在对指标的相对重要程度进行测量时，引入了九分位的相对重要的比例标度。令 A 为判断矩阵，用以表示同一层次各个指标的相对重要性的判断值，由若干位专家来判定。则有：$A = (a_{ij})_{m \times m}$。矩阵 A 中各元素 a_{ij} 表示横行指标 Z_i 对各列指标 Z_j 的相对重要程度的两两比较值。考虑到专家对若干指标直接评价权重的困难，根据心理学家提出的"人区分信息等级的极限能力为 7 ± 2"的研究结论，有如下评分规则：

表 13 – 3　　　　　　　　　　　　权重的评分规则

甲指标与乙指标比较	极端重要	强烈重要	明显重要	比较重要	重要	较不重要	不重要	很不重要	极不重要
甲指标评价值	9	7	5	3	1	1/3	1/5	1/7	1/9

注：取 8，6，4，2，1/2，1/4，1/6，1/8 为上述评价值的中间值。

根据判断矩阵 A 中指标两两比较的特点，设把 x_i 对 x_j 的相对重要性记为 a_{ij}，明显的有 $a_{ij} > 0, a_{ii} = 1, a_{ij} = 1/a_{ji}, i = 1, 2, \cdots, m$。因此，判断矩阵 A 是一个正交矩阵，每次判断时，只需要作 $m(m-1)/2$ 次比较即可。

表 13 – 4　　　　　　打分矩阵

A	A_1	A_2	$\cdots$	A_m
A_1	a_{11}	a_{12}	$\cdots$	a_{1m}
A_2	a_{21}	a_{22}	$\cdots$	a_{2m}
$\vdots$	$\vdots$	$\vdots$	$\vdots$	$\vdots$
A_m	a_{m1}	a_{m2}	$\cdots$	a_{mm}

2. 对各指标权数进行计算

层次分析法的信息基础是判断矩阵，利用排序原理，求得各行的几何平均数，然后计算各评价指标的重要性权数，计算公式分别为：

$$\bar{a}_i = \sqrt[m]{a_{i1} \times a_{i2} \times \cdots \times a_{im}} = \sqrt[m]{\prod_{j=1}^{m} a_{ij}}$$

$$w_i = \frac{\bar{a}_i}{\sum\limits_{i=1}^{m} \bar{a}_i}, \text{ 这里 } i = 1, 2, \cdots, m$$

将各个评价指标的重要性权数用一个向量来表示，即为 $W = (w_1, w_2, \cdots, w_m)$，该向量又称判断矩阵的特征向量。

3. 对判断矩阵进行一致性检验

与其他确定指标权重系数的方法相比，层次分析法的最大优点在于可以通过一致性检验，保持专家思想逻辑上的一致性。其计算步骤为：

（1）计算判断矩阵的最大特征根：

$$\lambda_{\max} = \frac{1}{m} \sum_{i=1}^{m} \frac{(Aw)_i}{w_i}$$

式中，AW 为判断矩阵 A 与特征向量 W 的乘积，即为：

$$AW = \begin{bmatrix} a_{11} & a_{12} & \cdots & a_{1m} \\ a_{21} & a_{22} & \cdots & a_{2m} \\ \vdots & \vdots & \vdots & \vdots \\ a_{m1} & a_{m2} & \cdots & a_{mm} \end{bmatrix} \begin{bmatrix} w_1 \\ w_2 \\ \vdots \\ w_m \end{bmatrix}$$

（2）计算判断矩阵的一致性指标：

$$CI = \frac{\lambda_{\max} - m}{m - 1}$$

（3）计算判断矩阵的随机一致性比率。由一致性指标 CI，可以计算出检验用的随机一致性比率 CR，该检验指标的计算公式为：

$$CR = \frac{CI}{RI} \leq 0.10$$

上式中 RI 称为判断矩阵的平均随机一致性指标，其值的大小取决于判断矩阵中评价指标个数的多少，可由表 13-5 求出。

表 13-5　　　　　　　　　　平均随机一致性指标判断标准

n	2	3	4	5	6	7	8	9	10
RI	0	0.52	0.89	1.12	1.25	1.35	1.42	1.46	1.49

当随机一致性比率小于 0.10 时，可以认为上述判断矩阵满足一致性要求，所求出的综合评价指标权数是合适的。

【例 13-3】下面对建立的知识产权指标体系计算一级指标权重。

（1）构建判断矩阵。

知识产权现状综合评价判断矩阵 A

A	专利申请授权量 A_1	专利申请授权增速 A_2	知识产权执法 A_3
专利申请授权量 A_1	1	3	7
专利申请授权增速 A_2	1/3	1	3
知识产权执法 A_3	1/7	1/3	1

（2）调用 CI_CR 函数，可得三种元素的权重。

```
library(mvstats)  #加载 mvstats 包
A = c(1,3,7,1/3,1,3,1/7,1/3,1)  #构造的判断矩阵
(A_W = weight(A))  #A 的权重

[1] 0.6694  0.2426  0.0879

CI_CR(A)  #一致性检验
CI = 0.0035
CR = 0.0061
la_max = 3.007
Consistency test is OK!
Wi: 0.6694  0.2426  0.0879
```

判断矩阵 A：$CI = 0.0035$，$CR = 0.0061$，$\lambda_{\max} = 3.007$，通过一致性检验。

各指标权重依次为：

A_W = (0. 669 4, 0. 242 6, 0. 087 9)

各指标权重和一致性指标值依次为：

专利申请授权量	专利申请授权增速	知识产权执法	CI	CR	λ_{max}
0. 669 4	0. 242 6	0. 087 9	0. 003 5	0. 006 1	3. 007

由于该随机一致性比率 0. 006 1 小于 0. 10，所以可认为上述判断矩阵满足一致性要求，一致性检验通过。

13. 3　综合评价方法及其应用

综合评价方法较多，如综合评分法、综合指数法、秩和比法、层次分析法、TOPSIS 法、模糊综合评价法、数据包络分析法等几种具有代表性的评价方法。以下将重点介绍综合评分法和层次分析法这两种常用的方法。

13. 3. 1　综合评分法

综合评分法最终总分的计算可以把各个指标的得分直接相加得到一个总分，最后根据这个最终得分的高低来判定评价对象的优劣。这种方法的好处是对各个指标赋予同样的权重来同等看待，省去了确定指标权重的复杂步骤，但这同时也是它的一个不足之处。它不能很好地区分各个指标的相对重要程度，因而常用的改进方法是根据各个指标重要程度的不同赋予不同的权重，然后用各个指标的得分乘以权重求得各个指标对各个不同方案的加权评分，每个方案各指标加权得分之和除以权重所得到的商就是加权平均分，得分最高的方案就是最佳方案。

【例 13 - 4】下面我们对广东省 21 个地区专利发展情况进行综合分析。

由于指标较多，我们先取前六个指标来对广东省 21 个地区专利发展情况进行分析。

表 13 - 6　　　　　　　　　　广东省 21 个地区专利发展数据

地区	专利授权（项）			专利申请（项）		
	发明	实用新型	外观设计	发明	实用新型	外观设计
	B_{11}	B_{12}	B_{13}	B_{14}	B_{15}	B_{16}
广州	705	2 539	3 155	2 706	3 735	5 855
深圳	1 263	4 952	5 279	14 583	6 766	8 390
珠海	63	596	592	401	929	788
汕头	52	403	1 569	160	689	2 803
韶关	14	170	41	85	272	104
河源	1	25	15	10	42	84
梅州	24	47	62	30	73	100
惠州	21	301	319	75	377	425
汕尾	5	20	94	28	43	170
东莞	28	1 729	3 115	553	2 603	6 723
中山	17	850	1 568	192	1 263	2 794

（续上表）

地区	专利授权（项）			专利申请（项）		
	发明	实用新型	外观设计	发明	实用新型	外观设计
	B_{11}	B_{12}	B_{13}	B_{14}	B_{15}	B_{16}
江门	41	583	1 390	200	802	2 279
佛山	132	2 712	6 221	2 016	5 248	11 790
阳江	1	101	397	24	156	625
湛江	22	118	194	112	153	318
茂名	14	90	84	22	118	174
肇庆	5	99	102	41	171	163
清远	1	54	41	20	64	86
潮州	8	118	787	28	187	1 415
揭阳	15	93	348	32	145	470
云浮	8	38	54	29	47	91

1. 观测指标的无量纲化

因为各个指标的量纲或数量级通常是不同的，所以要对各个指标数据进行无量纲化。由于是计数数据，这里采用的无量纲化方法如下：

$$z_{ij} = \frac{x_{ij} - x_{j\min}}{x_{j\max} - x_{j\min}} \times 100$$

然后引进功效系数，计算各个指标单向评价分数：

$$z_{ij} = \frac{x_{ij} - x_{j\min}}{x_{j\max} - x_{j\min}} \times 60 + 40$$

式中：x_{ij}——第 i 个地区第 j 项指标的实际数值；

$\quad\quad x_{j\max}$——第 j 项指标的最大值；

$\quad\quad x_{j\min}$——第 j 项指标的最小值；

$\quad\quad z_{ij}$——第 i 个地区第 j 项指标值的无量纲值。

这种无量纲方法的好处是，它不仅纵向上消除了不同指标的不同数量级的影响，还能使得横向上各地区的得分包含在 1 至 100 之间，易于比较。

2. 综合得分

$$S_i = \sum_{j=1}^{m} W_j Z_{ij} = \sum_{j=1}^{m} Z_{ij}/m = \bar{Z}_i$$

然后根据综合得分高低进行排名，这里实际上相当于对每一行数据求均值，即权重相同，全为 $W_j = 1/m$。

```
#在 mvstats4.xls;d13.4 中选取 A1:G22 区域,然后拷贝
B1data = read.table("clipboard",header = T)    #选取例 13 - 1 中 A - G 列数据
B1_z = z_data(B1data)    #数据无量纲化 z = (x - max)/(max - min) * 60 + 40
B1_z
```

	B11	B12	B13	B14	B15	B16
广州	73.47	70.64	70.36	51.10	72.95	69.58
深圳	100.00	100.00	90.89	100.00	100.00	82.57
珠海	42.95	47.01	45.58	41.61	47.91	43.61
汕头	42.42	44.66	55.02	40.62	45.77	53.94
韶关	40.62	41.82	40.25	40.31	42.05	40.10
河源	40.00	40.06	40.00	40.00	40.00	40.00
梅州	41.09	40.33	40.45	40.08	40.28	40.08
惠州	40.95	43.42	42.94	40.27	42.99	41.75
汕尾	40.19	40.00	40.76	40.07	40.01	40.44
东莞	41.28	60.79	69.97	42.24	62.85	74.03
中山	40.76	50.10	55.01	40.75	50.90	53.89
江门	41.90	46.85	53.29	40.78	46.78	51.25
佛山	46.23	72.75	100.00	48.26	86.45	100.00
阳江	40.00	40.99	43.69	40.06	41.02	42.77
湛江	41.00	41.19	41.73	40.42	40.99	41.20
茂名	40.62	40.85	40.67	40.05	40.68	40.46
肇庆	40.19	40.96	40.84	40.13	41.15	40.40
清远	40.00	40.41	40.25	40.04	40.20	40.01
潮州	40.33	41.19	47.46	40.07	41.29	46.82
揭阳	40.67	40.89	43.22	40.09	40.92	41.98
云浮	40.33	40.22	40.38	40.08	40.04	40.04

```
Si = apply(B1_z,1,mean)    #按行求均值
cbind(B1_z,Si)
```

	B11	B12	B13	B14	B15	B16	Si
广州	73.47	70.64	70.36	51.10	72.95	69.58	68.02
深圳	100.00	100.00	90.89	100.00	100.00	82.57	95.58
珠海	42.95	47.01	45.58	41.61	47.91	43.61	44.78
汕头	42.42	44.66	55.02	40.62	45.77	53.94	47.07
韶关	40.62	41.82	40.25	40.31	42.05	40.10	40.86
河源	40.00	40.06	40.00	40.00	40.00	40.00	40.01
梅州	41.09	40.33	40.45	40.08	40.28	40.08	40.39
惠州	40.95	43.42	42.94	40.27	42.99	41.75	42.05
汕尾	40.19	40.00	40.76	40.07	40.01	40.44	40.25
东莞	41.28	60.79	69.97	42.24	62.85	74.03	58.53
中山	40.76	50.10	55.01	40.75	50.90	53.89	48.57
江门	41.90	46.85	53.29	40.78	46.78	51.25	46.81
佛山	46.23	72.75	100.00	48.26	86.45	100.00	75.62
阳江	40.00	40.99	43.69	40.06	41.02	42.77	41.42
湛江	41.00	41.19	41.73	40.42	40.99	41.20	41.09
茂名	40.62	40.85	40.67	40.05	40.68	40.46	40.55
肇庆	40.19	40.96	40.84	40.13	41.15	40.40	40.61
清远	40.00	40.41	40.25	40.04	40.20	40.01	40.15
潮州	40.33	41.19	47.46	40.07	41.29	46.82	42.86
揭阳	40.67	40.89	43.22	40.09	40.92	41.98	41.29
云浮	40.33	40.22	40.38	40.08	40.04	40.04	40.18

```
cbind(Si = Si,ri = rank( - Si))    #按 Si 值高低排名
               Si         ri
广州   68.01775    3
深圳   95.57762    1
珠海   44.77777    8
汕头   47.07260    6
韶关   40.85965   14
河源   40.01013   21
梅州   40.38622   17
惠州   42.05220   10
汕尾   40.24630   18
东莞   58.52705    4
中山   48.56790    5
江门   46.80983    7
佛山   75.61520    2
阳江   41.42107   11
湛江   41.08852   13
茂名   40.55428   16
肇庆   40.61267   15
清远   40.15213   20
潮州   42.86313    9
揭阳   41.29357   12
云浮   40.18127   19
```

13.3.2 层次分析法

层次分析法（analytic hierarchy process，简称 AHP 法）是美国运筹学家、匹兹堡大学教授 T. L. Saaty 于 20 世纪 70 年代提出来的。它是一种对较为模糊或较为复杂的决策问题，使用定性与定量分析相结合的手段作出决策的简易方法。特别是将决策者的经验判断给予量化，它将人们的思维过程层次化，逐层比较相关因素，逐层检验比较结果的合理性，由此提供较有说服力的依据。很多决策问题通常表现为一组方案的排序问题，这类问题就可以用 AHP 法解决。近几年来，此法在国内外得到了广泛的应用。

层次分析法的应用首先需分层。所谓分层，就是根据研究目标之间的内在联系和因果关系，逐步分解为多层次的目标体系。层次的树状目标结构体系如图 13 - 3 所示。

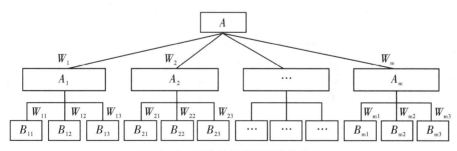

图 13 - 3 层次的树状目标结构体系

设 A 为目标层，A_1 为准则层，B 为方案层，W_i、W_{ij} 分别为第二、三层的权数，并满足

$$\sum_{i=1}^{m} W_i = 1, \quad \sum_{j=1}^{m} W_{ij} = 1$$

Z_{ij}为第 i 个目标第 j 方案的属性值向量的分量。利用公式

$$S_i = \sum_{j=1}^{m} W_j Z_{ij}$$

对目标由低层到高层进行计算，由此判断各方案的优劣，S_i值越大，该方案就越优。

【例13 – 5】下面应用层次分析法对专利数据进行进一步分析。

1. 确定权重

专利申请与授权量的判断矩阵 B_1 如下表所示。

B_1	B_{11}	B_{12}	B_{13}	B_{14}	B_{15}	B_{16}
B_{11}	1	4	5	3	6	7
B_{12}	1/4	1	2	1/2	3	4
B_{13}	1/5	1/2	1	1/3	2	3
B_{14}	1/3	2	3	1	4	5
B_{15}	1/6	1/3	1/2	1/4	1	2
B_{16}	1/7	1/4	1/3	1/5	1/2	1

```
B1 = c(1,4,5,3,6,7,1/4,1,2,1/2,3,4,1/5,1/2,1,1/3,2,3,1/3,2,3,1,4,5,1/6,1/3,
1/2,1/4,1,2,1/7,1/4,1/3,1/5,1/2,1)   #构造 B1 的判断矩阵
B1_W = weight(B1)   #B1 的权重
B1_W
```

```
[1] 0.4434 0.1443 0.0919 0.2223 0.0589 0.0391
```

```
CI_CR(B1)   #一致性检验
```

```
CI = 0.0324
CR = 0.0262
la_max = 6.162
Consistency test is OK!
Wi:  0.4434 0.1443 0.0919 0.2223 0.0589 0.0391
```

判断矩阵 B_1：$CI = 0.032\ 4$，$CR = 0.026\ 2$，$\lambda_{max} = 6.162\ 2$，通过一致性检验。

各指标权重依次为：

B1_W = (0.443 4,0.144 3,0.091 9,0.222 3,0.058 9,0.039 1)

2. 计算综合得分

得到各指标的权重后还不能直接计算它们的综合得分，把各项指标的指标值无量纲化后，采用线性综合评价法即把各项指标的评价分值乘以相应权重就可以得出各个地区的综合得分值。具体的计算公式是：

$$S_i = \sum_{j=1}^{m} W_j Z_{ij}$$

式中：S_i——第 i 个地区的综合得分值；

Z_{ij}——第 i 个地区第 j 项指标值的评价分值；

W_j——第 j 项指标的权重。

S_rank(B1_z,B1_W)	#按 B1 得到综合得分及排名

	Si	ri
广州	67.61389	2
深圳	98.47164	1
珠海	43.79196	8
汕头	44.14644	6
韶关	40.75002	13
河源	40.00477	21
梅州	40.60781	15
惠州	41.48492	9
汕尾	40.18476	19
东莞	49.49315	4
中山	44.52158	5
江门	44.06247	7
佛山	59.91549	3
阳江	40.65874	14
湛江	40.96837	11
茂名	40.52322	16
肇庆	40.40832	17
清远	40.09991	20
潮州	41.36094	10
揭阳	40.86679	12
云浮	40.23124	18

表 13 - 7　广东省 21 个地区专利发展综合指数以及排名

地区	综合分析法		层次评分法	
	得分	名次	得分	名次
广州	68.017 75	3	67.613 89	2
深圳	95.577 62	1	98.471 64	1
珠海	44.777 77	8	43.791 96	8
汕头	47.072 60	6	44.146 44	6
韶关	40.859 65	14	40.750 02	13
河源	40.010 13	21	40.004 77	21
梅州	40.386 22	17	40.607 81	15
惠州	42.052 20	10	41.484 92	9
汕尾	40.246 30	18	40.184 76	19
东莞	58.527 05	4	49.493 15	4
中山	48.567 90	5	44.521 58	5
江门	46.809 83	7	44.062 47	7
佛山	75.615 20	2	59.915 49	3
阳江	41.421 07	11	40.658 74	14
湛江	41.088 52	13	40.968 37	11
茂名	40.554 28	16	40.523 22	16
肇庆	40.612 67	15	40.408 32	17
清远	40.152 13	20	40.099 91	20
潮州	42.863 13	9	41.360 94	10
揭阳	41.293 57	12	40.866 79	12
云浮	40.181 27	19	40.231 24	18

从表 13 - 7 中可以看出，两种计算结果还是有一定差别的，因为综合评分法用的是等权，而层次分析法给出了一定的权重。

对每个判断矩阵分别调用 CI_CR 函数，可以检验其一致性和得到各个指标的权重值。

申请专利与授权量的增速判断矩阵 B_2 如下表所示。

B_2	B_{21}	B_{22}	B_{23}	B_{24}	B_{25}	B_{26}
B_{21}	1	4	5	7	8	9
B_{22}	1/4	1	2	4	5	6
B_{23}	1/5	1/2	1	3	4	5
B_{24}	1/7	1/4	1/3	1	2	3
B_{25}	1/8	1/5	1/4	1/2	1	2
B_{26}	1/9	1/6	1/5	1/3	1/2	1

```
B2 = c(1,4,5,7,8,9,1/4,1,2,4,5,6,1/5,1/2,1,3,4,5,1/7,1/4,1/3,1,2,3,1/8,1/5,
1/4,1/2,1,2,1/9,1/6,1/5,1/3,1/2,1)    #构造 B2 的判断矩阵
B2_W = weight(B2)    #B2 的权重
B2_W
```

```
[1]  0.4976  0.2119  0.1443  0.0690  0.0460  0.0312
```

```
CI_CR(B2)    #一致性检验
```

```
CI = 0.0505
CR = 0.0407
la_max = 6.253
Consistency test is OK!
Wi:0.4976  0.2119  0.1443  0.069  0.046  0.0312
```

判断矩阵 B_2：$CI = 0.050\,5$，$CR = 0.040\,7$，$\lambda_{max} = 6.252\,6$，通过一致性检验。

各指标权重依次为：

B2_W = (0.497\,6，0.211\,9，0.144\,3，0.069\,0，0.046\,0，0.031\,2)

专利执法情况判断矩阵 B_3 如下表所示。

B_3	B_{31}	B_{32}	B_{33}	B_{34}	B_{35}	B_{36}	B_{37}
B_{31}	1	5	2	6	2	6	1
B_{32}	1/5	1	1/4	2	1/4	2	1/5
B_{33}	1/2	5	1	5	1	5	1/2
B_{34}	1/6	1/2	1/5	1	1/5	1	1/6
B_{35}	1/2	4	1	5	1	5	1/2
B_{36}	1/6	1/2	1/5	1	1/5	1	1/6
B_{37}	1	5	2	2	2	6	1

```
B3 = c(1,5,2,6,2,6,1,1/5,1,1/4,2,1/4,2,1/5,1/2,5,1,5,1,5,1/2,1/6,1/2,1/5,1,
1/5,1,1/6,1/2,4,1,5,1,5,1/2,1/6,1/2,1/5,1,1/5,1,1/6,1,5,2,2,2,6,1)
#构造 B3 的判断矩阵
B3_W = weight(B3)    #B3 的权重
B3_W
```

```
[1]  0.2791  0.0565  0.1783  0.0374  0.1727  0.0374  0.2386
```

```
CI_CR(B3)    #一致性检验
```

```
CI = 0.0133
CR = 0.0101
la_max = 7.08
Consistency test is OK!
Wi:0.2791  0.0565  0.1783  0.0374  0.1727  0.0374  0.2386
```

判断矩阵 B_3：CI = 0.013 3，CR = 0.010 1，λmax = 7.08，通过一致性检验。各指标权重依次为：

B3_W =（0.279 1，0.056 5，0.178 3，0.037 4，0.172 7，0.037 4，0.238 6）

于是我们得到一个完整的指标体系，如表 13 - 8 所示。

表 13 - 8　　　　　　　　　　广东省专利发展指标体系及权重

	一级指标 *A*	二级指标 *B*
广东省知识产权运行情况	专利申请与授权量 A_1 （0.669 4）	B_{11} 发明专利授权量（0.443 4）
		B_{12} 实用新型专利授权量（0.144 3）
		B_{13} 外观设计专利授权量（0.091 9）
		B_{14} 发明专利申请量（0.222 3）
		B_{15} 实用新型专利申请量（0.058 9）
		B_{16} 外观设计专利申请量（0.039 1）
	专利申请与授权增速 A_2 （0.242 64）	B_{21} 发明专利授权量增速（0.497 6）
		B_{22} 实用新型专利授权量增速（0.211 9）
		B_{23} 外观设计专利授权量增速（0.144 3）
		B_{24} 发明专利申请量增速（0.069 0）
		B_{25} 实用新型专利申请量增速（0.046 0）
		B_{26} 外观设计专利申请量增速（0.031 2）
广东省知识产权运行情况	专利执法情况 A_3 （0.087 95）	B_{31} 专利纠纷案件受理（0.279 1）
		B_{32} 专利纠纷案件结案（0.056 5）
		B_{33} 查处假冒专利立案（0.178 3）
		B_{34} 查处假冒专利结案（0.037 4）
		B_{35} 查处冒充专利立案（0.172 7）
		B_{36} 查处冒充专利结案（0.037 4）
		B_{37} 涉外案件受理（0.238 6）

有了完整的指标体系，并给各级指标赋予了一定权重，下面就可以对专利数据进行全面分析。

```
#在 mvstats4. xls:d13.1 中选取 A1:T22 区域,然后拷贝
data = read. table( "clipboard" ,header = T)   #选取例 13 - 1 数据
x1 = data[ ,1:6]   #B1 组数据
x2 = data[ ,7:12]   #B2 组数据
x3 = data[ ,13:19]   #B3 组数据
S1 = S_rank( z_data(x1), B1_W)   #按 B1 得到综合得分及排名
S2 = S_rank( z_data(x2), B2_W)   #按 B2 得到综合得分及排名
S3 = S_rank( z_data(x3), B3_W)   #按 B3 得到综合得分及排名
S = cbind( S1$Si, S2$Si, S3$Si)   #形成得分数据
S_rank( S, A_W)   #按 A 得到综合得分及排名
```

	Si	ri
广州	68.31	2
深圳	89.38	1
珠海	50.37	7
汕头	49.62	11
韶关	52.74	5
河源	41.81	21
梅州	49.95	9
惠州	46.02	17
汕尾	47.84	13
东莞	54.17	4
中山	47.83	14
江门	50.18	8
佛山	61.62	3
阳江	43.73	19
湛江	46.93	16
茂名	52.65	6
肇庆	45.02	18
清远	43.69	20
潮州	47.60	15
揭阳	49.79	10
云浮	47.98	12

综合评价的结果见表 13 - 9。

表 13 - 9　　　　　　　　　　广东省各地区专利发展综合评价结果

地区	专利申请与授权量		专利申请与授权增速		专利执法情况		综合结果	
	得分	排名	得分	排名	得分	排名	总分	排名
广州	67.62	2	63.59	15	86.68	1	68.32	2
深圳	98.48	1	69.14	10	76.08	2	89.39	1
珠海	43.80	8	71.79	6	41.34	13	50.37	7
汕头	44.15	6	64.36	14	50.68	4	49.63	11
韶关	40.75	13	89.26	2	43.33	9	52.75	5
河源	40.01	21	47.47	21	40.00	18	41.82	21
梅州	40.61	15	78.90	3	41.21	14	49.95	9
惠州	41.49	9	60.25	16	41.36	12	46.03	17
汕尾	40.19	19	70.75	8	42.9	11	47.84	14
东莞	49.50	4	72.23	5	40.00	18	54.18	4
中山	44.53	5	59.83	17	40.00	18	47.84	13
江门	44.07	7	65.99	12	53.19	3	50.19	8
佛山	59.93	3	70.96	7	48.90	5	61.63	3
阳江	40.66	14	52.15	20	43.92	7	43.74	19
湛江	40.97	11	65.47	13	41.17	15	46.93	16
茂名	40.53	16	90.71	1	40.00	18	52.66	6
肇庆	40.41	17	59.26	18	40.90	16	45.03	18
清远	40.10	20	53.85	19	43.03	10	43.70	20
潮州	41.37	10	66.40	11	43.34	8	47.61	15
揭阳	40.87	12	77.88	4	40.30	17	49.80	10
云浮	40.24	18	70.72	9	44.23	6	47.98	12

　　根据综合评价的结果，可以知道广东省各市的专利发展状况，深圳以其绝对的优势高居广东省榜首。处在第二、三位的分别是广州和佛山。从上面的综合排名可以看出，广东省各地区知识产权运行情况差异较大。同时根据各分量指标，可以从授权量、申请

量和执法质量上了解各市的排名及实力。此外，通过与以往年份的比较，可以很清楚地知道各市的发展变化情况，同时知道影响各市知识产权情况变化的因素及其影响程度。

案例分析：区域自主创新能力的层次分析

随着经济全球化的深入，自主创新能力和水平日益成为影响国家竞争力的重要因素。提高自主创新能力已经成为我国的国家战略。本案例在对前人的理论研究的基础上创建一套新的评价区域自主创新能力的指标体系，运用层次分析法 AHP 对我国 30 个地区的 2009 年区域自主创新能力进行了评价。通过对我国东、中、西部地区间的比较，得出我国区域间自主创新能力极不平衡的结论，并对各区域的自主创新建设和政策制定提出合理建议。

我国现行的区域政策基本上是按照东、中、西三大地区区别对待，东部地区包括北京、天津、河北、辽宁、上海、江苏、浙江、福建、山东、广东、广西、海南 12 个省、市、自治区，中部地区包括山西、内蒙古、吉林、黑龙江、安徽、江西、河南、湖北、湖南 9 个省市、自治区，西部地区包括四川、重庆、贵州、云南、西藏、陕西、甘肃、宁夏、青海、新疆 10 个省、市、自治区。同时也针对我国区域发展严重不平衡的现状，本案例将我国 30 个省、市、自治区（由于西藏自治区的很多数据缺失，在研究中将其忽略）按以上规则分东、中、西部考察。另外，从目前的研究结果看，按照东、中、西三大地区的划分方法实证测度自主创新能力的研究几乎没有。故本案例选取这一角度进行分析，以弥补这一方面研究的欠缺。

一、评价指标体系及权重确定

1. 评价指标的筛选原则

（1）系统性。系统性要求评价指标体系要能够充分反映区域自主创新能力的各个方面，但又不是杂乱无章地堆砌。要做到这点可以把评价指标脉络清晰地按照目标层、准则层、指标层多个层次，将各个指标间的关系有层次地表现出来。在区域自主创新能力这个目标层下，每个准则层都代表了自主创新能力的一个方面；而每个准则层下每个指标有各自能够代表自主创新能力这个层面下的各个属性特征。

（2）可操作性。首先，各指标必须满足可得性。需要的数据可以从《中国统计年鉴》《中国高新技术产业统计年鉴》《中国科技统计年鉴》及中华人民共和国国家统计局网站上直接获取或者间接算出。其次，指标必须是可量化的。应该尽量采用可以量化的指标，而少用定性数据资料，以使所得结论更具客观性。最后，指标数量过多也会影响实际评价的操作性，因此要尽量简化。

（3）有效性。有效性是指构建出来的指标体系必须与所评价对象的内涵与结构相符，能够真正反映出某一区域自主创新能力的本质特征。这就必须对研究对象作深入研究，了解什么才是真正想要测量的特质，从而得出具有针对性和代表性的指标。另外，要考虑同一含义指标的统计口径、时间、地点和适用范围，少用绝对指标，多用相对指标，以保证统计指标的可比性。在实际选择时，还要用变差系数剔除一些鉴别力比较差的指标。

2. 评价指标体系建立

本书参考众多学者对自主创新能力综合评价研究所采用的评价指标体系，并通过实证筛选构建了一个包括4个评价模块、24个评价指标的区域自主创新能力评价指标体系，如表13-10所示。

表13-10 区域自主创新能力评价指标体系

目标	二级指标及权重	变量	三级指标	权重
A 区域自主创新能力	B_1 自主创新投入能力 0.373 6	V_1	科技活动经费占GDP比重（%）	0.155 5
		V_2	每万人科技活动经费（万元）	0.155 5
		V_3	研发经费占GDP比重（%）	0.155 5
		V_4	每万人研发经费（万元）	0.155 5
		V_5	每万人专业技术人员数（人）	0.155 5
		V_6	每万人研发人员数（人）	0.127 6
		V_7	每万人科学家和工程师数（人）	0.094 8
	B_2 自主创新支撑能力 0.148 1	V_8	每百万人高等学校数（个）	0.185 9
		V_9	每百万人公共图书馆数（个）	0.165 6
		V_{10}	每万人邮电业务量（万元）	0.185 9
		V_{11}	百户固定电话和移动电话用户数（户）	0.165 6
		V_{12}	每万人因特网用户数（户）	0.165 6
		V_{13}	技术市场成交额占GDP比重（%）	0.131 4
	B_3 自主创新管理能力 0.104 7	V_{14}	财政支出（亿元）	0.251 7
		V_{15}	财政支出占GDP比重（%）	0.251 7
		V_{16}	每万元GDP能耗（吨标准煤）	0.125 8
		V_{17}	每万元GDP电耗（千瓦时）	0.133 3
		V_{18}	成本费用利润率（%）	0.237 6
	B_4 自主创新产出能力 0.373 6	V_{19}	每万人发表的国外科技论文数（篇）	0.131 4
		V_{20}	每万人发明专利授权量（项）	0.185 9
		V_{21}	高新技术产业当年价总产值（亿元）	0.165 6
		V_{22}	高新技术新产品产值占工业总产值比重（%）	0.165 6
		V_{23}	高新技术产品占商品总出口比重（%）	0.165 6
		V_{24}	人均GDP（元）	0.185 9

3. 评价指标体系权重确定

根据表13-10将目标层、准则层、指标层以及措施层输入到软件中，建立起递阶层次结构模型，并以此为基础构造两两比较判断矩阵。计算各层次的权重如表13-10所示。

目标层（最高层）：自主创新能力。

准则层（中间层）：自主创新投入能力、自主创新支撑能力、自主创新管理能力、自主创新产出能力。

指标层（最低层）：表 13 – 10 中指标 V_1—V_{24}。

措施层：以我国 30 个省、市、自治区作为对象。

相对于评价目标而言，各领域之间相对重要性比较见表 13 – 11。

表 13 – 11 　　　　　　　　判断矩阵 $A - B$

A	B_1	B_2	B_3	B_4
B_1	1	3	3	1
B_2	1/3	1	2	1/3
B_3	1/3	1/2	1	1/3
B_4	1	3	3	1

相对于自主创新投入能力而言，各指标相对重要性比较见表 13 – 12。

表 13 – 12 　　　　　　　　判断矩阵 $B_1 - P$

B_1	V_1	V_2	V_3	V_4	V_5	V_6	V_7
V_1	1	1	1	2	1	1	1
V_2	1	1	1	1/2	2	1	2
V_3	1	1	1	1/2	1	2	2
V_4	1/2	2	2	1	1	1	1
V_5	1	1/2	1	1	1	2	2
V_6	1	1	1/2	1	1/2	1	2
V_7	1	1/2	1/2	1	1/2	1/2	1

相对于自主创新支撑能力而言，各指标相对重要性比较见表 13 – 13。

表 13 – 13 　　　　　　　　判断矩阵 $B_2 - P$

B_2	V_8	V_9	V_{10}	V_{11}	V_{12}	V_{13}
V_8	1	1	1	2	1	1
V_9	1	1	1	1/2	2	1
V_{10}	1	1	1	1	1	2
V_{11}	1/2	2	1	1	1	1
V_{12}	1	1/2	1	1	1	2
V_{13}	1	1	1/2	1	1/2	1

相对于自主创新管理能力而言，各指标相对重要性比较见表 13 – 14。

表 13 – 14　　　　　　　　判断矩阵 $B_3 - P$

B_3	V_{14}	V_{15}	V_{16}	V_{17}	V_{18}
V_{14}	1	1	2	2	1
V_{15}	1	1	1	2	2
V_{16}	1/2	1	1	1/2	1/2
V_{17}	1/2	1/2	2	1	1/3
V_{18}	1	1/2	2	3	1

相对于自主创新产出能力而言，各指标相对重要性比较见表 13 – 15。

表 13 – 15　　　　　　　　判断矩阵 $B_4 - P$

B_4	V_{19}	V_{20}	V_{21}	V_{22}	V_{23}	V_{24}
V_{19}	1	1/2	1	1	1	1/2
V_{20}	2	1	1	1	1	1
V_{21}	1	1	1	1	1	1
V_{22}	1	1	1	1	1	1
V_{23}	1	1	1	1	1	1
V_{24}	2	1	1	1	1	1

二、区域自主创新能力的综合评价

关于区域自主创新能力综合评价的研究在近年来受到越来越广泛的关注，并已逐渐成为国内学术界的一个重要研究课题，然而，对于如何构建综合评价体系对区域自主创新能力合理全面地进行反映并没有统一的结论，仍需更多的理论研究和实践探索。

1. 评价指标的数据采集

本书采用的数据有两种来源，一是直接从《中国统计年鉴》《中国高新技术产业统计年鉴》《中国科技统计年鉴》及中华人民共和国国家统计局网站上得到的 2009 年度的统计数据，如 V_{11}、V_{14}、V_{16}、V_{18}、V_{22}；二是从年鉴上的统计数据间接计算得到的。具体数据见图 13 – 4。

	V1	V2	V3	V4	V5	V6	V7	V8	V9	V10	V11
北京	0.054	719.7	0.71	488.61	136.17	17.67	7.86	4.9	1.37	5530	46.1
天津	0.03	276.8	1.43	877.2	163.07	21.87	7.6	4.48	2.52	3177	39.95
河北	0.011	37.57	0.51	124.64	20.54	5.29	0.93	1.55	2.33	1706	27.15
山西	0.011	51.37	0.78	167.18	27.35	9.93	0.45	2.07	3.68	1853	29.18
内蒙古	0.009	74.59	0.37	147.55	9.62	5.14	0.15	1.69	4.67	2288	27.86
辽宁	0.021	133.1	1	353.09	49.83	11.07	2.64	2.48	2.96	2235	32.92
吉林	0.013	69.28	0.42	111.78	39.3	6.27	1.24	2.01	2.41	1920	27.3
黑龙江	0.011	52.16	0.68	153.27	19.8	7.86	1.63	2.04	2.61	1822	23.16
上海	0.072	1120.83	1.38	1077.85	247.39	31.6	9.17	3.44	1.51	5386	47.08
江苏	0.029	151.48	1.31	585.06	249.04	23.89	6.43	1.92	1.41	2347	33.27
浙江	0.037	191.71	0.94	416.7	106.77	18.51	4.37	1.91	1.85	3353	40.65
安徽	0.017	59.48	0.78	127.53	18.7	5.45	1.01	1.73	1.45	1147	19.05
福建	0.02	76.9	0.7	237.45	74.58	10.47	3.88	2.32	2.34	2755	35.94
江西	0.009	30.24	0.67	116.45	41.9	4.57	1.4	1.92	2.44	1337	21.31
山东	0.019	66.4	1.21	434.17	55.27	12.98	1.96	1.33	1.58	1770	26.87
河南	0.012	37.44	0.63	128.78	20.68	7.17	0.91	1.04	1.5	1348	21.64
湖北	0.012	44.28	0.82	184.91	34.22	8.26	1.94	2.1	1.87	1472	25.56
湖南	0.013	46.23	0.63	128.85	20.15	5.04	0.65	1.8	1.87	1406	22.69
广东	0.039	174.83	1.27	518.86	324.2	23.31	15.93	1.3	1.38	4305	48.34
广西	0.011	37.22	0.34	54.6	16.67	2.14	0.3	1.54	2.06	1430	22.86
海南	0.012	70.26	0.09	16.63	12.41	0.71	0.3	1.97	2.31	2222	33.64
重庆	0.012	54.41	0.8	182.55	27.96	8.43	1.71	1.75	1.5	1717	22.64
四川	0.008	34.99	0.52	89.55	34.02	5.19	1.64	1.12	1.91	1433	20.87
贵州	0.01	37.58	0.45	46.78	17.83	2.03	1.44	1.24	2.45	1226	20.4
云南	0.01	41.55	0.21	28.71	5.6	1.53	0.24	1.33	3.28	1485	22.24
陕西	0.011	55.24	0.69	148.8	51.73	7.4	3.62	2.36	2.97	1979	29.86
甘肃	0.008	38.64	0.55	70.14	9.7	4.15	0.61	1.48	3.53	1373	25.2
青海	0.01	85.78	0.37	71.45	9.33	2.86	0.03	1.61	7.9	1630	29.75
宁夏	0.01	70.4	0.52	111.82	10.61	5.19	1.68	2.4	3.2	1919	31.43
新疆	0.012	74.78	0.3	60.12	2.99	2.43	0.08	1.71	4.35	2143	30.6

图 13 – 4

2. 评价指标的数据处理

由于各指标值量纲不同，为了消除因量纲不同的评价指标对评估结果的影响，需要对数据进行无量纲化处理才能进行综合比较。本书采用效用值法来进行处理，规定效用值水平范围是 $[0, 100]$。对正向指标，$Y_{ij} = (V_{ij} - V_{i\min}) / (V_{i\max} - V_{i\min}) \times 60 + 40$；对逆向指标，$Y_{ij} = (V_{i\max} - V_{ij}) / (V_{i\max} - V_{i\min}) \times 60 + 40$。即当 V_{ij} 为正效用指标时，该指标值越大，其效用值越高；当 V_{ij} 为负效用指标时则相反。其中，Y_{ij} 表示第 i 个指标的第 j 个地区的效用值，V_{ij} 表示第 i 个指标的第 j 个地区的原始数据，$V_{i\max}$ 表示样本中第 i 个指标的最大值，$V_{i\min}$ 表示第 i 个指标的最小值，除 V_{16} 和 V_{17} 外都是正向指标。

根据层次总排序，不仅可以通过各个指标的总权重看出其对于自主创新能力的相对重要性，也可以很容易得到各个省份的得分：$F = \sum W_i \times V_i$。其中 F 为自主创新投入能力、自主创新支撑能力、自主创新管理能力、自主创新产出能力以及自主创新综合能力的评价值。W_i 为第 i 个评价指标的权重值，V_i 为第 i 个评价指标的效用值。

本案例对东、中、西部区域自主创新能力进行比较，分别对三类地区计算得分、排名以及东、中、西部总水平得分，如表 13 – 16 和表 3 – 17 所示。从自主创新能力综合得分来看，东部地区除河北、广西、海南三个地区外，在全国范围内有绝对优势，占据了排名的前九位。其中，上海、北京、天津、广东、江苏等省市更是遥遥领先于中西部地区。河北、广西、海南三个地区的得分是比较落后的，是东部地区里的个别情况。中西部地区的省、市、自治区在得分上普遍较低，说明了中西部地区的自主创新能力的水平全面落后于东部地区。

我国 30 个省、市、自治区自主创新能力二极指标的得分与排名见图 13 – 5 至图 3 – 7 和表13 – 16。

表 13 - 16   我国 30 个省、市、自治区自主创新能力二级指标的得分与排名

地区	投入能力	排名	支撑能力	排名	管理能力	排名	产出能力	排名
北京	71.94	5	89.30	1	53.80	23	79.82	2
天津	74.81	3	71.43	3	48.67	30	72.42	5
河北	46.34	21	49.48	19	55.93	20	47.52	18
山西	49.88	13	55.20	10	57.22	15	48.22	16
内蒙古	44.96	24	54.69	13	64.91	8	47.18	20
辽宁	56.93	8	59.20	8	56.08	18	52.37	13
吉林	47.06	19	51.72	16	52.27	25	55.64	8
黑龙江	48.76	15	50.14	17	65.11	5	47.28	19
上海	94.99	1	79.22	2	56.63	17	88.86	1
江苏	72.77	4	55.01	12	57.89	14	74.98	3
浙江	64.02	6	63.07	5	51.99	26	63.82	6
安徽	49.32	14	42.86	30	56.65	16	47.08	21
福建	54.21	9	61.33	6	49.56	29	54.40	10
江西	47.63	17	46.07	25	51.90	27	47.82	17
山东	58.63	7	48.49	21	56.03	19	56.17	7
河南	47.82	16	42.94	28	61.51	10	45.71	23
湖北	50.72	10	49.51	18	55.92	21	52.94	12
湖南	47.40	18	46.53	23	54.55	22	49.20	15
广东	79.00	2	66.41	4	59.63	13	73.08	4
广西	43.42	27	45.38	26	52.44	24	45.46	24
海南	41.29	30	54.55	14	61.36	12	42.57	30
重庆	50.43	11	48.07	22	51.06	28	54.70	9
四川	46.26	22	43.70	27	65.04	6	53.23	11
贵州	44.38	25	42.90	29	65.04	7	44.19	25
云南	41.68	29	46.50	24	65.15	4	42.72	29
陕西	50.34	12	55.03	11	64.47	9	51.21	14
甘肃	45.00	23	49.10	20	61.47	11	43.72	26
青海	43.91	26	59.65	7	75.46	1	43.10	28
宁夏	46.38	20	54.47	15	67.47	3	45.86	22
新疆	43.25	28	55.90	9	72.07	2	43.15	27

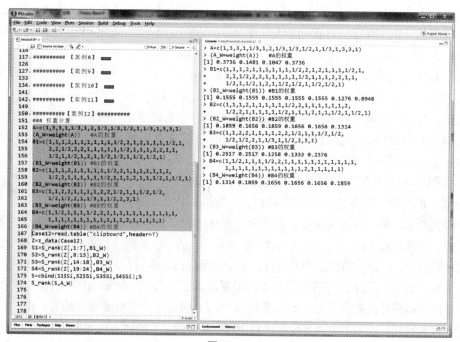

图 13 - 5

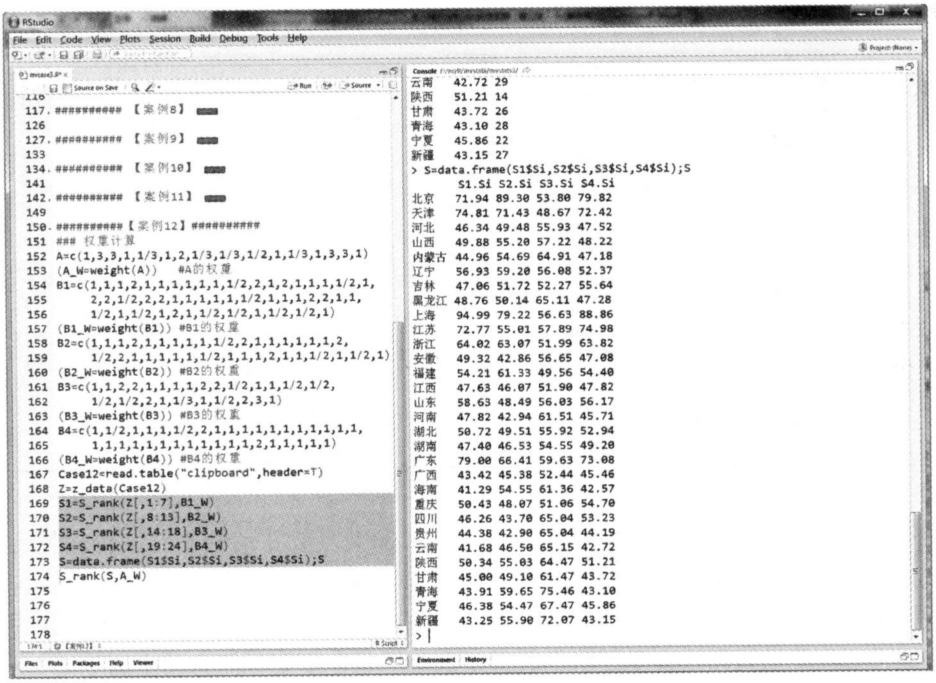
RStudio
File Edit Code View Plots Session Build Debug Tools Help
##########【案例8】
##########【案例9】
##########【案例10】
##########【案例11】
##########【案例12】##########
权重计算
A=c(1,3,3,1,1/3,1,2,1/3,1/3,1/2,1,1/3,1,3,3,1)
(A_W=weight(A))   #A的权重
B1=c(1,1,1,2,1,1,1,1,1,1,1/2,2,1,2,1,1,1,1/2,1,
2,2,1/2,2,2,1,1,1,1,1,1/2,1,1,1,2,2,1,1,
1/2,1,1/2,1,2,1,1/2,1/2,1,1/2,1/2,1)
(B1_W=weight(B1)) #B1的权重
B2=c(1,1,1,2,1,1,1,1,1,1/2,2,1,1,1,1,1,1,2,
1/2,2,1,1,1,1,1,1/2,1,1,1,2,1,1,1/2,1,1/2,1)
(B2_W=weight(B2)) #B2的权重
B3=c(1,1,2,2,1,1,1,1,2,2,1/2,1,1,1/2,1/2,
1/2,1/2,2,1,1/3,1,1/2,2,3,1)
(B3_W=weight(B3)) #B3的权重
B4=c(1,1/2,1,1,1,1/2,2,1,1,1,1,1,1,1,1,1,1,1,
1,1,1,1,1,1,1,1,1,1,1,2,1,1,1,1,1)
(B4_W=weight(B4)) #B4的权重
Case12=read.table("clipboard",header=T)
Z=z_data(Case12)
S1=S_rank(Z[,1:7],B1_W)
S2=S_rank(Z[,8:13],B2_W)
S3=S_rank(Z[,14:18],B3_W)
S4=S_rank(Z[,19:24],B4_W)
S=data.frame(S1$Si,S2$Si,S3$Si,S4$Si);S
S_rank(S,A_W)
云南 42.72 29
陕西 51.21 14
甘肃 43.72 26
青海 43.10 28
宁夏 45.86 22
新疆 43.15 27
> S=data.frame(S1$Si,S2$Si,S3$Si,S4$Si);S
S1.Si S2.Si S3.Si S4.Si
北京 71.94 89.30 53.80 79.82
天津 74.81 71.43 48.67 72.42
河北 46.34 49.48 55.93 47.52
山西 49.88 55.20 57.22 48.22
内蒙古 44.96 54.69 64.91 47.18
辽宁 56.93 59.20 56.08 52.37
吉林 47.06 51.72 52.27 55.64
黑龙江 48.76 50.14 65.11 47.28
上海 94.99 79.22 56.63 88.86
江苏 72.77 55.01 57.89 74.98
浙江 64.02 63.07 51.99 63.82
安徽 49.32 42.86 56.65 47.08
福建 54.21 61.33 49.56 54.40
江西 47.63 46.07 51.90 47.82
山东 58.63 48.49 56.03 56.17
河南 47.82 42.94 61.51 45.71
湖北 50.72 49.51 55.92 52.94
湖南 47.40 46.53 54.55 49.20
广东 79.00 66.41 59.63 73.08
广西 43.42 45.38 52.44 45.46
海南 41.29 54.55 61.36 42.57
重庆 50.43 48.07 51.06 54.70
四川 46.26 43.70 65.04 53.23
贵州 44.38 42.90 65.04 44.19
云南 41.68 46.50 65.15 42.72
陕西 50.34 55.03 64.47 51.21
甘肃 45.00 49.10 61.47 43.72
青海 43.91 59.65 75.46 43.10
宁夏 46.38 54.47 67.47 45.86
新疆 43.25 55.90 72.07 43.15

图 13-6

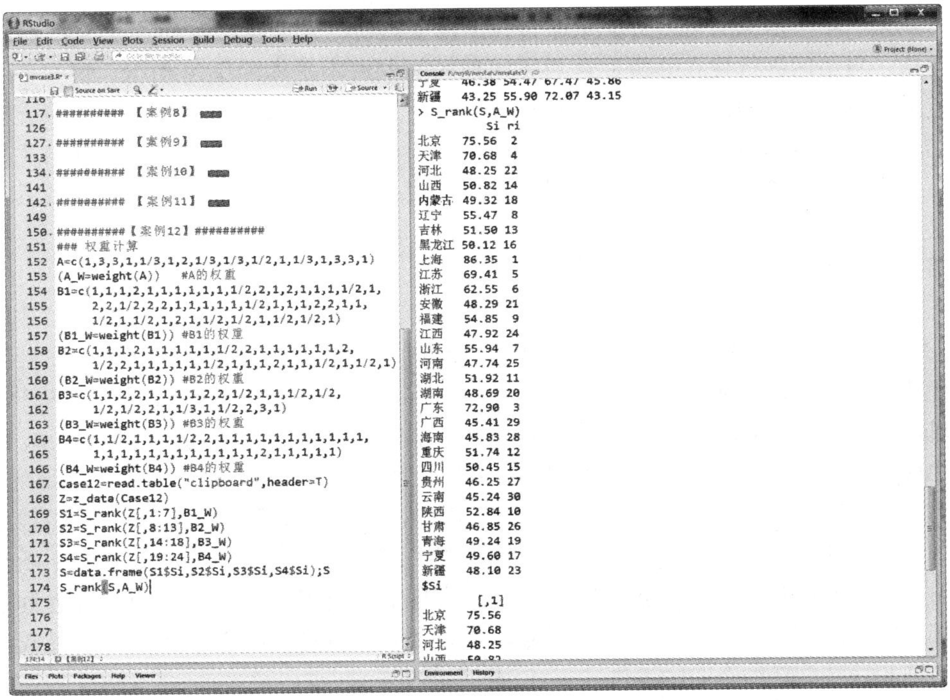
RStudio
File Edit Code View Plots Session Build Debug Tools Help
##########【案例8】
##########【案例9】
##########【案例10】
##########【案例11】
##########【案例12】##########
权重计算
A=c(1,3,3,1,1/3,1,2,1/3,1/3,1/2,1,1/3,1,3,3,1)
(A_W=weight(A))   #A的权重
B1=c(1,1,1,2,1,1,1,1,1,1,1/2,2,1,2,1,1,1,1/2,1,
2,2,1/2,2,2,1,1,1,1,1,1/2,1,1,1,2,2,1,1,
1/2,1,1/2,1,2,1,1/2,1/2,1,1/2,1/2,1)
(B1_W=weight(B1)) #B1的权重
B2=c(1,1,1,2,1,1,1,1,1,1/2,2,1,1,1,1,1,1,2,
1/2,2,1,1,1,1,1,1/2,1,1,1,2,1,1,1/2,1,1/2,1)
(B2_W=weight(B2)) #B2的权重
B3=c(1,1,2,2,1,1,1,1,2,2,1/2,1,1,1/2,1/2,
1/2,1/2,2,1,1/3,1,1/2,2,3,1)
(B3_W=weight(B3)) #B3的权重
B4=c(1,1/2,1,1,1,1/2,2,1,1,1,1,1,1,1,1,1,1,1,
1,1,1,1,1,1,1,1,1,1,1,2,1,1,1,1,1)
(B4_W=weight(B4)) #B4的权重
Case12=read.table("clipboard",header=T)
Z=z_data(Case12)
S1=S_rank(Z[,1:7],B1_W)
S2=S_rank(Z[,8:13],B2_W)
S3=S_rank(Z[,14:18],B3_W)
S4=S_rank(Z[,19:24],B4_W)
S=data.frame(S1$Si,S2$Si,S3$Si,S4$Si);S
S_rank(S,A_W)
新疆 43.25 55.90 72.07 43.15
> S_rank(S,A_W)
Si ri
北京 75.56 2
天津 70.68 4
河北 48.25 22
山西 50.82 14
内蒙古 49.32 18
辽宁 55.47 8
吉林 51.50 13
黑龙江 50.12 16
上海 86.35 1
江苏 69.41 5
浙江 62.55 6
安徽 48.29 21
福建 54.85 9
江西 47.92 24
山东 55.94 7
河南 47.74 25
湖北 51.92 11
湖南 48.69 20
广东 72.90 3
广西 45.41 29
海南 45.83 28
重庆 51.74 12
四川 50.45 15
贵州 46.25 27
云南 45.24 30
陕西 52.84 10
甘肃 46.85 26
青海 49.24 19
宁夏 49.60 17
新疆 48.10 23
$Si
[,1]
北京 75.56
天津 70.68
河北 48.25

图 13-7

表 13 – 17　　　　　我国 30 个省、市、自治区自主创新能力综合能力得分与排名

东部			中部			西部		
地区	得分	排名	地区	得分	排名	地区	得分	排名
北京	75.56	2	山西	50.82	14	重庆	51.74	12
天津	70.68	4	内蒙古	49.32	18	四川	50.45	15
河北	48.25	22	吉林	51.50	13	贵州	46.25	27
辽宁	55.47	8	黑龙江	50.12	16	云南	45.24	30
上海	86.35	1	安徽	48.29	21	陕西	52.84	10
江苏	69.41	5	江西	47.92	24	甘肃	46.85	26
浙江	62.55	6	河南	47.74	25	青海	49.24	19
福建	54.85	9	湖北	51.92	11	宁夏	49.60	17
山东	55.94	7	湖南	48.69	20	新疆	48.10	23
广东	72.90	3						
广西	45.41	29						
海南	45.83	28						

本案例的结论与人们对于各个地区普遍的认知和大多数文献的研究结论相符合。东部是发达地区的沿海省市，发展开放较早，相较于内陆地区在经济输出、人才储备和资源配置等方面都有着较好的条件，形成总体的明显优势是合理的。而中西部地区的内陆省市相对来说经济发展和社会发展水平较低，限制了其自主创新能力的提高。

3. 结论与建议

创新之处首先在于选择区域自主创新能力综合评价这一近年来才备受关注的课题。其次，从东、中、西部的角度分类来考察我国自主创新的发展水平，而不是简单地以 30 个省、市、自治区进行独立分析。这与我国地区间发展不平衡的国情相符，更容易为政策制定提供有针对性的建议。最后，在分析中运用 AHP 法，以 R 软件为研究工具，主客观相结合，较为科学地确定各个评价指标的权重。而不足的地方主要在于选择自主创新能力评价指标时，忽略了某些定性指标，或者用代表性稍差的指标将其代替，使其无法达到最好的评价效果。定性指标比较难控制，量化起来可能会有失客观。今后的研究中，这还需要进一步改善和提高。

东部地区虽然相对内陆地区有较大优势，但是其自主创新能力相对于国外发达国家水平，仍有很大的提升空间。应该利用其现有的在经济基础、人才储备、科技发展等方面的优势资源，为自主创新的进一步深化提供强有力的保证。在自主创新投入和产出上继续巩固传统实力的同时，也要加强自主创新管理能力的建设，提高自主创新效率。

中西部地区在近十几年来才开始得到"西部大开发"（2000 年）和"中部崛起"（2004 年）的政策优惠，但长期以来国家对东部沿海地区的政策倾斜导致的差距很难在短期内缩小。如不加以重视，差距甚至会越来越大。因此，中西部地区应该要不断模仿和学习发达地区的经验。由于创新投入和产出及自主创新支撑能力的各项指标远远落后于东部地区，政府要有意识地为中、西部地区的企业创造良好的创新环境，通过政策法规等引导和扶持创新型企业的发展。

该案例程序如下所示：

```
###权重计算
A = c(1,3,3,1,1/3,1,2,1/3,1/3,1/2,1,1/3,1,3,3,1)
(A_W = weight(A))   #A 的权重
B1 = c(1,1,1,2,1,1,1,1,1,1/2,2,1,2,1,1,1,1/2,1,
    2,2,1/2,2,2,1,1,1,1,1,1/2,1,1,1,2,2,1,1,
    1/2,1,1/2,1,2,1,1/2,1/2,1,1/2,1/2,1)
(B1_W = weight(B1))   #B1 的权重
B2 = c(1,1,1,2,1,1,1,1,1,1/2,2,1,1,1,1,1,1,2,
    1/2,2,1,1,1,1,1,1/2,1,1,1,2,1,1,1/2,1,1/2,1)
(B2_W = weight(B2))   #B2 的权重
B3 = c(1,1,2,2,1,1,1,1,2,2,1/2,1,1,1/2,1/2,
    1/2,1/2,2,1,1/3,1,1/2,2,3,1)
(B3_W = weight(B3))   #B3 的权重
B4 = c(1,1/2,1,1,1,1/2,2,1,1,1,1,1,1,1,1,1,1,
    1,1,1,1,1,1,1,1,1,1,1,1,2,1,1,1,1,1,1)
(B4_W = weight(B4))   #B4 的权重
###综合评价 - - - 层次分析
Case12 = read. table("clipboard",header = T)
Z = z_data(Case12)
S1 = S_rank(Z[,1:7],B1_W)
S2 = S_rank(Z[,8:13],B2_W)
S3 = S_rank(Z[,14:18],B3_W)
S4 = S_rank(Z[,19:24],B4_W)
S = data. frame(S1$Si,S2$Si,S3$Si,S4$Si);S
S_rank(S,A_W)
```

思考练习题

一、思考题（手工解答，上交作业本）

1. 试述综合评价的基本思想。

2. 指出综合评价的常用方法，总结综合评价的计算步骤。

3. 指出综合评价中指标体系的权重计算方法，简要分析多指标综合评价中的权重问题。

4. 试述指标体系建立中的注意事项。

5. 指出综合评价中指标的标准化方法及各种方法的优缺点。

6. 比较本章中的综合评价方法和主成分综合分析方法，指出各自的优缺点。

7. 列举几种常用的综合评价方法，并指出其优缺点。

二、练习题（计算机分析，网上交流或发电子邮件）

1. 试自行编制计算指标权重的 R 语言函数。

2. 试自行编制计算一致系数的 R 语言函数。

3. 试自行编制进行数据标准化的 R 语言函数。

4. 试自行编制计算综合得分的 R 语言函数。

5. 互联网区域发展情况的综合评价。

在对各地区互联网发展进行优势和劣势研究后，发现中国的互联网发展存在地区的不均衡性，但究竟哪个地区发展得好、哪个地区发展得差，目前还没有一个综合的定论。

下面应用综合评价方法对我国互联网区域发展情况进行综合评价，通过综合的排名了解不同地区在我国互联网发展过程中各自处于什么水平。

根据以上建立中国互联网区域发展状况指标体系的意义和构建指标体系所遵循的原则，这里把互联网区域发展状况各项评价指标划分为三块：互联网的发展规模指标、互联网信息量指标、互联网信息时效性指标。具体指标体系结构如下：

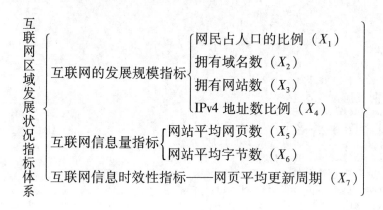

从2007年1月的中国互联网络发展状况统计报告中得知，截至2006年底，我国31个省、市、自治区的网民率（X_1）、拥有的域名数（X_2）、网站数（X_3）、IPv4地址占全国总数的比例（X_4）、网站平均网页数（X_5）、网站平均字节数（X_6）、网页平均更新周期（X_7）的具体数据见下表。

我国31个省、市、自治区互联网发展指标数据表

地区	X_1	X_2	X_3	X_4	X_5	X_6	X_7
安徽	0.06	56 267	11 294	0.02	6 398.9	156.85	107.74
北京	0.30	786 256	149 566	0.13	7 469.5	219.15	131.76
福建	0.15	326 715	43 518	0.03	3 641.8	94.57	121.83
甘肃	0.06	13 912	3 684	0.01	8 366.5	244.92	128.72
广东	0.20	641 028	154 130	0.10	2 830.9	75.46	133.64
广西	0.08	37 721	9 370	0.01	3 980.4	117.95	139.86
贵州	0.04	14 233	4 122	0.01	1 275.3	25.23	136.34
海南	0.14	12 505	2 238	0.01	1 829.7	34.00	144.00
河北	0.09	80 758	23 765	0.04	3 867.6	110.14	133.99
河南	0.06	79 899	15 327	0.05	8 217.2	193.67	133.54
黑龙江	0.10	42 534	8 353	0.02	4 604.1	129.78	136.12
湖北	0.09	77 361	18 554	0.03	5 881.3	155.58	121.47
湖南	0.06	67 009	12 447	0.02	5 539.4	141.80	143.85
吉林	0.10	32 851	7 834	0.02	3 291.6	91.88	121.43
江苏	0.14	275 420	64 259	0.09	3 273.2	74.27	122.23
江西	0.07	35 878	9 751	0.02	5 255.0	134.09	125.04
辽宁	0.11	106 182	25 787	0.04	2 603.0	70.40	130.82
内蒙古	0.07	17 312	4 590	0.01	1 832.5	39.73	234.03
宁夏	0.07	28 241	3 409	0.00	827.8	25.48	147.58
青海	0.07	2 410	835	0.00	795.2	12.31	165.26
山东	0.12	189 420	37 718	0.05	4 464.4	115.70	119.15
山西	0.11	26 598	6 766	0.02	2 633.5	64.47	150.73

（续上表）

地区	X_1	X_2	X_3	X_4	X_5	X_6	X_7
陕西	0.11	55 220	10 867	0.02	3 050.2	71.61	119.71
上海	0.29	377 898	78 982	0.06	8 235.7	229.64	122.32
四川	0.08	142 390	16 766	0.03	6 148.8	141.13	136.80
天津	0.25	54 075	10 800	0.02	10 508.7	333.08	133.78
西藏	0.06	2 240	756	0.00	219.6	4.25	218.25
新疆	0.08	15 217	2 696	0.01	5 767.6	113.03	172.05
云南	0.06	30 757	6 182	0.01	3 115.0	73.50	146.63
浙江	0.20	330 777	63 749	0.08	5 712.5	151.78	123.36
重庆	0.08	41 235	8 857	0.02	13 001.5	330.42	123.14

（1）应用综合评分法进行综合评价。

（2）应用层次分析方法确定各指标的权重。

（3）应用层次分析法进行综合评价。

案例分析题

从给定的题目出发，按内容提要、指标选取、数据搜集、R 语言计算过程、结果分析与评价等方面进行案例分析。

1. 对我国各地区经济效益状况进行层次分析研究。

2. 对我国 31 个省、市、自治区农业发展状况进行综合分析。

3. 应用层次分析法评价 2015 年我国 31 个省、市、自治区经济效益。

4. 对 2015 年度我国各地区电信业发展情况进行比较分析。

5. 对我国 31 个省、市、自治区的宏观经济发展情况作出评价。

6. 考察我国各省市社会发展综合状况（以 2010 年以后的数据为据）。

7. 对世界主要国家综合竞争力进行分析与评价。

14 R 语言软件及其使用说明

14.1 关于 R 语言

14.1.1 什么是 R 语言

R 语言是一种为统计计算和图形显示而设计的语言环境，是贝尔实验室（Bell Laboratory）的 Rick Becker、John Chambers 和 Allan Wilks 开发的 S 语言的一种实现，提供了一系列统计和图形显示工具。

R 语言具有丰富的统计方法，大多数人使用 R 语言是因为其强大的统计功能。不过对 R 语言比较准确的认识是一个内部包含了许多统计技术的环境。部分的统计功能整合在 R 环境的底层，但是大多数统计功能则以包的形式提供。大约有 25 个包和 R 同时发布，也被称为标准包，如果想得到更多的其他包，可以在 R 的网站上（http：//www.r-project.org）下载，其上还提供了其他关于 R 使用的一些资料。大多数经典的统计方法和最新的技术都可以在 R 中直接得到，用户只要花点时间去寻找就可以了。

14.1.2 为什么要用 R 语言

随着计算机技术的迅速发展，现代统计方法解决问题能力的深度和广度都有了很大的拓展。而统计软件正是我们应用统计方法不可或缺的工具。统计软件随着计算机技术和统计技术的发展不断推陈出新，名目繁多，各具特色，令人有无所适从之感。随着全球对知识产权保护要求的不断提高，现在的开放源代码逐渐开始形成一种市场，R 语言正是在这个大背景下发展起来的，以 S 语言环境为基础的 R 语言由于其鲜明的特色，一推出就受到了统计专业人士的青睐，成为国外大学里标准的统计软件。

R 语言是属于 GNU 系统的一个自由、免费、源代码开放的软件，它是一个用于统计计算和统计制图的优秀工具。在目前保护知识产权的大环境下，开发和利用 R 语言将对我国的统计事业具有非常重大的现实意义。

14.1.3 R 语言的优势和劣势

1. 优势

（1）作为一个免费的统计软件，它有 Unix、Linux、Mac OS 和 Windows 版本，均可免费下载和使用。

（2）解决统计软件用于统计学教学和科研中存在的问题：国内目前缺乏适合开展统计分析教学科研的统计分析软件，SAS、SPSS、S-PLUS 等统计软件，由于没有版权，需要用昂贵的价格购买，更新很慢，并要大量的维护费用，许多内容与教科书设置不完全一致，学生和研究人员使用较为困难。

（3）R 是一套完整的数据处理、计算和绘图软件系统。其功能包括数据存储和处理系统；数组运算工具（其向量、矩阵运算方面的功能尤其强大）；完整连贯的统计分析工具；优秀的统计制图功能；简便而强大的编程语言：可操纵数据的输入和输出，可实现分支、循环，用户可自定义功能。所以与其说 R 是一种统计软件，还不如说 R 是一种统计计算的环境，因为 R 语言提供了大量的统计程序，使用者只需指定数据库和若干参数便可进行统计分析。R 语言的思想是：它可以提供一些集成的统计工具，但更大量的是它提供各种统计计算的函数，从而使使用者能灵活地进行数据分析，甚至创造出符合需要的新的统计计算方法。

2. 劣势

R 语言的灵活性也是一把"双刃剑"，即需要我们通过编程方式来进行统计分析。到目前为止 R 语言还缺少一个像 S-PLUS、SPSS 那样的菜单界面，这对那些没有编程经验和对统计方法掌握得不是很好的使用者是一大挑战，也是其在一般人群中推广的一大障碍。

3. 如何发挥 R 语言的优势和克服其劣势

由于 R 语言具有强大的编程计算功能和丰富的附加包，使其进行科学研究极其方便，需要哪方面的统计分析，只要调用其相应包即可。R 语言目前最大的问题是其数据管理问题，因为没有好用的数据管理器，其自带的数据管理器很不方便，所以我们认为要用好 R 软件，就是按本书中介绍的那样，将 R 语言跟 Excel 充分结合，发挥两者的优点，这样就可以做到事半功倍。

14.2　R 语言软件的下载与安装

R 语言是属于 GNU 系统的一个自由、免费、源代码开放的软件，是一个用于统计计算、数据分析和统计制图的优秀工具。

在 R 的官方网站（http：//www. r-project. org）可以下载到 R 的安装程序、各种外挂程序和文档。在 R 的安装程序中只包含了 8 个基础模块，其他外在模块可以通过 CRAN（http：//cran. r-project. org）获得。

14.2.1 R 语言下载

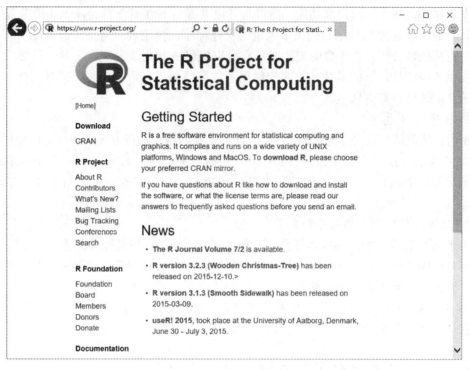

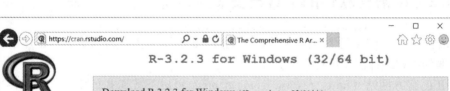

14.2.2　R 语言安装

点击下载的 R–3.2.3–win. exe，进入安装界面。

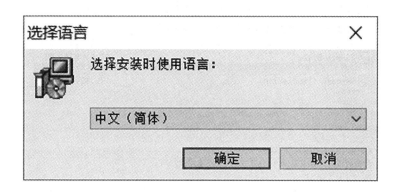

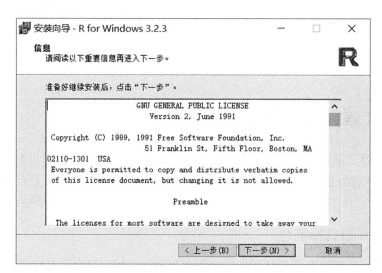

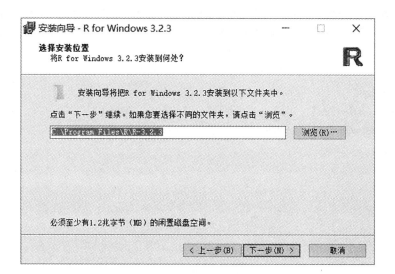

安装向导 - R for Windows 3.2.3   — □ ✕

选择组件
要安装哪些组件？

请选择要安装的组件，清除不要安装的组件。准备好后点击"下一步"。

自定义安装   ∨

☑ Core Files	65.8兆字节（MB）
☑ 32-bit Files	37.5兆字节（MB）
☐ 64-bit Files	38.8兆字节（MB）
☑ Message translations	7.3兆字节（MB）

目前所选组件要求至少111.6兆字节（MB）磁盘空间。

< 上一步(B)   下一步(N) >   取消

如果是第一次安装 R 语言，建议大家选择默认安装，即全部点击"下一步（N）>"按钮即可。

14.3　R 语言包及其函数

所有的 R 语言函数和数据集都是保存在包（package）里面的。只有当一个包被载入时，它的内容才可以被访问。这样做一是为了高效（完整的列表会耗去大量的内存并且增加搜索的时间），二是为了帮助包的开发者避免命名时和其他代码中的名字冲突。

14.3.1　R 语言标准包

标准（基本）包构成 R 源代码的一个重要部分。它们包括允许 R 工作的基本函数和本文档中描述的数据集、标准统计和图形工具。在任何 R 的安装版本中，它们都会被自动获得。下面的标准包在 R 语言安装后自动载入，常用的 R 语言标准包及其用途见表14 – 1。

```
> search ( )
[1] ". GlobalEnv"          "package：stats"      "package：graphics"
[4] "package：grDevices"   "package：utils"      "package：datasets"
[7] "package：methods"     "Autoloads"          "package：base"
```

表 14 – 1　　　　　　　　常用的 R 语言标准包及其用途

标准包	简单说明
stats	R 语言的统计函数
graphics	基于 base 图形的 R 函数
grDevices	基于 base 和 grid 图形的图形设备
utils	R 语言常用工具函数
datasets	基本 R 语言数据集
methods	R 对象的一般定义方法和类，增加一些编程工具
base	基本 R 语言函数

这里，GlobalEnv 为全局变量，Autoloads 为自动调用函数。每个包中都包含大量的函数。

14.3.2　R 语言扩展包

（1）扩展包：全世界有许多作者为 R 捐献了成百上千的 R 语言扩展包，都可以从 http://www.r-project.org/ 免费下载。目前已有 7 817 个包可供下载使用。

（2）下载扩展包：点击上图所显示的包名（如 AER），进入包的下载界面。

点击下载包：AER.1.1 – 8.zip（Windows 用户使用的二进制包 Windows binary）。

（3）安装下载包：从菜单的【程序包】——【从本地 zip 文件安装程序包】。

（4）载入程序包：从菜单的【程序包】——【加载程序包】或在命令行用 library（AER）。

注意：安装程序包和载入程序包是两个概念，安装程序包是指将需要的程序包安装到 R 语言系统中，但此时包中的函数还不能用，还需将包载入 R 语言环境中，这些都可以在 R 语言界面的主菜单"程序包"中实现。

14.3.3　书中的 R 语言包及函数

函数名	用途	所在章节	所在包
c	向量生成函数	2.3	base
length	向量长度函数	2.3	base
mode	对象类型函数	2.3	base
rbind	行合并函数	2.3	base
cbind	列合并函数	2.3	base
matrix	矩阵生成函数	2.3	base
t	矩阵转置函数	2.3	base
diag	对角阵生成函数	2.3	base
solve	逆矩阵计算函数	2.3	base
eigen	矩阵的特征值与特征向量函数	2.3	base
chol	进行 Choleskey 分解	2.3	base
svd	进行奇异值分解	2.3	base
qr	进行 QR 分解	2.3	base
kronecker	kronecker 积计算函数	2.3	base
dim	矩阵维数	2.3	base

（续上表）

函数名	用途	所在章节	所在包
nrow	返回矩阵行数	2.3	base
ncol	返回矩阵列数	2.3	base
apply	矩阵操作函数	2.3	base
data. frame	生成数据框函数	2.4	base
read. table	读入文本数据函数	2.5	utils
hist	直方图绘制函数	2.6	graphics
plot	散点图绘制函数	2.6	graphics
table	计数数据的频数分布	2.6	base
head	显示数据集前6组数据	2.6	utils
attach	解析数据集变量	2.6	base
barplot	条图绘制函数	2.6	graphics
pie	圆图绘制函数	2.6	graphics
ftable	三维列联表分析函数	2.6	stats
boxplot	箱尾图绘制函数	3.3	graphics
stars	星相图绘制函数	3.4	graphics
face	脸谱图绘制函数	3.5	aplpack（需安装）
cor	相关系数函数	4.1	stats
cor. test	相关系数检验函数	4.1	stats
lm	线性回归函数	4.1	stats
anova	方差分析函数	4.1	stats
summary	综合统计量函数	4.1	stats
pairs	矩阵散点图函数	4.3	graphics
regsubsets	变量选择函数	4.4	leaps（需安装）
step	逐步回归函数	4.4	stats
glm	广义线性模型函数	5.2	stats
predict	线性模型预测函数	5.2	stats
lda	线性判别分析函数	6.2	MASS
qda	二次判别函数	6.3	MASS
dist	距离矩阵计算函数	7.2	stats
hclust	系统聚类函数	7.3	stats
kmeans	快速聚类函数	7.4	stats
princomp	主成分分析函数	8.3	stats
screeplot	碎石图绘制函数	8.3	stats
factanal	因子分析函数（极大似然）	9.3	stats
biplot	信息重叠图函数	9.5	stats
chisq. test	卡方检验函数	10.2	stats
corresp	对应分析函数	10.3	MASS
cancor	典型相关分析函数	11.4	stats
scale	数据标准化函数	11.4	stats

关于这些函数的详细用法可用命令"?"（或 help）加以了解，如线性模型 lm 的用法如下：

> ? lm 或 help（lm）

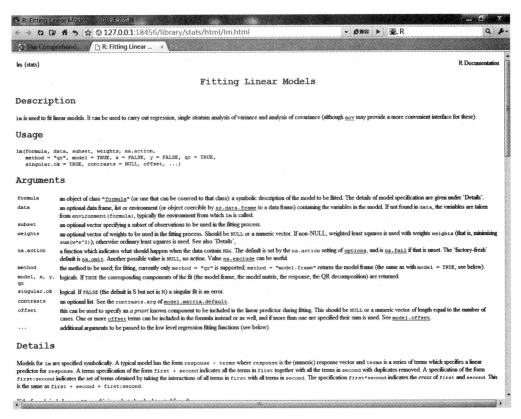

14.3.4　自编 R 语言包及其函数

为了方便大家学习本书及用 R 语言进行多元统计分析，我们在书中自编了一些 R 语言函数辅助进行多元统计分析，下面列出这些函数所在章节及其用途。

本书所有数据、程序和包可到作者网站 Rstat. leanote. com 上下载。

函数名	用途	所在章节
plot. andrews	绘制调和曲线图	3.6
coef. sd	标准化回归系数	4.2
corr. test	相关系数矩阵检验	4.3
H. clust	系统聚类分析函数	7.3
princomp. rank	主成分得分与排名函数	8.3
factpc	主因子法进行因子分析函数	9.3
factanal. rank	极大似然法因子分析得分与排名函数	9.5
cancor. test	典型相关分析与检验函数	11.4
weight	层次分析法计算权重函数	13.2
CI_ CR	权重一致系数计算与检验函数	13.2
z_ data	标准化数据计算函数	13.3
S_ rank	综合得分与排名函数	13.3

附录　RStudio 简介

一、RStudio 下载

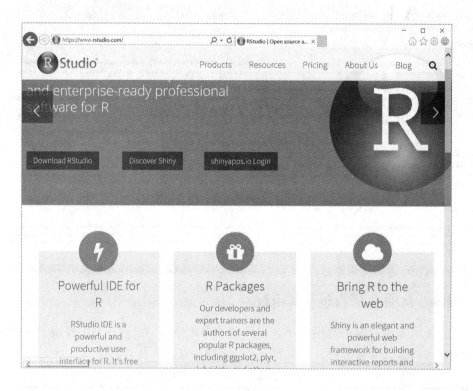

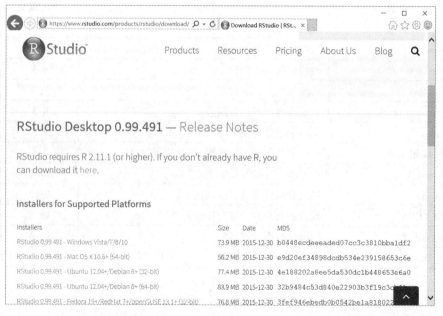

二、RStudio 界面

下面我们详细介绍一下 RStudio 的运行环境。下图就是它的主界面，我们将从左上窗口开始介绍。

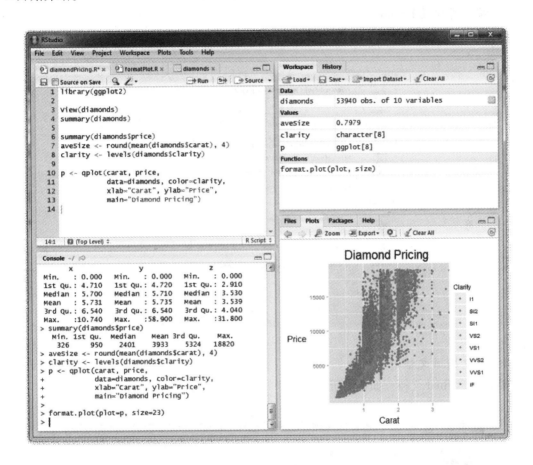

从图上可以看出，它总共有四个工作区域，左上是用来写代码的，左下也可以写代码，同时也是数据输出的地方。R 语言是动态语言，写代码的形式有两种，一种是像写作文一样写很多，也就是像 C 语言一样的代码；另一种则是写一句就编译解释一句。左下就是写一句编译解释一句的工作区域。右上是 Workspace 和历史记录。右下有四个主要的功能：Files 是查看当前 Workspace 下的文件，Plots 则是展示运算结果的图案，Packages 则能展示系统已有的软件包，并且能勾选载入内存，Help 则是可以查看帮助文档的。

三、如何使用 RStudio 做统计学作业

多元统计分析的作业大都需要计算机来实现，但在实际中很难有一个统一的格式，使得学生做作业、老师改作业都遇到很大困难，我们通过探索，发现使用 Markdown 生成作业报告是一件非常容易的事，而且可兼容 LaTeX 来书写统计公式。我们知道每位试图

解决 LaTeX 的不便又试图保留它的优点的人，都走上了一条不归路。实际上 LaTeX 可以作为最终格式生成，但中间的写作过程，完全可以用 Markdown 简单明了的语法来写，真正需要的，就是一堆数学公式、图表与参考文献而已。前者，恰恰是 R 的强项。后者则在新的 R 包 knitr 中，提供了 Markdown 支持。R 社区主流编辑器厂家、开源软件 RStudio 提供了 Markdown 支持，从而使得 Rmd 这种新格式开始流行。

1. 安装并配置 RStudio

在 RStudio 中，打开配置选项，然后进行如下配置。

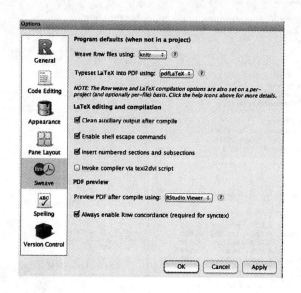

2. 新建 Rmd 文档

新建一个 Rmd 文档，如下图所示。

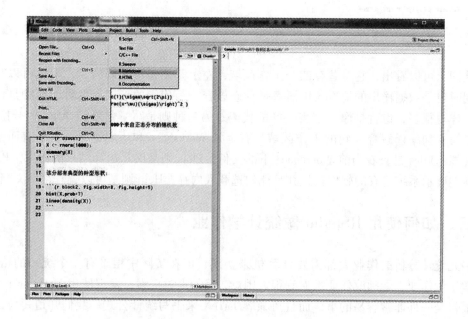

然后，默认会出来一些内容。比如，大家可以输入这段文字：

```
###正态分布

#正态分布的定义为：

 $$latex
f( x; \mu, \sigma^2 ) = \frac{1}{\sigma\sqrt{2\pi}}
e^{ - \frac{1}{2}\left( \frac{x - \mu}{\sigma}\right)^2}
 $$

使用 ** rnorm ** 函数生成 1000 个来自正态分布的随机数

```{r block1}
X < - rnorm(1000);
summary(X)
```

该分部有典型的钟形形状：

```{r block2, fig. width = 8, fig. height = 5}
hist( X, prob = T)
lines( density( X) )
```
```

如果对 Markdown 语法有不熟悉的地方，点击 MD 按钮看一下帮助。写完之后，直接点击 Knit HTML 按钮即可发布。MD 按钮与 Knit HTML 按钮的位置如下图所示。

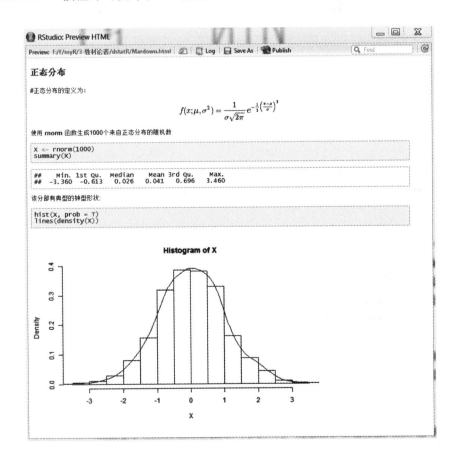

这样就会预览成功。你也可以点击保存，生成相应的图片、Markdown 文档及 HTML 文档。是的，你要的一切图片都有了。更重要的是，还保留了对 LaTeX 的无缝兼容，就是直接生成 LaTeX 格式的数学公式。

3. 使用 Markdown 的好处

（1）真正意义上的可重复性研究。发表论文或者审核同事的报告，有个最麻烦的事情，你不知道他的步骤或者计算是否有误。现在，代码嵌在报告正文中，或者附录在报告末尾。而你要做的，仅仅是一键生成……这就是真正意义上的可重复性研究。

（2）更强大的数学与制图能力。它既兼容了 LaTeX 的既有能力，同时，又广泛借助于 R 自身强大的作图与统计学习能力。更重要的是，未来并不是非要用 R 语言作图。

（3）Markdown 格式与 LaTeX、Word 等格式可以方便地互转。

参考文献

1. 王斌会．数据统计分析及 R 语言编程．广州：暨南大学出版社，2014．
2. 王斌会．Excel 应用与数据统计分析．广州：暨南大学出版社，2011．
3. 薛毅，陈立萍．统计建模与 R 语言．北京：清华大学出版社，2007．
4. 张尧庭，方开泰．多元统计分析引论．北京：科学出版社，1982．
5. 于秀林，任雪松．多元统计分析．北京：中国统计出版社，1999．
6. 王学仁，王松桂．实用多元统计分析．上海：上海科技出版社，1990．
7. CHATFIELD C，COLLINS A J. Introduction to applied multivariate analysis. London：Chapman and Hall Ltd.，1980．
8. KARSON M J. Multivariate statistical methods. Ames：Iowa State University Press，1982．
9. SRIVASTICAL M S，CARTER E M. An introduction to applied multivariate statistics. New York：North-Holland，1983．
10. ANDERSON T W. An introduction to multivariate statistical analysis（2nd Edition）. New Jersey：John Wiley & Sons，1984．
11. 陈希孺，王松桂．近代线性回归——原理方法及应用．合肥：安徽教育出版社，1987．
12. 茆诗松．统计手册．北京：科学出版社，2003．
13. 罗积玉，刑英．经济统计分析方法及预测——附实用计算机程序．北京：清华大学出版社，1987．
14. 方开泰．实用多元统计分析．上海：华东师范大学出版社，1989．
15. 王国梁，何晓群．多变量经济数据统计分析．西安：陕西科学技术出版社，1993．
16. 何晓群．现代统计分析方法与应用．北京：中国人民大学出版社，1998．
17. RICHARD A，JOHNSON A W. Applied multivariate statistical analysis（4th Edition）. New Jersey：Pearson Education，1998．
18. 王学仁．应用多元统计分析．上海：上海财经大学出版社，1999．
19. 陆璇，葛余博等译．实用多元统计分析．北京：清华大学出版社，2001．
20. 雷钦礼．经济管理多元统计分析．北京：中国统计出版社，2002．
21. 唐启义，冯明光．实用统计分析及其 DPS 数据处理系统．北京：科学出版社，2002．
22. 方开泰，潘恩沛．聚类分析．北京：地质出版社，1982．
23. 杜栋，庞庆华．现代综合评价方法与案例精选．北京：清华大学出版社，2005．
24. 秦寿康．综合评价原理与应用．北京：电子工业出版社，2003．
25. 李军．层次分析法在综合财务分析中的应用．商业会计，2008（1）．
26. 何晓群．多元统计分析．北京：中国人民大学出版社，2004．
27. http：//www. r-project. org/．